U0358689

全国科学技术名词审定委员会

公　布

科学技术名词·工程技术卷（全藏版）

42

冶　金　学　名　词

CHINESE TERMS IN METALLURGY

冶金学名词审定委员会

国家自然科学基金资助项目

科学出版社

北京

内 容 简 介

本书是全国科学技术名词审定委员会审定公布的冶金学基本名词。全书分为总论、采矿、选矿、冶金过程物理化学、钢铁冶金、有色金属冶金、金属学、金属材料和金属加工 9 部分，共 4 917 条。这些名词是科研、教学、生产、经营以及新闻出版等部门应遵照使用的冶金学规范名词。

图书在版编目（CIP）数据

科学技术名词. 工程技术卷：全藏版 / 全国科学技术名词审定委员会审定. —北京：科学出版社，2016.01

ISBN 978-7-03-046873-4

I. ①科⋯ II. ①全⋯ III. ①科学技术–名词术语 ②工程技术–名词术语 IV. ①N-61 ②TB-61

中国版本图书馆 CIP 数据核字（2015）第 307218 号

责任编辑：邬　江 / 责任校对：陈玉凤
责任印制：张　伟 / 封面设计：铭轩堂

科 学 出 版 社 出版
北京东黄城根北街 16 号
邮政编码：100717
http://www.sciencep.com

北京厚诚则铭印刷科技有限公司印刷
科学出版社发行　各地新华书店经销
*
2016 年 1 月第 一 版　开本：787×1092 1/16
2016 年 1 月第一次印刷　印张：19
字数：522 000
定价：7800.00 元（全 44 册）
（如有印装质量问题，我社负责调换）

全国科学技术名词审定委员会
第四届委员会委员名单

特邀顾问：吴阶平　　　钱伟长　　　朱光亚　　　许嘉璐

主　　任：卢嘉锡

副 主 任：路甬祥　　章　综　　邵立勤　　张尧学　　马　阳　　朱作言
于永湛　　李春武　　王景川　　叶柏林　　傅永和　　汪继祥
潘书祥

委　　员（以下按姓氏笔画为序）：

马大猷	王　夑	王大珩	王之烈	王永炎	王国政
王树岐	王祖望	王寯骧	韦　弦	方开泰	卢鉴章
叶笃正	田在艺	冯志伟	冯英涛	师昌绪	朱照宣
仲增墉	华茂昆	刘瑞玉	祁国荣	许　平	孙家栋
孙敬三	孙儒泳	苏国辉	李行健	李启斌	李星学
李保国	李焯芬	李德仁	杨　凯	吴　奇	吴凤鸣
吴志良	吴希曾	吴钟灵	汪成为	沈国舫	沈家祥
宋大祥	宋天虎	张　伟	张　耀	张广学	张光斗
张爱民	张增顺	陆大道	陆建勋	阿里木·哈沙尼	
陈太一	陈运泰	陈家才	范少光	范维唐	林玉乃
季文美	周孝信	周明煜	周定国	赵寿元	赵凯华
姚伟彬	贺寿伦	顾红雅	徐　僖	徐正中	徐永华
徐乾清	翁心植	席泽宗	黄玉山	黄昭厚	康景利
章　申	梁战平	葛锡锐	董　琨	韩布新	粟武宾
程光胜	程裕淇	鲁绍曾	蓝　天	雷震洲	褚善元
樊　静	薛永兴				

冶金学名词审定委员会委员名单

顾　问：王之玺　　王淀佐　　师昌绪　　徐采栋

主　任：魏寿昆

副主任：仲增墉　　余兴远　　吕其春

委　员（按姓氏笔画为序）：

王先进	王维兴	王爵鹤	韦函光	丛建敏
吕雪山	朱祖芳	刘广泌	刘嘉禾	齐金铎
孙倬	牟邦立	纪贵	苏宏志	李文超
李修觉	杨开棣	肖纪美	吴伯群	余宗森
邹志强	汪有明	沈华生	张卯均	张新民
陈岱	陈瑛	陈子鸣	陈家镛	邵象华
周取定	郑安忠	桂竞先	徐光宪	郭硕朋
黄务涤	曹蓉江	崔峰	崔荫宇	康文德
程肃之	童光煦	曾宪斌	赖和怡	

秘　书：王维兴（兼）　　丛建敏（兼）

卢嘉锡序

　　科技名词伴随科学技术而生,犹如人之诞生其名也随之产生一样。科技名词反映着科学研究的成果,带有时代的信息,铭刻着文化观念,是人类科学知识在语言中的结晶。作为科技交流和知识传播的载体,科技名词在科技发展和社会进步中起着重要作用。

　　在长期的社会实践中,人们认识到科技名词的统一和规范化是一个国家和民族发展科学技术的重要的基础性工作,是实现科技现代化的一项支撑性的系统工程。没有这样一个系统的规范化的支撑条件,科学技术的协调发展将遇到极大的困难。试想,假如在天文学领域没有关于各类天体的统一命名,那么,人们在浩瀚的宇宙当中,看到的只能是无序的混乱,很难找到科学的规律。如是,天文学就很难发展。其他学科也是这样。

　　古往今来,名词工作一直受到人们的重视。严济慈先生60多年前说过,"凡百工作,首重定名;每举其名,即知其事"。这句话反映了我国学术界长期以来对名词统一工作的认识和做法。古代的孔子曾说"名不正则言不顺",指出了名实相副的必要性。荀子也曾说"名有固善,径易而不拂,谓之善名",意为名有完善之名,平易好懂而不被人误解之名,可以说是好名。他的"正名篇"即是专门论述名词术语命名问题的。近代的严复则有"一名之立,旬月踟蹰"之说。可见在这些有学问的人眼里,"定名"不是一件随便的事情。任何一门科学都包含很多事实、思想和专业名词,科学思想是由科学事实和专业名词构成的。如果表达科学思想的专业名词不正确,那么科学事实也就难以令人相信了。

　　科技名词的统一和规范化标志着一个国家科技发展的水平。我国历来重视名词的统一与规范工作。从清朝末年的科学名词编订馆,到1932年成立的国立编译馆,以及新中国成立之初的学术名词统一工作委员会,直至1985年成立的全国自然科学名词审定委员会(现已改名为全国科学技术名词审定委员会,简称全国名词委),其使命和职责都是相同的,都是审定和公布规范名词的权威性机构。现在,参与全国名词委领导工作的单位有中国科学院、国家科技部、国家教育部、中国科学技术协会、国家自然科学基金委员会、国家新闻出版署、国家质量技术监督局、国家广播电视总局、国家知识产权局和国家语委,这些部委各自选派了有关领导干部担任全国名词委的领导,有力地推动科技名词的统一和推广应用工作。

　　全国名词委成立以后,我国的科技名词统一工作进入了一个新的阶段。在第一任主任委员钱三强同志的组织带领下,经过广大专家的艰苦努力,名词规范和统一工作取得了显著的成绩。1992年三强同志不幸谢逝。我接任后,继续推动和开展这项工作。在国家和有关部门的支持及广大专家学者的努力下,全国名词委15年来按学科共组建了50多个学科的名词审定分委员会，有1800多位专家、学者参加名词审定工作，还有更多的专家、学者参加书面审查和座谈讨论等，形成的科技名词工作队伍规模之大、水平层次之高前所未有。15年间共审定公布了包括理、工、农、医及交叉学科等各学科领域的名词共计50多种。而且，对名词加注定义的工作经试点后业已逐渐展开。另外，遵照术语学理论，根据汉语汉字特点，结合科技名词审定工作实践，全国名词委制定并逐步完善了一套名词审定工作的原则与方法。可以说，在20世纪的最后15年中，我国基本上建立起了比较完整的科技名词体系，为我国科技名词的规范和统一奠定了良好的基础，对我国科研、教学和学术交流起到了很好的作用。

在科技名词审定工作中，全国名词委密切结合科技发展和国民经济建设的需要，及时调整工作方针和任务，拓展新的学科领域开展名词审定工作，以更好地为社会服务、为国民经济建设服务。近些年来，又对科技新词的定名和海峡两岸科技名词对照统一工作给予了特别的重视。科技新词的审定和发布试用工作已取得了初步成效，显示了名词统一工作的活力，跟上了科技发展的步伐，起到了引导社会的作用。两岸科技名词对照统一工作是一项有利于祖国统一大业的基础性工作。全国名词委作为我国专门从事科技名词统一的机构，始终把此项工作视为自己责无旁贷的历史性任务。通过这些年的积极努力，我们已经取得了可喜的成绩。做好这项工作，必将对弘扬民族文化，促进两岸科教、文化、经贸的交流与发展作出历史性的贡献。

科技名词浩如烟海，门类繁多，规范和统一科技名词是一项相当繁重而复杂的长期工作。在科技名词审定工作中既要注意同国际上的名词命名原则与方法相衔接，又要依据和发挥博大精深的汉语文化，按照科技的概念和内涵，创造和规范出符合科技规律和汉语文字结构特点的科技名词。因而，这又是一项艰苦细致的工作。广大专家学者字斟句酌，精益求精，以高度的社会责任感和敬业精神投身于这项事业。可以说，全国名词委公布的名词是广大专家学者心血的结晶。这里，我代表全国名词委，向所有参与这项工作的专家学者们致以崇高的敬意和衷心的感谢！

审定和统一科技名词是为了推广应用。要使全国名词委众多专家多年的劳动成果——规范名词——成为社会各界及每位公民自觉遵守的规范，需要全社会的理解和支持。国务院和4个有关部委[国家科委(今科学技术部)、中国科学院、国家教委(今教育部)和新闻出版署]已分别于1987年和1990年行文全国，要求全国各科研、教学、生产、经营以及新闻出版等单位遵照使用全国名词委审定公布的名词。希望社会各界自觉认真地执行，共同做好这项对于科技发展、社会进步和国家统一极为重要的基础工作，为振兴中华而努力。

值此全国名词委成立15周年、科技名词书改装之际，写了以上这些话。是为序。

卢嘉锡

2000年夏

钱 三 强 序

科技名词术语是科学概念的语言符号。人类在推动科学技术向前发展的历史长河中,同时产生和发展了各种科技名词术语,作为思想和认识交流的工具,进而推动科学技术的发展。

我国是一个历史悠久的文明古国,在科技史上谱写过光辉篇章。中国科技名词术语,以汉语为主导,经过了几千年的演化和发展,在语言形式和结构上体现了我国语言文字的特点和规律,简明扼要,蓄意深切。我国古代的科学著作,如已被译为英、德、法、俄、日等文字的《本草纲目》、《天工开物》等,包含大量科技名词术语。从元、明以后,丌始翻译西方科技著作,创译了大批科技名词术语,为传播科学知识,发展我国的科学技术起到了积极作用。

统一科技名词术语是一个国家发展科学技术所必须具备的基础条件之一。世界经济发达国家都十分关心和重视科技名词术语的统一。我国早在1909年就成立了科技名词编订馆,后又于1919年中国科学社成立了科学名词审定委员会,1928年大学院成立了译名统一委员会。1932年成立了国立编译馆,在当时教育部主持下先后拟订和审查了各学科的名词草案。

新中国成立后,国家决定在政务院文化教育委员会下,设立学术名词统一工作委员会,郭沫若任主任委员。委员会分设自然科学、社会科学、医药卫生、艺术科学和时事名词五大组,聘任了各专业著名科学家、专家,审定和出版了一批科学名词,为新中国成立后的科学技术的交流和发展起到了重要作用。后来,由于历史的原因,这一重要工作陷于停顿。

当今,世界科学技术迅速发展,新学科、新概念、新理论、新方法不断涌现,相应地出现了大批新的科技名词术语。统一科技名词术语,对科学知识的传播,新学科的开拓,新理论的建立,国内外科技交流,学科和行业之间的沟通,科技成果的推广、应用和生产技术的发展,科技图书文献的编纂、出版和检索,科技情报的传递等方面,都是不可缺少的。特别是计算机技术的推广使用,对统一科技名词术语提出了更紧迫的要求。

为适应这种新形势的需要,经国务院批准,1985年4月正式成立了全国自然科学名词审定委员会。委员会的任务是确定工作方针,拟定科技名词术语审定工作计划、实施方案和步骤,组织审定自然科学各学科名词术语,并予以公布。根据国务院授权,委员会审定公布的名词术语,科研、教学、生产、经营以及新闻出版等各部门,均应遵照使用。

　　全国自然科学名词审定委员会由中国科学院、国家科学技术委员会、国家教育委员会、中国科学技术协会、国家技术监督局、国家新闻出版署、国家自然科学基金委员会分别委派了正、副主任担任领导工作。在中国科协各专业学会密切配合下，逐步建立各专业审定分委员会，并已建立起一支由各学科著名专家、学者组成的近千人的审定队伍，负责审定本学科的名词术语。我国的名词审定工作进入了一个新的阶段。

　　这次名词术语审定工作是对科学概念进行汉语订名，同时附以相应的英文名称，既有我国语言特色，又方便国内外科技交流。通过实践，初步摸索了具有我国特色的科技名词术语审定的原则与方法，以及名词术语的学科分类、相关概念等问题，并开始探讨当代术语学的理论和方法，以期逐步建立起符合我国语言规律的自然科学名词术语体系。

　　统一我国的科技名词术语，是一项繁重的任务，它既是一项专业性很强的学术性工作，又涉及到亿万人使用习惯的问题。审定工作中我们要认真处理好科学性、系统性和通俗性之间的关系；主科与副科间的关系；学科间交叉名词术语的协调一致；专家集中审定与广泛听取意见等问题。

　　汉语是世界五分之一人口使用的语言，也是联合国的工作语言之一。除我国外，世界上还有一些国家和地区使用汉语，或使用与汉语关系密切的语言。做好我国的科技名词术语统一工作，为今后对外科技交流创造了更好的条件，使我炎黄子孙，在世界科技进步中发挥更大的作用，作出重要的贡献。

　　统一我国科技名词术语需要较长的时间和过程，随着科学技术的不断发展，科技名词术语的审定工作，需要不断地发展、补充和完善。我们将本着实事求是的原则，严谨的科学态度作好审定工作，成熟一批公布一批，提供各界使用。我们特别希望得到科技界、教育界、经济界、文化界、新闻出版界等各方面同志的关心、支持和帮助，共同为早日实现我国科技名词术语的统一和规范化而努力。

钱三强

1992 年 2 月

前　　言

冶金学是一门古老的学科,在我国有着悠久的历史。当今在材料科学领域仍占有重要地位,是一门应用最广泛的技术学科之一。

在全国科学技术名词审定委员会(以下简称"全国名词委")的领导下,中国金属学会和中国有色金属学会共同筹备了冶金学名词审定委员会(以下简称"本委员会"),于1992年3月2日在北京正式成立。由魏寿昆任主任,仲增墉、余兴远和吕其春任副主任,委员有44位专家,并聘请王之玺、王淀佐、师昌绪、徐采栋为顾问。本委员会根据全国名词委的布署并遵循全国名词委制定的"科学技术名词审定的原则及方法",负责审定我国冶金学汉语名词,使其达到规范化要求。

在七年多时间内,本委员会召开了两次全体委员参加的审定会和多次由主任、副主任、各大组长和秘书参加的工作会议。从确定冶金学名词的学科框架入手,进而对收录的名词进行认真细致的审定。为了确保名词审定的质量,还向全国与冶金学有关的科研、教学、设计、情报和出版等方面的单位和专家广泛征求意见,并与全国名词委已公布出版的名词进行了协调。全国名词委外国科学家译名协调委员会审定协调了冶金学名词中以外国科学家姓名命名的名词。在整个审定过程中,本委员会四易其稿,对某些部分作了较大修改。1997年全国名词委委托王之玺、王淀佐和师昌绪对冶金学名词进行了复审,现经全国名词委批准公布。

本委员会对公布的冶金学名词作如下说明:

1. 本次公布的名词共分9部分,即:总论、采矿、选矿、冶金过程物理化学、钢铁冶金、有色金属冶金、金属学、金属材料和金属加工。这样划分主要是为了便于按学科概念体系进行审定,并非严谨的学科分类。

2. 所收词目为冶金学的基本词、常用词和重要词。为照顾学科的系统性,适量收集了一些跨学科的与冶金学密切相关的基础词。

3. 各部分的名词在本书内不交叉重复,一个名词只出现一次。采取的原则其一是:服从重要性,如"破碎"、"筛分"等名词是"选矿"最重要的内容之一,所以这方面的名词就收录在"选矿"中,"耐火材料"、"粉末冶金"等部分就不再收录;其二是服从先后顺序,如"烧结"部分的名词既可放在"钢铁冶金"又可放在"有色金属冶金",因"钢铁冶金"部分编排在前,故"烧结"部分的名词就收录在"钢铁冶金"部分。为便于查阅,本书附有英汉索引和汉英索引。

4. 本书公布的"采矿"名词主要包括金属矿开采的部分。对非金属矿开采,特别是煤炭开采,则另有专册。核工业、硅酸盐工业及建筑业所用的"采矿"名词,可从本书中选用。

5. 冶金学与元素的关系密切,在附录中特附上元素表,供读者使用。其中101—109号元素的汉文名已于 1998 年 7 月 8 日由全国名词委正式公布。

6.对一些目前使用较混乱的词,在本次审定中进行了规范,例如:

(1)鉴于欧洲大陆与英美二学派对"自由焓"与"自由能"二词的用法存有分歧,本书对恒压恒温的"吉布斯自由能"采用国际纯粹与应用化学联合会(IUPAC)规定的"吉布斯能",简称"吉氏能"。

(2)对二元系相图中溶液的三种相变反应,本书采用共晶(eutectic,即溶液 = 晶体$_{(1)}$ + 晶体$_{(2)}$)、包晶(peritectic,即溶液 + 晶体$_{(1)}$ = 晶体$_{(2)}$)及独晶(monotectic,即溶液$_{(1)}$ = 溶液$_{(2)}$ + 晶体)。这样,汉文"共"、"包"及"独"和英文字首"eu","peri"及"mono"一致。同时,对固熔体类似的相变反应采用"共析"(eutectoid)、"包析"(peritectoid)及"独析"(monotectoid)。溶液和固熔体两类相似的相变反应也相互协调。

(3)对"碳"、"炭"二词的用法,本书采用下列原则:凡涉及化学元素或化学组成有关 C(碳)的名词均用"碳",例如:"脱碳"、"碳素钢"、"碳化硅"等。含纯 C(碳)的物质也用"碳",例如:"无定形碳"等。有不恒定量及不恒定化学组成的不纯含 C(碳)物质,则按我国惯例均用"炭",例如:"木炭"、"焦炭"、"炭砖"、"炭纤维"等。后者都有不恒定的物理及化学性质。

在七年多的审定过程中,冶金学界以及相关学科的专家、学者给予了热情支持,特别是主任委员魏寿昆作了大量认真细致的工作,为冶金学名词最终定稿作出了很大贡献。在此,本委员会向所有帮助完成这项基础性工作的科技工作者表示衷心地感谢。同时恳请使用者继续提出宝贵意见,以便进一步修订,使之日臻完善。

冶金学名词审定委员会
1999 年 9 月

编 排 说 明

一、本书公布的名词是冶金学基本名词。

二、全书正文按主要分支学科分为总论、采矿、选矿、冶金过程物理化学、钢铁冶金、有色金属冶金、金属学、金属材料和金属加工9部分。

三、正文中的汉文名按学科的相关概念排列,并附有与其概念相同的符合国际习惯用法的英文名或其他外文名。

四、一个汉文名对应几个英文同义词而不便取舍时,则用","分开。对应的外文词为非英文时,用"( )"注明文种。

五、英文名首字母大、小写均可时,一律小写。英文名除必须用复数者,一般用单数。

六、对少数概念易混淆的汉文名作了简明的定义或注释,列在注释栏内。

七、汉文名的主要异名列在注释栏内。其中"又称"为不推荐用名,"曾称"为不再使用的旧名。

八、条目中"[ ]"内的字使用时可以省略。

九、正文后所附的英文索引按英文字母顺序排列;汉文索引按汉语拼音顺序排列。所示号码为该词在正文中的序码。索引中带"＊"号者为注释栏内的条目。

目　　录

正文

附录

01. 总　　论

序　码	汉　文　名	英　文　名	注　释
01.001	采矿[学]	mining	
01.002	地下采矿[学]	underground mining	
01.003	露天采矿[学]	open cut mining, open pit mining, surface mining	
01.004	砂矿开采[学]	placer mining	
01.005	水力采矿[学]	hydraulic mining	
01.006	溶解采矿[学]	solution mining	
01.007	采矿工程	mining engineering	
01.008	选矿[学]	mineral dressing, ore beneficiation, mineral processing	
01.009	矿物工程	mineral engineering	
01.010	冶金[学]	metallurgy	
01.011	过程冶金[学]	process metallurgy	
01.012	提取冶金[学]	extractive metallurgy	
01.013	化学冶金[学]	chemical metallurgy	
01.014	物理冶金[学]	physical metallurgy	
01.015	金属学	Metallkunde（德）	
01.016	冶金过程物理化学	physical chemistry of process metallurgy	
01.017	冶金反应工程学	metallurgical reaction engineering	
01.018	冶金工程	metallurgical engineering	
01.019	钢铁冶金[学]	ferrous metallurgy, metallurgy of iron and steel	
01.020	有色金属冶金[学]	nonferrous metallurgy	
01.021	真空冶金[学]	vacuum metallurgy	
01.022	等离子冶金[学]	plasma metallurgy	
01.023	微生物冶金[学]	microbial metallurgy	
01.024	喷射冶金[学]	injection metallurgy	
01.025	钢包冶金[学]	ladle metallurgy	
01.026	二次冶金[学]	secondary metallurgy	
01.027	机械冶金[学]	mechanical metallurgy	
01.028	焊接冶金[学]	welding metallurgy	

序　码	汉文名	英文名	注　释
01.029	粉末冶金[学]	powder metallurgy	
01.030	铸造学	foundry	
01.031	火法冶金[学]	pyrometallurgy	
01.032	湿法冶金[学]	hydrometallurgy	
01.033	电冶金[学]	electrometallurgy	
01.034	氯[气]冶金[学]	chlorine metallurgy	
01.035	矿物资源综合利用工程	engineering of comprehensive utilization of mineral resources	
01.036	中国金属学会	The Chinese Society for Metals	
01.037	中国有色金属学会	The Nonferrous Metals Society of China	

02. 采　矿

序　码	汉文名	英文名	注　释

02.01 一般术语

序　码	汉文名	英文名	注　释
02.001	采矿工艺	mining technology	
02.002	有用矿物	valuable mineral	
02.003	冶金矿产原料	metallurgical mineral raw materials	
02.004	矿床	mineral deposit	
02.005	特殊采矿	specialized mining	
02.006	海洋采矿	oceanic mining, marine mining	
02.007	硬岩采矿	hard rock mining	
02.008	矿田	mine field	
02.009	矿山	mine	
02.010	露天矿山	surface mine	
02.011	地下矿山	underground mine	
02.012	井田	shaft area, шахтное поле(俄)	
02.013	矿井	shaft, шахта(俄)	
02.014	矿床勘探	mineral deposit exploration	
02.015	矿山场地布置	mine yard layout	
02.016	矿山可行性研究	mine feasibility study	
02.017	矿山规模	mine capacity	
02.018	矿山生产能力	mine production capacity	
02.019	矿山年产量	annual mine output	

序 码	汉 文 名	英 文 名	注 释
02.020	矿山服务年限	mine life	
02.021	矿山基本建设	mine construction	
02.022	矿山建设期限	mine construction period	
02.023	矿山投产	start-up of mine production	
02.024	矿山达产	arrival at mine full capacity	
02.025	矿山装备水平	mine equipment level	
02.026	开采顺序	mining sequence	
02.027	开采步骤	stages of mining	
02.028	采掘计划	schedule of extraction and development	
02.029	开采强度	mining intensity	
02.030	强化开采	strengthening mining	
02.031	采掘比	development ratio	
02.032	剥采比	stripping ratio	
02.033	采剥总量	overall output of ore and waste	
02.034	矿山维简工程	mine engineering of maintaining simple reproduction	
02.035	矿石回收率	ore recovery ratio	
02.036	矿石损失率	ore loss ratio	
02.037	矿石贫化率	ore dilution ratio	
02.038	工业矿石	industrial ore	
02.039	采出矿石	extracted ore	
02.040	商品矿石	commodity ore	
02.041	矿产资源保护	conservation of mineral resources	
02.042	复田工作	reclamation work	
02.043	矿井报废	mine abandonment	
02.044	露天地下联合开采	combined surface and underground mining	
02.045	矿体	orebody	
02.046	矿体几何形状	geometric configuration of orebody	
02.047	盲矿体	blind orebody	
02.048	板状矿体	tabular orebody	
02.049	矿脉	vein	
02.050	冲积矿床	alluvial deposit	
02.051	冲积砂金	alluvial gold placer	
02.052	海洋矿产资源	oceanic mineral resources	

序　码	汉　文　名	英　文　名	注　释
		02.02　生　产　探　矿	
02.053	矿石	ore	
02.054	矿石品位	ore grade	
02.055	矿床品位	deposit grade	
02.056	可采品位	payable grade, workable grade	
02.057	矿床工业指标	deposit industrial index	
02.058	边界品位	cut-off grade	
02.059	最低工业品位	minimum economic ore grade	
02.060	最低可采厚度	minimum workable thickness	
02.061	最大允许夹石厚度	maximum allowable thickness of barren rock	
02.062	围岩	wall rock, country rock	
02.063	围岩蚀变	wall rock alteration	
02.064	断层泥	fault gouge	
02.065	断层角砾岩	fault breccia	
02.066	弱面	weakness plane	
02.067	裂隙间距	fracture spacing	
02.068	露头	outcrop	
02.069	铁帽	gossan	
02.070	上盘	hanging wall	
02.071	下盘	foot wall	
02.072	节理玫瑰图	joint rose	
02.073	极射赤面投影法	stereography	
02.074	极射赤面投影图	stereogram	
02.075	区域评价	regional appraisal	
02.076	生产勘探	productive exploration	
02.077	巷道勘探	drift exploration	
02.078	矿床评价	ore deposit valuation	
02.079	地质储量	geological reserve	
02.080	工业储量	recoverable reserve, workable reserve	
02.081	生产矿量	productive ore reserve	
02.082	开拓矿量	developed ore reserve	
02.083	采准矿量	prepared ore reserve	
02.084	备采矿量	blocked-out ore reserve	
02.085	探明储量	proven reserve, known reserve	

序　码	汉　文　名	英　文　名	注　　释
02.086	保有储量	retained reserve	
02.087	远景储量	prospective reserve	
02.088	平衡表内储量	ore reserve inside balance sheet	
02.089	平衡表外储量	ore reserve outside balance sheet	
02.090	取矿石样	ore sampling	
02.091	矿体二次圈定	secondary delimitation of orebody	
02.092	地质编录	geological logging	
02.093	露头测绘	outcrop mapping	
02.094	地质地形图	geologic-topographic map	
02.095	勘探线剖面图	exploratory grid cross section	
02.096	水文地质图	hydrogeological map	
02.097	地质平面图	geological map	
02.098	地质断面图	geological section	
02.099	地质柱状图	gcologic column	
02.100	钻孔布置图	borehole pattern	

02.03　矿　山　测　量

序　码	汉　文　名	英　文　名	注　　释
02.101	矿山测量[学]	mine surveying	
02.102	矿区控制测量	control survey of mine district	
02.103	近井点测量	nearby shaft point survey	
02.104	矿井联系测量	shaft connection survey	
02.105	矿井定向测量	shaft orientation survey	
02.106	井下测量	underground survey	
02.107	竖井施工测量	shaft sinking survey	
02.108	巷道施工测量	drifting survey	
02.109	井巷贯通测量	mine workings link-up survey	
02.110	采场测量	stope survey	
02.111	深孔测量	longhole survey	
02.112	采场空硐测量	stope space survey	
02.113	天井联系测量	raise connecting survey	
02.114	矿井延深测量	shaft deepening survey	
02.115	巷道验收测量	drift footage measurement	
02.116	矿山测量图	mine survey map	
02.117	巷道系统立体图	stereographical view of development system	
02.118	露天矿测量	surface mine survey	
02.119	采剥验收测量	check and acceptance by survey on	

序 码	汉文名	英 文 名	注 释
		mining and stripping	
02.120	采剥剖面图	cross section view of mining and stripping	
02.121	露天矿爆破测量	blasting survey of surface mine	
02.122	露天矿境界圈定	boundary demarcation of surface mine	
02.123	露天矿线路测量	route survey of surface mine	
02.124	排土场平面图	plan view of waste disposal site	
02.125	防排水系统图	waterproof and drainage system map	
02.126	地表移动曲线	curve line of surface displacement	
02.127	岩层移动	strata displacement	
02.128	开采沉陷	mining subsidence	
02.129	冒落带	caving zone	
02.130	裂隙带	fissured zone	
02.131	弯曲带	bended zone, sagging zone	
02.132	下沉系数	subsidence factor	
02.133	地表临界变形值	critical value of surface deforma-tion	
02.134	陷落角	caved angle	
02.135	移动角	displacement angle	
02.136	裂隙角	fracture angle, fissure angle	
02.137	断裂角	break angle, crack angle	
02.138	巷道腰线	half height line of drift	
02.139	竖井定向	shaft plumbing	
02.140	矿用经纬仪	mine theodolite, mine transit	
02.141	矿用挂罗盘	hanging compass	
02.142	激光导向仪	guiding laser	

02.04 岩石力学

序 码	汉文名	英 文 名	注 释
02.143	岩石力学	rock mechanics	
02.144	岩体力学	rock mass mechanics	
02.145	岩石物理力学性质	physical-mechanical properties of rock	
02.146	岩石非连续性	rock discontinuity	
02.147	岩石各向异性	rock anisotropy	
02.148	岩石各向同性	rock isotropy	

序　码	汉　文　名	英　文　名	注　释
02.149	岩石强度尺寸效应	size effect of rock strength	
02.150	岩体结构	rock mass structure	
02.151	岩体变形	rock mass deformation	
02.152	岩体强度	rock mass strength	
02.153	岩石质量指标	rock quality designation, RQD	
02.154	岩体指标	rock mass rating, RMR	
02.155	岩体应力	stress in rock mass	
02.156	岩体原始应力	in-situ original stress of rock mass	
02.157	岩体自重应力	gravity stress of rock mass	
02.158	岩体构造应力	tectonic stress of rock mass	
02.159	岩体热应力	thermal stress of rock mass	
02.160	岩体次生应力	induced stress of rock mass	
02.161	支承应力	abutment stress	
02.162	围压	confining pressure	
02.163	地压	ground pressure	
02.164	地压控制	ground pressure control	
02.165	围岩加固	wall rock reinforcement	
02.166	采空区处理	stoped-out area handling	
02.167	普氏岩石强度系数	Protogyakonov's coefficient of rock strength	全称"普罗托季亚科诺夫岩石强度系数"。
02.168	岩爆	rockburst	
02.169	收敛测量	convergence measurement	
02.170	钻孔应力计	borehole stressmeter	
02.171	钻孔应变计	borehole strainmeter	
02.172	钢弦压力计	wire pressure meter	
02.173	液压枕	flat jack	
02.174	多点位移计	multipoint displacement meter	
02.175	地音仪	geophone	
02.176	声发射监测	acoustic emission monitoring	
02.177	钻孔倾斜仪	borehole inclinometer	
02.178	钻孔伸长仪	borehole extensometer	
02.179	微震监测	micro-seismic monitoring	
02.180	相似材料模拟	equivalent material simulating	
02.181	光弹模拟	photoelastic simulating	
02.182	动摩擦模型	dynamic friction model	
02.183	离心模型	centrifugal model	

序　码	汉 文 名	英 文 名	注　释
02.184	自然平衡拱	dome of natural equilibrium	
02.185	不连续剪切试验	shear test of discontinuity	
02.186	不连续黏结力	cohesion of discontinuity	
02.187	不连续内摩擦角	internal friction angle of discontinuity	
02.188	刚体平衡法	rigid equilibrium method	
02.189	平面型滑坡	plane failure, plane landslide	
02.190	圆弧型滑坡	circular failure, circular landslide	
02.191	楔型滑坡	wedge-shaped failure, wedge-shaped landslide	
02.192	倾覆型滑坡	toppling failure, toppling landslide	
02.193	应力解除	de-stressing	
02.194	卸载爆破	stress relief blasting	
02.195	应力包络线	stress envelope	
02.196	原岩应力场	in-situ stress field	
02.197	应力冻结法	stress frozen method	
02.198	静水应力场	hydrostatic stress field	
02.199	承载能力	bearing capacity	
02.200	围岩位移量	displacement of wall rock	
02.201	两帮收敛量	convergence of wall rock	
02.202	卸载钻孔	stress relief borehole	
02.203	筒状陷落	chimney caving	
02.204	巷道闭合	drift closure	
02.205	采前应力	premining stress	
02.206	顶板来压	roof weighting	
02.207	周期来压	periodic weighting	
02.208	成拱作用	arching	
02.209	冒顶	roof collapse	
02.210	离层	bed separation	
02.211	假顶	false roof	
02.212	直接顶	immediate roof	
02.213	主顶	main roof	
02.214	底鼓	ground heave	

02.05 凿岩爆破

序　码	汉 文 名	英 文 名	注　释
02.215	凿岩	rock drilling	
02.216	岩石破碎	rock breaking, rock fragmentation	

序 码	汉 文 名	英 文 名	注 释
02.217	岩石坚固性	firmness of rock	
02.218	岩石可钻性	rock drillability	
02.219	岩石磨蚀性	rock abrasiveness	
02.220	岩石可爆性	rock blastability	
02.221	岩石破碎比能	specific energy for rock breaking	
02.222	岩石动态弹模	rock dynamic modulus of elasticity	
02.223	岩石动态强度	rock dynamic strength	
02.224	岩石波阻抗	wave impedance of rock	
02.225	冲击式凿岩	percussion drilling	
02.226	凿岩工具	drilling tool	
02.227	钻头	bit	
02.228	十字钎头	cruciform bit, cross bit	
02.229	活动钻头	detachable bit	
02.230	钎杆	stem	
02.231	钎尾	drill shank	
02.232	爆破	blasting	
02.233	矿用炸药	mining explosive	
02.234	硝铵炸药	ammonium nitrate explosive	
02.235	铵梯炸药	ammonium nitrate trinitrotoluene explosive, AN-TNT containing explosive, ammonit	
02.236	铵油炸药	ammonium nitrate fuel oil explosive	
02.237	硝化甘油炸药	nitroglycerine explosive	
02.238	浆状炸药	slurry explosive	
02.239	水胶炸药	water gel explosive	
02.240	乳化炸药	emulsion explosive	
02.241	液体炸药	liquid explosive	
02.242	耐冻炸药	low-freezing explosive	
02.243	抗水炸药	water-resistant explosive	
02.244	含水炸药	water-bearing explosive	
02.245	胶质炸药	gelatine dynamite	
02.246	猛炸药	high explosive, brisant explosive, violent explosive	
02.247	高威力炸药	high strength explosive	
02.248	黑火药	black powder	
02.249	静态破碎剂	static breaking agent	

序 码	汉 文 名	英 文 名	注 释
02.250	爆炸	explosion	
02.251	爆破力学	blasting mechanics	
02.252	爆轰	detonation	
02.253	爆轰波	detonation wave	
02.254	冲击波	shock wave	
02.255	爆燃	deflagration	
02.256	爆温	explosion temperature	
02.257	爆热	explosion heat	
02.258	爆速	detonation velocity	
02.259	爆容	specific volume of explosion	
02.260	爆压	detonation pressure	
02.261	爆力	explosion strength	
02.262	体积威力	bulk strength	
02.263	重量威力	weight strength	
02.264	猛度	brisance	
02.265	殉爆	sympathetic detonation	
02.266	殉爆距离	gap distance of sympathetic deto-nation	
02.267	起爆药	primer charge	
02.268	被爆药	acceptor charge	
02.269	聚能效应	cavity effect	
02.270	沟槽效应	channel effect	
02.271	临界直径	critical diameter	
02.272	炸药稳定性	stability of explosive	
02.273	炸药抗冻性	antifreezing property of explosive	
02.274	炸药抗水性	water resistance of explosive	
02.275	雷管	detonator	
02.276	火雷管	blasting cap detonator	
02.277	电雷管	electric detonator	
02.278	瞬发电雷管	instant electric detonator	
02.279	延期电雷管	delay electric detonator	
02.280	毫秒延期电雷管	millisecond delay electric detonator	
02.281	抗杂散电流电雷管	anti-stray-current electric detona-tor	
02.282	无起爆药雷管	nonpriming material detonator	
02.283	最大安全电流	maximum safety current	
02.284	最小准爆电流	minimum firing current	又称"最小发火电

序 码	汉文名	英 文 名	注 释
			流"。
02.285	电雷管脚线	loading wire of electric detonator	
02.286	电雷管点火元件	firing element of electric detonator	
02.287	电雷管桥丝	bridge wire of electric detonator	
02.288	电雷管电阻	resistance of electric detonator	
02.289	继爆管	detonating relay	
02.290	非电导爆管	nonel tube	
02.291	导火线	safety fuse	
02.292	导爆索	detonating cord	
02.293	起爆器	blasting machine	
02.294	电爆网路	electric detonating circuit	
02.295	起爆能力	detonating capability	
02.296	炮孔	blast hole	
02.297	炮孔布置	drilling hole pattern	
02.298	掏槽孔	cut hole	
02.299	辅助孔	satellite hole	
02.300	周边孔	periphery hole	
02.301	装药	charging	
02.302	人工装药	manual charging	
02.303	装药车装药	truck charging	
02.304	炮孔预装药	blast hole precharging	
02.305	束状炮孔	bunch holes	
02.306	平行炮孔	parallel holes	
02.307	环形炮孔	ring holes	
02.308	扇形炮孔	fan-pattern holes	
02.309	柱状药包爆破	column charge blasting	
02.310	球状药包爆破	spherical charge blasting	
02.311	自由空间爆破	free space blasting	
02.312	挤压爆破	squeeze blasting	
02.313	机械落矿	machine breaking	
02.314	撬毛	scaling	
02.315	集中装药	concentrated charging	
02.316	连续装药	continuous charging	
02.317	间隔装药	deck charging	
02.318	耦合装药	coupling charging	
02.319	装药系数	charging factor	
02.320	装药密度	explosive charging density	

序 码	汉 文 名	英 文 名	注 释
02.321	装药不耦合系数	coefficient of decoupling charge	
02.322	炮孔填塞	blast hole stemming	
02.323	水封填塞	water stemming	
02.324	爆破作用指数	blasting action index	
02.325	爆破作用半径	radius of blasting action	
02.326	爆破漏斗	blasting crater	
02.327	全断面爆破	full face blasting	
02.328	光面爆破	smooth blasting	
02.329	周边爆破	perimeter blasting	
02.330	缓冲爆破	cushioned blasting	
02.331	预裂爆破	presplitting blasting	
02.332	药壶爆破	sprung blasting	
02.333	硐室爆破	chamber blasting	
02.334	抛掷爆破	throw blasting	
02.335	压碴爆破	buffer blasting	
02.336	台阶爆破	bench blasting	
02.337	定向爆破	directional blasting	
02.338	二次爆破	secondary blasting	
02.339	裸露爆破	adobe blasting	
02.340	水封爆破	water infusion blasting	
02.341	大爆破	bulk blasting	
02.342	毫秒爆破	millisecond blasting	
02.343	控制爆破	control blasting	
02.344	爆破炮孔组	blasting round	
02.345	爆破顺序	blasting sequence	
02.346	炮孔深度	blast hole depth	
02.347	超钻	excess drilling	
02.348	底盘抵抗线	toe burden	
02.349	残孔	incomplete hole	
02.350	炮孔利用率	blast hole utilizing factor	
02.351	最小抵抗线	minimum burden	
02.352	自由面	free face	
02.353	巷道欠挖	underbreak of opening	
02.354	巷道超挖	overbreak of opening	
02.355	爆堆	blasted muckpile	
02.356	根底	tight bottom	
02.357	后冲	back break	

序　码	汉　文　名	英　文　名	注　释
02.358	炮孔排面斜角	ring hole gradient	

02.06　井　巷　工　程

序　码	汉　文　名	英　文　名	注　释
02.359	巷道	roadway	
02.360	矿山构筑物	mine structure	
02.361	井架	headgear	
02.362	井塔	hoist tower	
02.363	矿仓	ore bin	
02.364	栈桥	loading bridge	
02.365	废石场	waste rock pile	
02.366	竖井	vertical shaft	
02.367	井筒	shaft body	
02.368	井筒位置	shaft location	
02.369	井筒装备	shaft installation	
02.370	特殊掘井法	special shaft sinking	
02.371	冻结掘井法	freezing shaft sinking	
02.372	灌浆掘井法	grouting shaft sinking	
02.373	沉井掘井法	caisson shaft sinking	
02.374	插板掘井法	spiling shaft sinking	
02.375	井筒反掘法	raising method of shafting	
02.376	钻井法掘井	boring shaft sinking	
02.377	超前小井掘井法	pilot shaft sinking	
02.378	井筒延深	shaft deepening	
02.379	井筒衬砌	shaft lining	
02.380	井壁	shaft wall	
02.381	井筒壁座	shaft curbing	
02.382	井筒布置	shaft layout	
02.383	罐道梁	shaft bunton	
02.384	罐道	cage guide	
02.385	梯子间	ladder compartment, ladder way	
02.386	安全间隙	safety clearance	
02.387	井格	shaft compartment	
02.388	井框	wall crib	
02.389	吊盘	sinking platform	
02.390	吊桶	sinking bucket	
02.391	井筒锁口盘	shaft collar	
02.392	井底水窝	shaft sump	

序　码	汉　文　名	英　文　名	注　释
02.393	主井	main shaft	
02.394	副井	auxiliary shaft	
02.395	措施井	service shaft	
02.396	充填井	filling raise	
02.397	箕斗井	skip shaft	
02.398	罐笼井	cage shaft	
02.399	混合井	combined shaft	
02.400	风井	ventilation shaft	
02.401	盲井	sub-shaft	
02.402	出车台	shaft landing	
02.403	托台	cage keps	
02.404	罐笼摇台	cage junction platform	
02.405	罐笼平台	cage platform	
02.406	斜井	inclined shaft	
02.407	井底车场	shaft station	
02.408	环形式井底车场	loop-type shaft station	
02.409	折返式井底车场	switch-back shaft station	
02.410	尽头式井底车场	end on shaft station	
02.411	井下斜坡道	underground ramp	
02.412	平巷	horizontal workings, drift	
02.413	隧道	tunnel	
02.414	平隆	adit	
02.415	平巷掘进	drifting	
02.416	平巷掩护法掘进	shield drifting	
02.417	平巷掘进机掘进	drifting by tunneling machine	
02.418	新奥法掘进	drifting by new Austrian method	
02.419	天井	raise	
02.420	天井吊罐法掘进	cage raising	
02.421	天井爬罐法掘进	climber raising	
02.422	深孔爆破法天井掘进	longhole blasting raising	
02.423	分支天井	branch raise	
02.424	溜井	orepass	
02.425	井筒马头门	shaft inset	
02.426	硐室	underground chamber	
02.427	支护	supporting	
02.428	支架	support	

序 码	汉 文 名	英 文 名	注 释
02.429	临时支架	temporary support	
02.430	永久支架	permanent support	
02.431	拱形支架	arch support	
02.432	圆形支架	circular support	
02.433	马蹄形支架	U-shaped support	
02.434	刚性支架	rigid support	
02.435	可缩性支架	yielding support	
02.436	背板	lagging plank	
02.437	木支架	wooden support	
02.438	密集支柱	close-standing props	
02.439	金属支架	metal support	
02.440	液压支架	hydraulic support	
02.441	立柱	post	
02.442	底拱	inverted arch	
02.443	浇灌混凝土支架	monolithic concrete support	
02.444	喷射混凝土支架	shotcrete lining	
02.445	锚杆支护	rock bolting	
02.446	锚索支护	cable bolting	
02.447	喷锚网支护	shotcrete-rock bolt-wire mesh support	
02.448	摩擦式锚杆	frictional rock bolt	
02.449	树脂胶结锚杆	resin rock bolt	
02.450	砂浆锚杆	grouting rock bolt	
02.451	灌浆	grouting	
02.452	装矿硐室	ore loading chamber	
02.453	卸矿硐室	ore dumping chamber	
02.454	井下破碎站	underground crusher station	

02.07 露 天 采 矿

序 码	汉 文 名	英 文 名	注 释
02.455	露天采矿	open pit mining	
02.456	露天采石	quarrying	
02.457	采石场	quarry	
02.458	山坡露天矿	hillside open pit	
02.459	凹陷露天矿	deep-trough open pit	
02.460	深部露天矿	deep open pit	
02.461	封闭圈	closed loop	
02.462	剥离	stripping	

序　码	汉　文　名	英　文　名	注　释
02.463	露天开采境界	open pit boundary	
02.464	露天采场	open pit	
02.465	露天采场边帮	open pit slope	
02.466	露天采场最终边帮	ultimate pit slope	
02.467	露天矿延伸	open pit deepening	
02.468	露天采场扩帮	open pit slope enlarging	
02.469	露天采场底盘	open pit footwall	
02.470	地表境界线	surface boundary line	
02.471	底部境界线	floor boundary line	
02.472	最终边坡角	ultimate pit slope angle	
02.473	工作帮坡角	working slope angle	
02.474	出入沟	main access	
02.475	开段沟	pioneer cut	
02.476	分期开采	mining by stages	
02.477	陡帮开采	steep-wall mining	
02.478	组合台阶开采	composite-bench mining	
02.479	露天矿采矿方法	surface mining method	
02.480	倒堆采矿法	overcasting mining method	
02.481	选别开采法	selective mining system	
02.482	漏斗采矿法	glory-hole mining system	
02.483	挖掘机装载	excavator loading	
02.484	挖掘系数	excavation factor	
02.485	车铲比	truck to shovel ratio	
02.486	台阶	bench	
02.487	台阶坡面	bench face	
02.488	台阶坡面角	bench slope angle	
02.489	坡顶线	bench crest	
02.490	坡底线	bench toe rim	
02.491	台阶高度	bench height	
02.492	工作帮	working slope	
02.493	露天矿工作线	pit working line	
02.494	露天矿采掘带	cutting zone of open pit	
02.495	平台	berm	
02.496	露天矿开拓方法	development method of surface mine	
02.497	固定坑线	permanent ramp	

序 码	汉 文 名	英 文 名	注 释
02.498	移动坑线	shiftable ramp	
02.499	折返坑线	zigzag ramp, switch back ramp	
02.500	直进坑线	straight forward ramp	
02.501	螺旋坑线	spiral ramp	
02.502	回返坑线	run-around ramp	
02.503	铁路开拓	railway development	
02.504	公路开拓	highway development	
02.505	胶带运输机开拓	belt conveyor development	
02.506	提升机开拓	hoisting way development	
02.507	平硐溜井开拓	tunnel and ore pass development	
02.508	溜井运输	orepass transportation	
02.509	溜槽	trough	
02.510	转载平台	transfer platform	
02.511	排土	waste disposal	
02.512	排土场	waste disposal site	
02.513	推土机排土	waste disposal with bulldozer	
02.514	电铲排土	waste disposal with shovel	
02.515	排土犁排土	waste disposal with plough	
02.516	胶带输送机排土	waste disposal with belt conveyor	
02.517	边坡稳定性	slope stability	
02.518	边坡破坏模式	slope failure mode	
02.519	边坡疏干	slope dewatering	
02.520	边坡加固	slope reinforcement	
02.521	滑坡	slope sliding failure	
02.522	护坡	slope covering	
02.523	挡土墙	retaining wall	
02.524	边坡监测	slope monitoring	
02.525	掘沟	trenching, ditching	
02.526	水枪射流	water jet by hydraulic monitor	
02.527	水力冲采	hydraulic sluicing	
02.528	土岩预松	preliminary loosening of sediments	
02.529	水力输送	hydraulic conveying	
02.530	水力排土场	hydraulic waste disposal site	
02.531	淘金	gold panning	
02.532	采砂船开采	dredging	
02.533	截水沟	interception ditch	
02.534	平台水沟	berm ditch	

序　码	汉　文　名	英　文　名	注　释

02.08 地下采矿

序　码	汉　文　名	英　文　名	注　释
02.535	地下矿开拓方法	development method of underground mine	
02.536	单一开拓	single development system	
02.537	联合开拓	combined development system	
02.538	平硐开拓	adit development system	
02.539	竖井开拓	vertical shaft development system	
02.540	斜井开拓	inclined shaft development system	
02.541	地下斜坡道开拓	underground ramp development system	
02.542	开拓巷道	development openings	
02.543	石门	crosscut	
02.544	阶段运输巷道	level haulageway	
02.545	环形运输巷道	loop haulageway	
02.546	穿脉平巷	crosscut	
02.547	沿脉平巷	drift	
02.548	脉内巷道	reef drift	
02.549	脉外巷道	rock drift	
02.550	最小运输功	least transportation work	
02.551	阶段	level	又称"水平层"。
02.552	主要运输水平面	main haulage level	
02.553	辅助运输水平面	auxiliary haulage level	
02.554	斜井吊桥	hanging bridge for inclined shaft	
02.555	斜井甩车道	switching track for inclined shaft	
02.556	前进式开采	advance mining	
02.557	后退式开采	retreat mining	
02.558	地下矿采矿方法	underground mining method	
02.559	矿块	block	
02.560	盘区	panel	
02.561	矿块结构要素	constructional elements of ore block	
02.562	矿房	stope room	
02.563	矿柱	ore pillar	
02.564	间柱	rib pillar	
02.565	顶柱	crown pillar	
02.566	底柱	sill pillar	

序　码	汉　文　名	英　文　名	注　释
02.567	保安矿柱	safety pillar	
02.568	间隔矿柱	barrier pillar	
02.569	防水矿柱	water protecting pillar	
02.570	分段	sublevel	
02.571	片层	slice	
02.572	分条	strip	
02.573	采场开拓	stope development	
02.574	采场天井	stope raise	
02.575	切割槽	slot	
02.576	切割天井	slot raise	
02.577	凿岩巷道	drilling drift	
02.578	凿岩硐室	drilling chamber	
02.579	格筛巷道	grizzly level	
02.580	二次破碎巷道	secondary blasting level	
02.581	耙矿巷道	slusher drift	
02.582	回采进路	extracting drift	
02.583	装矿巷道	loading drift	
02.584	电梯井	elevator raise	
02.585	设备井	equipment raise	
02.586	漏斗	draw cone	
02.587	切割	slotting	
02.588	拉底	undercutting	
02.589	底柱结构	construction of sill pillar	
02.590	平底底柱结构	flat-bottom sill pillar	
02.591	堑沟底柱结构	trench-shape sill pillar	
02.592	漏斗底柱结构	cone-shape sill pillar	
02.593	回采	extracting, stoping	
02.594	回采工作面	extracting face, stoping face	
02.595	回采步距	stoping space	
02.596	落矿	ore break down	
02.597	矿石运搬	ore handling, ore mucking	
02.598	放矿	ore drawing	
02.599	装矿	ore loading	
02.600	空场采矿法	open stoping	
02.601	全面采矿法	breast stoping	
02.602	房柱采矿法	room-and-pillar stoping	
02.603	分段采矿法	sublevel stoping	

序 码	汉 文 名	英 文 名	注 释
02.604	阶段矿房采矿法	block stoping	
02.605	VCR 采矿法	vertical crater retreat stoping, VCR stoping	
02.606	留矿采矿法	shrinkage stoping	
02.607	充填采矿法	cut and fill stoping	
02.608	水平分层充填法	horizontal cut and fill stoping	
02.609	垂直分条充填法	vertical cut and fill stoping	
02.610	壁式充填法	wall fill stoping	
02.611	上向分层充填法	overhand cut and fill stoping	
02.612	下向分层充填法	underhand cut and fill stoping	
02.613	方框支架充填法	square set and fill stoping	
02.614	削壁充填法	resuing stoping	
02.615	点柱充填法	post-pillar fill stoping	
02.616	倾斜分层充填法	inclined cut and fill stoping	
02.617	横撑支柱采矿法	stulled open stoping	
02.618	木垛	wooden crib	
02.619	充填材料	filling material	
02.620	接顶充填	top tight filling	
02.621	充填	filling	
02.622	水力充填	hydraulic filling	
02.623	风力充填	pneumatic filling	
02.624	机械充填	mechanical filling	
02.625	充填系统	filling system	
02.626	干式充填	dry filling	
02.627	水砂充填	hydraulic sand filling	
02.628	胶结充填	cemented filling	
02.629	随后充填	delayed filling	
02.630	崩落[采矿]法	caving method	
02.631	单层崩落法	single layer caving method	
02.632	长壁式崩落法	longwall caving method	
02.633	分层崩落法	top slicing caving method	
02.634	人工顶板	mat	又称"人工假顶"。
02.635	分段崩落法	sublevel caving method	
02.636	无底柱分段崩落法	sublevel caving method without sill pillar	
02.637	有底柱分段崩落法	sublevel caving method with sill pillar	

序　码	汉文名	英文名	注　释
02.638	矿块崩落法	block caving method	
02.639	矿块自然崩落法	natural block caving method	
02.640	矿块强制崩落法	forced block caving method	
02.641	爆破补偿空间	compensating space in blasting	
02.642	矿体可崩性	capability of orebody	
02.643	覆盖岩石下放矿	ore drawing under caved rock	
02.644	放矿制度	schedule of ore drawing	
02.645	均匀放矿	uniform ore drawing	
02.646	依次放矿	successive ore drawing	
02.647	振动放矿	vibrating ore drawing	
02.648	放出体	drawn-out body of ore	
02.649	崩落矿岩接触面	contact face between caved ore and waste	
02.650	放矿截止品位	cut-off grade of ore drawing	
02.651	矿柱回收	ore pillar recovery	

02.09　特　殊　采　矿

序　码	汉文名	英文名	注　释
02.652	特殊采矿	special mining	
02.653	建筑物下矿床开采	mining under building	
02.654	铁路下矿床开采	mining under railway	
02.655	水体下矿床开采	mining under water body	
02.656	大水矿床开采	mining of heavy-water deposit	
02.657	高寒地区矿床开采	mining in severe cold district	
02.658	自燃矿床开采	mining of spontaneous combustion deposit	
02.659	深部矿床开采	deep mining	
02.660	放射性矿床开采	radioactive deposit mining	
02.661	报废矿床开采	abandoned deposit mining	
02.662	水力压裂	hydraulic fracturing	
02.663	多井系统	multiple well system	
02.664	浸出采矿	leaching mining	
02.665	细菌浸出	bacterial leaching	
02.666	堆浸	heap leaching	
02.667	原地浸出	leaching in-situ	
02.668	废石堆浸出	dump leaching	

序　码	汉　文　名	英　文　名	注　　释
02.669	氧化硫杆菌	thiobacillus thiooxidant	
02.670	氧化铁硫杆菌	thiobacillus ferrooxidant	
02.671	碎石竖筒	rubble chimney	
02.672	薄层溶浸	thin layer leaching	
02.673	动态溶浸	dynamic leaching	
02.674	溶浸井	leaching well	
02.675	注入井	injection well	
02.676	生产井	production well	
02.677	测视井	monitoring well	
02.678	多金属结核	polymetallic nodule	
02.679	锰结核	manganese nodule	
02.680	富钴结壳	cobalt-bearing crust	
02.681	结核集矿机	nodule collector	
02.682	锰结核开采	manganese nodule mining	
02.683	多金属结核开采	polymetallic nodule mining	
02.684	连续绳斗式采矿船	continuous line bucket mining-vessel	
02.685	泵举式采矿船	hydraulic lift mining-vessel	
02.686	气升式采矿船	air lift mining-vessel	
02.687	大陆架矿床开采	mining of continental shelf deposit	
02.688	海滩矿床开采	beach deposit mining	

02.10　矿山安全及环境工程

序　码	汉　文　名	英　文　名	注　　释
02.689	矿山安全	mine safety	
02.690	矿山通风	mine ventilation	
02.691	矿井大气	underground atmosphere	又称"矿井空气"。
02.692	有毒气体	noxious gas	
02.693	爆炸性气体	explosion gas	
02.694	放射性气体	radioactive gas	
02.695	排出气	exhaust gas	
02.696	卡他度	Kata degree	
02.697	风流	airflow	
02.698	通风压力	airflow pressure	
02.699	井巷风速	underground airflow velocity	
02.700	排尘风速	airflow velocity for eliminating dust	
02.701	上行风流	upcast air	

序　码	汉　文　名	英　文　名	注　释
02.702	下行风流	downcast air	
02.703	通风阻力	ventilation resistance	
02.704	风流摩擦阻力	airflow frictional resistance	
02.705	摩擦阻力系数	frictional resistance coefficient	
02.706	风流局部阻力	local resistance of airflow	
02.707	风流正面阻力	frontal resistance of airflow	
02.708	矿井通风总阻力	overall resistance of mine airflow	
02.709	风量	air quantity	
02.710	风量分配	air distribution	
02.711	进风风流	intake airflow	
02.712	回风风流	outgoing airflow	
02.713	矿井等积孔	mine equivalent orifice	
02.714	自然通风	natural ventilation	
02.715	机械通风	mechanical ventilation	
02.716	矿井通风网路	mine ventilation network	
02.717	串联网路	series network	
02.718	并联网路	parallel network	
02.719	角联网路	diagonal network	
02.720	复杂网路	complex network	
02.721	风量调节	airflow regulating	
02.722	矿井通风系统	mine ventilation system	
02.723	分区通风	zoned ventilation	
02.724	压入式通风	forced ventilation	
02.725	抽出式通风	exhaust ventilation	
02.726	压抽混合式通风	combination of forced and exhaust ventilation	
02.727	中央式通风系统	central ventilation system	
02.728	对角式通风系统	diagonal ventilation system	
02.729	多级机站通风系统	multi-fan-station ventilation system	
02.730	阶段通风系统	level ventilation system	
02.731	阶梯式通风	stepped ventilation	
02.732	棋盘式通风	checker-board ventilation	
02.733	平行双塔式通风	ventilation with two-parallel-tower entries	
02.734	上下间隔式通风	ventilation with top-and-bottom spaced entries	

序　码	汉　文　名	英　文　名	注　释
02.735	梳式通风	ventilation with comb-shape entries	
02.736	采场通风	stope ventilation	
02.737	爆堆通风	blasted pile ventilation	
02.738	循环风流	recirculating air flow	
02.739	矿井漏风	mine air leakage	
02.740	风量有效率	ventilation efficiency	
02.741	风门	air door	
02.742	风桥	air bridge	
02.743	风墙	air stopping	
02.744	风障	air brattice	
02.745	导风板	air deflector	
02.746	测风站	air velocity measuring station	
02.747	局部通风	local ventilation	
02.748	风筒	air duct	
02.749	风窗	air window	
02.750	矿井空气调节	mine air conditioning	
02.751	通风机效率	fan efficiency	
02.752	漏风系数	air leakage coefficient	
02.753	通风机特性曲线	fan characteristic curve	
02.754	通风机工况点	fan operating point	
02.755	主扇风硐	main fan tunnel	
02.756	矿井返风装置	reversing installation for mine fan	
02.757	主扇扩散塔	main fan diffuser	
02.758	矿井热源	heat source of underground mine	
02.759	矿井制冷	refrigeration of underground mine	
02.760	矿井防冻	antifreezing of underground mine	
02.761	矿尘	mine dust	
02.762	硅肺病	silicosis	曾称"矽肺病"。
02.763	矿山防尘	mine dust protection	
02.764	通风防尘	dust control by ventilation	
02.765	喷雾	water spray	
02.766	湿式凿岩	wet drilling	
02.767	干式凿岩捕尘	dry drilling with dust catching	
02.768	密闭抽尘系统	sealed dust-exhaust system	
02.769	粉尘浓度	dust concentration	
02.770	粉尘采样器	dust sampler	

序　码	汉　文　名	英　文　名	注　　释
02.771	粉尘测量	dust measurement	
02.772	入风净化	intake air cleaning	
02.773	柴油废气净化	diesel gas purification	
02.774	早爆	premature explosion	
02.775	自爆	spontaneous explosion	
02.776	迟爆	delayed explosion	
02.777	熄爆	incomplete detonation	
02.778	拒爆	misfire	
02.779	爆破飞石	blasting flyrock	
02.780	杂散电流	stray current	
02.781	矿井涌水量	inflow rate of mine water	
02.782	地下水	ground water	
02.783	地表水	surface water	
02.784	含水层	waterbearing stratum, aquifer	
02.785	地下水位	ground water table	
02.786	不透水层	impermeable stratum	
02.787	裂隙水	fissure water	
02.788	裂隙含水层	fissured waterbearing stratum	
02.789	渗水	water seepage	
02.790	渗透系数	coefficient of permeability	
02.791	流沙	quick sand	
02.792	矿山防水	mine water prevention	
02.793	矿山排水	mine drainage	
02.794	超前探水	detecting water by pilot hole	
02.795	矿床疏干	ore deposit dewatering	
02.796	疏干巷道	dewatering drift	
02.797	防水闸门	water protecting gate	
02.798	防水墙	water dam	
02.799	防水帷幕	water protecting curtain	
02.800	钻井抽水	borehole dewatering	
02.801	巷道排水	drift dewatering	
02.802	防水沟	dewatering ditch	
02.803	灌浆堵水	water plugged by grouting	
02.804	火区	fire zone	
02.805	防火门	fire door	
02.806	防火墙	fire stopping	
02.807	矿岩氧化自燃	oxidizing and spontaneous combus-	

序 码	汉 文 名	英 文 名	注 释
		tion of rock and ore	
02.808	黄泥灌浆灭火法	fire extinguishing with mud-grouting	
02.809	惰性气体灭火法	fire extinguishing with inert gas	
02.810	阻化剂灭火法	fire extinguishing with resistant agent	
02.811	均压灭火法	fire extinguishing with pressure balancing	
02.812	火区监测	fire area monitoring	
02.813	矿山救护	mine rescue	
02.814	静电防护	electrostatic protection	
02.815	静电泄漏	electrostatic leakage	
02.816	露天采场防雷	lightning protection in open pit	
02.817	炸药库防雷	lightning protection of explosive magazine	
02.818	提升安全装置	hoisting safety installation	
02.819	提升钢绳保险器	safety device for breaking of hoist rope	
02.820	提升限速器	hoisting speed limitator	
02.821	过卷保护装置	hoisting overwinder	
02.822	斜井卡车器	car stopper of inclined shaft	
02.823	提升安全卡	hoisting safety clamp	
02.824	坠罐事故	accident of cage crashing	
02.825	矿山环境工程	mine environmental engineering	
02.826	矿山大气污染	mine air pollution	
02.827	矿山大气污染源	source of mine air pollution	
02.828	矿山水污染	mine water pollution	
02.829	矿山水污染源	source of mine water pollution	
02.830	矿山污水控制	mine sewage control	
02.831	矿井水处理	mine water treatment	
02.832	矿山水源保护	protection of mine water source	
02.833	矿山噪声	mine noise	
02.834	凿岩机消声器	silencer of rock drill	曾称"凿岩机消音器"。
02.835	矿山放射性防护	mine radioactive protection	
02.836	放射性废物处理	radioactive waste disposal	
02.837	爆破地震防治	control of ground vibration from	

序　码	汉　文　名	英　文　名	注　释
		blasting	
02.838	爆破安全距离	safety distance for blasting	
02.839	爆破公害	public nuisance from blasting	
02.840	矿山空气冲击波	shock wave from mine air	
02.841	冒落冲击气流	shock airflow due to caving	
02.842	地表沉陷防治	control of surface subsidence	

02.11　矿　山　机　电

序　码	汉　文　名	英　文　名	注　释
02.843	矿山提升设备	mine hoisting equipment	
02.844	矿井提升机	mine winder	
02.845	卷筒式提升机	drum type winder	
02.846	摩擦式提升机	friction type winder	
02.847	落地式多绳提升机	ground-mounted multi-rope winder	
02.848	塔式多绳提升机	tower-mounted multi-rope winder	
02.849	单卷筒提升机	single-drum winder	
02.850	双卷筒提升机	double-drum winder	
02.851	天轮	headgear sheave	
02.852	导向轮	guide deflection sheave	
02.853	提升钢丝绳	hoisting rope	
02.854	主绳	main rope	
02.855	尾绳	tail rope	
02.856	提升容器	hoisting conveyance	
02.857	生产提升	production hoisting	
02.858	辅助提升	service hoisting	
02.859	提升高度	hoisting height	
02.860	平衡锤	balance weight	
02.861	过卷	overwinding	
02.862	卷筒	drum	
02.863	提升能力	hoisting capacity	
02.864	有效提升量	effective hoisting load	
02.865	水力提升	hydraulic hoisting	
02.866	气升泵	air-lift pump	
02.867	矿山运输	mine haulage	
02.868	运输系统	haulage system	
02.869	重力运输	gravity transportation	
02.870	机械运输	mechanical transportation	

序　码	汉 文 名	英 文 名	注　释
02.871	连续运输	continuous transportation	
02.872	轨道运输	track haulage	
02.873	轨距	track gauge	
02.874	道岔	track switch	
02.875	梭车	shuttle car	
02.876	矿车	mine car	
02.877	人车	man car	
02.878	串车提升	car train hoisting	
02.879	转盘	turn table	
02.880	井下电机车运输	underground trolley haulage	
02.881	翻车机	car tipper	
02.882	推车机	car pusher	
02.883	阻车器	car safety dog	
02.884	电动轮汽车	electric-wheel truck	
02.885	地下无轨运输	underground trackless transportation	
02.886	地下胶带运输	underground conveyor haulage	
02.887	转载胶带运输机	transfer belt conveyor	
02.888	架空索道	aerial tramway	
02.889	承载索	carrying rope	
02.890	牵引索	tow rope	
02.891	吊斗	swinging hopper	
02.892	吊架	hanger	
02.893	装载架	loading frame	
02.894	多绳索道	multi-rope tramway	
02.895	钢绳冲击钻机	churn drill	
02.896	潜孔钻机	down-the-hole drill	
02.897	牙轮钻机	roller drill	
02.898	压轮钻头	roller bit	
02.899	稳杆器	stabilizer	
02.900	旋转钻机	rotary drill	
02.901	火力钻机	jet piercing drill, fusion piercing drill	
02.902	金刚石钻机	diamond drill	
02.903	扩孔钻头	reaming bit	
02.904	钻粒钻机	chilled-shot drill	
02.905	钻架	drill rig	

序 码	汉 文 名	英 文 名	注 释
02.906	凿岩支架	drill tripod	
02.907	凿岩机	rock drill	
02.908	气腿	air leg	
02.909	气动凿岩机	pneumatic drill	
02.910	液压凿岩机	hydraulic drill	
02.911	内燃凿岩机	diesel drill	
02.912	电动凿岩机	electric drill	
02.913	涡轮钻机	turbine drill	
02.914	冲击旋转凿岩机	rotary-percussive drill	
02.915	手持凿岩机	jack hammer drill	
02.916	气腿凿岩机	air-leg drill	
02.917	支架凿岩机	drifter	
02.918	上向凿岩机	stoper	
02.919	风镐	air pick	
02.920	排土机	dumping plough	
02.921	移道机	track shifter	
02.922	正铲挖掘机	forward excavator	
02.923	反铲挖掘机	hoe excavator	
02.924	索斗挖掘机	dragline excavator	
02.925	轮斗挖掘机	bucket-wheel excavator	
02.926	迈步式挖掘机	walking excavator	
02.927	装运机	loader	
02.928	电铲	shovel	
02.929	柴油铲	diesel shovel	
02.930	前端装载机	front-end loader	
02.931	侧卸式装载机	side-dumping loader	
02.932	电耙	scraper	
02.933	平路机	road scraper	
02.934	装岩机	rock loader	
02.935	蟹爪装载机	gathering-arm loader	
02.936	立爪装载机	vertical grab loader	
02.937	耙斗装载机	scraper loader	
02.938	铲斗装载机	bucket loader	
02.939	竖井反铲装岩机	shaft sinking back hoe loader	
02.940	振动装载机	vibrating loader	
02.941	铲运机	load-haul-dump machine, LHD	
02.942	柴油铲运机	diesel LHD	

序 码	汉 文 名	英 文 名	注 释
02.943	电动铲运机	electric LHD	
02.944	装药器	explosive loading machine	
02.945	装药车	explosive loading truck	
02.946	炮孔排水车	shothole dewatering wagon	
02.947	炮孔填塞机	shothole stemming machine	
02.948	联合掘进机	combined tunnel boring machine	
02.949	连续采矿机	continuous mining machine	
02.950	吊罐	raising cage	
02.951	爬罐	raising climber	
02.952	天井钻机	raising borer	
02.953	竖井钻机	shaft boring machine	
02.954	竖井抓岩机	shaft sinking grab	
02.955	平巷掘进台车	drifting jumbo	
02.956	凿岩台车	drilling jumbo	
02.957	竖井凿岩吊架	shaft sinking jumbo	
02.958	锚杆台车	rock bolting jumbo	
02.959	长锚索安装台车	long cable anchoring jumbo	
02.960	撬毛台车	scaling jumbo	
02.961	混凝土喷射机	shotcreting machine	
02.962	架棚机	timbering machine	
02.963	灌浆机	grouting machine	
02.964	抛掷充填机	backfilling thrower	
02.965	采砂船	dredge	
02.966	水枪	monitor	
02.967	砂泵	sand pump	
02.968	轴流式通风机	axial fan	
02.969	离心式通风机	centrifugal fan	
02.970	主通风机	main fan	
02.971	辅助通风机	auxiliary fan	
02.972	压气管道	compressed air pipeline	
02.973	空气压缩机	air compressor	
02.974	矿山供电	mine electric power supply	
02.975	矿山配电	mine electric power distribution	
02.976	移动变电所	mobile electric substation	
02.977	地下采区变电所	underground section electric station	
02.978	采掘工作面配电	electric distribution box of work-	

序　码	汉　文　名	英　文　名	注　　释
	箱	ing face	
02.979	矿山照明	mine illumination	

03. 选　矿

序　码	汉　文　名	英　文　名	注　　释

03.01　一般术语

03.001	选矿厂	concentrator, mineral processing plant	
03.002	工艺矿物学	process mineralogy	
03.003	矿物鉴定	mineral identification	
03.004	富集比	concentration ratio, enrichment ratio	
03.005	分选机	separator	
03.006	临界分选粒度	critical separation size	
03.007	机械夹杂	mechanical entrainment	
03.008	分选回路	separation circuit	
03.009	开路	open circuit	
03.010	闭路	closed circuit	
03.011	循环负荷	circulating load	
03.012	流程	flowsheet	
03.013	方框流程	block flowsheet	
03.014	产率	yield	
03.015	回收率	recovery	
03.016	矿物	mineral	
03.017	难选矿物	refractory mineral	
03.018	亲水性矿物	hydrophilic mineral	
03.019	疏水性矿物	hydrophobic mineral	
03.020	包裹体	inclusion	
03.021	矿粒	mineral grain	
03.022	嵌布粒度	disseminated grain size	
03.023	颗粒	particle	
03.024	粒度	particle size	
03.025	粗颗粒	coarse particle	
03.026	细颗粒	fine particle	

序 码	汉 文 名	英 文 名	注 释
03.027	超微颗粒	ultrafine particle	
03.028	粗粒级	coarse fraction	
03.029	细粒级	fine fraction	
03.030	网目	mesh	又称"筛目"。
03.031	原矿	run of mine, crude ore	
03.032	莫氏硬度	Mohs' hardness	
03.033	精矿	concentrate	
03.034	粗精矿	rough concentrate	
03.035	混合精矿	bulk concentrate	
03.036	最终精矿	final concentrate	
03.037	中矿	middlings	
03.038	尾矿	tailings	
03.039	矿泥	slime	
03.040	原生矿泥	primary slime	
03.041	次生矿泥	secondary slime	
03.042	矿浆	pulp	
03.043	粉碎	comminution	
03.044	破碎	crushing	
03.045	磨碎	grinding	
03.046	解离	liberation	
03.047	絮凝	flocculation	
03.048	团聚	agglomeration	
03.049	筛分	screening, sieving	
03.050	分级	classification	
03.051	富集	concentration	
03.052	分选	separation	
03.053	预选	preconcentration	
03.054	泥化	sliming	
03.055	脱泥	desliming	
03.056	粗选	roughing	
03.057	精选	cleaning	
03.058	扫选	scavenging	
03.059	调浆	conditioning	
03.060	拣选	sorting	
03.061	手选	hand sorting	
03.062	重选	gravity separation, gravity concentration	

序　码	汉 文 名	英 文 名	注　释
03.063	流槽分选	sluicing	
03.064	流膜分选	film concentration	
03.065	重介质分选	dense medium separation, heavy medium separation	
03.066	磁选	magnetic separation	
03.067	超导磁选	superconducting magnetic separation	
03.068	电选	electrostatic separation	又称"静电分离"。
03.069	浮选	flotation	
03.070	台浮	table flotation	又称"床浮"。
03.071	离析法	segregation process	
03.072	弹跳分离	bouncing separation	
03.073	油膏富集	grease surface concentration	
03.074	化学选矿	chemical mineral processing	
03.075	电泳分离	electrophoretic separation	
03.076	介电分离	dielectric separation	
03.077	磁流体分离	magnetofluid separation	
03.078	自然铜	native copper	
03.079	辉铜矿	chalcocite	
03.080	黄铜矿	chalcopyrite	
03.081	斑铜矿	bornite	
03.082	铜蓝	covellite	
03.083	黝铜矿	tetrahedrite	
03.084	孔雀石	malachite	
03.085	蓝铜矿	azurite	
03.086	硅孔雀石	chrysocolla	
03.087	紫硫镍矿	violarite	
03.088	镍黄铁矿	pentlandite	
03.089	针镍矿	millerite	
03.090	红砷镍矿	niccolite	
03.091	辰砂	cinnabar	
03.092	毒砂	arsenopyrite	
03.093	辉铋矿	bismuthinite, bismuthine	
03.094	辉钴矿	cobaltglance	
03.095	红土矿	laterite	
03.096	方铅矿	galena	
03.097	白铅矿	cerussite	

序　码	汉 文 名	英 文 名	注　释
03.098	铅矾	anglesite	
03.099	脆硫锑铅矿	jamesonite	
03.100	闪锌矿	sphalerite	
03.101	菱锌矿	smithsonite	
03.102	铁闪锌矿	marmatite	
03.103	异极矿	hemimorphite	
03.104	黑钨矿	wolframite	
03.105	白钨矿	scheelite	
03.106	辉锑矿	stibnite, antimonite	
03.107	锡石	cassiterite	
03.108	黝锡矿	stannite	又称"黄锡矿"。
03.109	自然金	native gold	
03.110	碲金矿	calaverite	
03.111	针碲金银矿	sylvanite	
03.112	自然银	native silver	
03.113	碲银矿	hessite	
03.114	角银矿	cerargyrite	
03.115	辉银矿	argentite	
03.116	铝土矿	bauxite	
03.117	硬水铝石	diaspore	
03.118	软水铝石	boehmite	
03.119	三水铝石	gibbsite	
03.120	冰晶石	cryolite	
03.121	磁铁矿	magnetite	
03.122	赤铁矿	hematite	
03.123	假象赤铁矿	martite	
03.124	钒钛磁铁矿	vanadium titano-magnetite	
03.125	铁燧石	taconite	
03.126	褐铁矿	limonite	
03.127	菱铁矿	siderite	
03.128	镜铁矿	specularite	
03.129	硬锰矿	psilomelane	
03.130	软锰矿	pyrolusite	
03.131	水锰矿	manganite	
03.132	铬铁矿	chromite	
03.133	黄铁矿	pyrite	
03.134	磁黄铁矿	pyrrhotite	

序 码	汉 文 名	英 文 名	注 释
03.135	钛铁矿	ilmenite	
03.136	金红石	rutile	
03.137	锐钛矿	anatase	
03.138	绿柱石	beryl	
03.139	锂辉石	spodumene	
03.140	锂云母	lepidolite	
03.141	钽铁矿	ferrocolumbite, tantalite	
03.142	铌铁矿	niobite, columbite	
03.143	烧绿石	pyrochlore	
03.144	褐钇铌矿	fergusonite	
03.145	锆石	zircon	
03.146	斜锆石	baddeleyite	
03.147	黑稀金矿	euxenite	
03.148	独居石	monazite	
03.149	氟碳铈矿	bastnaesite	
03.150	铈铌钙钛矿	loparite	
03.151	萤石	fluorite	
03.152	高岭石	kaolinite	
03.153	菱镁矿	magnesite	
03.154	重晶石	barite	
03.155	天青石	celestite	
03.156	石墨	graphite	
03.157	石英	quartz	
03.158	长石	feldspar	
03.159	方解石	calcite	
03.160	石灰石	limestone	
03.161	白云石	dolomite	
03.162	云母	mica	
03.163	黑云母	biotite	
03.164	白云母	muscovite	
03.165	石膏	gypsum	
03.166	滑石	talc	
03.167	硼砂	borax	
03.168	辉石	pyroxene	
03.169	石榴子石	garnet	
03.170	石棉	asbestos	
03.171	绿泥石	chlorite	

序　码	汉　文　名	英　文　名	注　释
03.172	蛇纹石	serpentine	
03.173	磷灰石	apatite	

03.02　破碎、筛分及分级

序　码	汉　文　名	英　文　名	注　释
03.174	阶段破碎	stage crushing	
03.175	挤压破碎	attrition crushing	
03.176	阻塞破碎	choked crushing	
03.177	邦德破碎功指数	Bond crushing work index	
03.178	粗碎	primary crushing	
03.179	中碎	secondary crushing	
03.180	细碎	fine crushing	
03.181	解离度	liberation degree	
03.182	破碎比	reduction ratio	
03.183	破碎机	crusher	
03.184	颚式破碎机	jaw crusher	
03.185	可动颚板	swing jaw	
03.186	肘板	toggle	
03.187	破碎室	crushing chamber	
03.188	排矿口	gape	
03.189	回转破碎机	gyratory crusher	
03.190	颚旋式破碎机	jaw-gyratory crusher	
03.191	冲击式破碎机	impact crusher	
03.192	锤碎机	hammer crusher	
03.193	双转子冲击式破碎机	double-rotor impact crusher	
03.194	圆锥破碎机	cone crusher	
03.195	标准圆锥破碎机	standard cone crusher	
03.196	短头圆锥破碎机	short head cone crusher	
03.197	液压圆锥破碎机	hydro-cone crusher	
03.198	旋盘式圆锥破碎机	gyradisc cone crusher	
03.199	对辊破碎机	roll crusher	
03.200	粉磨机	pulverizer	
03.201	振动筛	vibrating screen	
03.202	筛网	screen cloth	
03.203	筛孔	screen opening	
03.204	筛孔尺寸	aperture size	

序 码	汉 文 名	英 文 名	注 释
03.205	筛上料	oversize	
03.206	筛下料	undersize	
03.207	格筛	grizzly	
03.208	共振筛	resonance screen	
03.209	旋回筛	gyratory screen	
03.210	往复筛	reciprocating screen	
03.211	圆筒筛	trommel	
03.212	弧形筛	sieve bend	
03.213	微孔筛	micronmesh sieve	
03.214	旋流细筛	cyclo-fine screen	
03.215	阶段磨矿	stage grinding	
03.216	粗磨	coarse grinding	
03.217	细磨	fine grinding	
03.218	球磨机	ball mill	
03.219	磨矿细度	grinding fineness, mesh of grinding, MOG	
03.220	格子型球磨机	grate discharge ball mill	
03.221	溢流型球磨机	overflowball mill	
03.222	周边排矿球磨机	peripheral discharge ball mill	
03.223	联合给矿器	drum-scoop feeder	
03.224	衬板	liner	
03.225	角螺旋衬板	spiral angular liner	
03.226	磨矿介质	grinding media	
03.227	磨机中空轴	mill trunnion	
03.228	棒磨机	rod mill	
03.229	砾磨机	pebble mill	
03.230	管磨机	tube mill	
03.231	碾磨机	attrition mill	
03.232	振动磨机	vibrating mill	
03.233	喷射磨机	jet mill	
03.234	塔式磨机	tower mill	
03.235	自磨机	autogenous mill	
03.236	半自磨机	semi-autogenous mill	
03.237	气落式自磨机	aerofall mill	
03.238	瀑落式自磨机	cascade mill	
03.239	邦德磨矿功指数	Bond grinding work index	
03.240	控制分级	controlling classification	

序 码	汉 文 名	英 文 名	注 释
03.241	分级机	classifier	
03.242	螺旋分级机	spiral classifier	
03.243	沉没式螺旋分级机	submerged spiral classifier	
03.244	高堰式螺旋分级机	high weir spiral classifier	
03.245	水力分级机	hydraulic classifier	
03.246	风力分级机	air classifier	
03.247	圆锥分级机	cone classifier	
03.248	耙式分级机	rake classifier	
03.249	离心分级法	centrifugal classification	
03.250	水力旋流器	hydrocyclone	
03.251	短锥水力旋流器	short-cone hydrocyclone	
03.252	母子水力旋流器	twin vortex hydrocyclone	
03.253	三流水力旋流器	tri-flow hydrocyclone	
03.254	沉砂口	spigot	
03.255	干涉沉降	hindered settling	
03.256	自由沉降	free settling	

03.03 富集(不包括浮选)

序 码	汉 文 名	英 文 名	注 释
03.257	跳汰选矿	jigging	
03.258	跳汰机	jig	
03.259	底箱	hutch	
03.260	分层	stratification	又称"层理"。
03.261	沉积	sedimentation	
03.262	风动跳汰机	air jig, pneumatic jig	
03.263	锯齿波跳汰机	sawtooth pulsation jig	
03.264	复振跳汰机	Wemco-Remen jig	
03.265	正弦跳汰机	sinusoidal jig	
03.266	梯形跳汰机	trapezoid jig	
03.267	圆型跳汰机	circular jig	
03.268	人工床层	artificial bed	
03.269	巴塔克跳汰机	Batac jig	
03.270	摇床选矿	tabling	
03.271	摇床	shaking table	
03.272	床层	bed	
03.273	床面	deck	

序 码	汉 文 名	英 文 名	注 释
03.274	床条	riffle	
03.275	风力摇床	air table, pneumatic table	
03.276	冲程	stroke	
03.277	涂脂摇床	grease table	
03.278	巴特利－莫兹利摇床	Bartley-Mozley table	曾称"巴特莱－莫兹莱摇床"。
03.279	矿泥摇床	slime table	
03.280	多层摇床	multideck table	
03.281	螺旋分选机	spiral concentrator	
03.282	圆锥分选机	cone separator	
03.283	流槽	sluice	
03.284	尖缩流槽	pinched sluice	
03.285	绒布流槽	blanket sluice	
03.286	螺旋流槽	spiral sluice	
03.287	振摆流槽	rocking-shaking sluice	
03.288	皮带流槽	belt sluice	
03.289	离心选矿机	centrifugal separator	
03.290	莫兹利多层重选机	Mozley multi-gravity separator	
03.291	重介质选矿机	heavy medium separator, dense medium separator	
03.292	重介质旋流器	heavy medium cyclone	
03.293	旋涡重介质旋流器	swirl heavy-medium cyclone	
03.294	圆筒型重介质选矿机	drum heavy-medium separator	
03.295	三流重介质选矿机	tri-flow heavy-medium separator	
03.296	擦洗机	scrubber	
03.297	槽式选矿机	log washer	
03.298	磁选机	magnetic separator	
03.299	逆流型圆筒磁选机	countercurrent drum magnetic separator	
03.300	顺流型圆筒磁选机	co-current drum magnetic separator	
03.301	强磁场磁选机	high intensity magnetic separator	
03.302	弱磁场磁选机	low intensity magnetic separator	

序 码	汉 文 名	英 文 名	注 释
03.303	永磁磁选机	permanent magnetic separator	
03.304	电磁磁选机	electromagnetic separator	
03.305	磁滑轮	magnetic pulley	
03.306	磁力脱水槽	magnetic dewater cone	
03.307	粗粒磁选	magnetic cobbing	
03.308	琼斯强磁场磁选机	Jones high intensity magnetic separator	
03.309	环式强磁场磁选机	carousel type high intensity magnetic separator	
03.310	盘式强磁场磁选机	tray high intensity magnetic separator	
03.311	感应辊式强磁场磁选机	induced roll high intensity magnetic separator	
03.312	聚磁介质	magnetic matrix	
03.313	齿板聚磁介质	grooved plate matrix	
03.314	网状聚磁介质	grid matrix	
03.315	环形聚磁介质	ring matrix	
03.316	高梯度磁选机	high gradient magnetic separator	
03.317	多梯度磁选机	multi-gradient magnetic separator	
03.318	超导磁选机	superconducting magnetic separator	
03.319	螺旋管超导磁选机	solenoid superconducting magnetic separator	
03.320	磁流体分选机	magnetofluid separator	
03.321	磁系	magnetic system	
03.322	极间距	interpole gap	
03.323	磁轭	magnetic yoke	
03.324	磁团聚	magnetic coagulation, magnetic agglomeration	
03.325	[静]电选机	electrostatic separator	
03.326	电晕电选机	corona separator	
03.327	摩擦电选机	triboelectric separator	
03.328	筒型电选机	rotor electrostatic separator	
03.329	高梯度电选机	high gradient electrostatic separator	
03.330	板式电选机	plate electrostatic separator	
03.331	拣选机	sorter, sorting machine	

序　码	汉　文　名	英　文　名	注　释
03.332	发光拣选	luminescence sorting	
03.333	光照拣选机	photometric sorter, optical sorter	
03.334	放射性拣选机	radiometric sorter	

03.04　浮　选　及　药　剂

序　码	汉　文　名	英　文　名	注　释
03.335	起泡	frothing	
03.336	消泡	defrothing	
03.337	泡沫	froth	
03.338	泡沫层	froth layer	
03.339	气泡兼并	bubble merging, bubble coalescence	
03.340	泡沫产品	froth product	
03.341	硫化	sulfidization	
03.342	活化	activation	
03.343	失活	deactivation	
03.344	抑制	depression	
03.345	载体	carrier	
03.346	可浮性	flotability	
03.347	等可浮性	iso-flotability	
03.348	亲水性	hydrophilicity	
03.349	疏水性	hydrophobicity	
03.350	药方	reagent dosage	
03.351	气泡-颗粒粘连	bubble-particle attachment	
03.352	气泡-颗粒脱离	bubble-particle detachment	
03.353	浮选药剂	flotation reagent	
03.354	捕收剂	collector	
03.355	起泡剂	frother	
03.356	抑制剂	depressant	
03.357	硫化剂	sulfidizer	
03.358	活化剂	activator	
03.359	失活剂	deactivator	
03.360	分散剂	dispersant	
03.361	调整剂	regulator	
03.362	絮凝剂	flocculant	
03.363	消泡剂	defrother	
03.364	脱药	reagent removal	
03.365	药剂解附	reagent desorption	

序　码	汉　文　名	英　文　名	注　释
03.366	石灰	lime	
03.367	黄原酸盐	xanthate, alkyl dithiocarbonate	俗称"黄药"。
03.368	二黄原酸盐	dixanthate	俗称"双黄药"。
03.369	乙基黄原酸盐	ethyl xanthate	俗称"乙黄药"。
03.370	丁基黄原酸盐	butyl xanthate	俗称"丁黄药"。
03.371	戊基黄原酸盐	amyl xanthate	俗称"戊黄药"。
03.372	二苯硫脲	thiocarbanilide	俗称"白药"。
03.373	二烃基二硫代磷酸盐	dialkyl dithiophosphate, aerofloat	俗称"黑药"。
03.374	硫羰氨基甲酸酯	thionocarbamate	
03.375	硫代氨基甲酸酯	thiocarbamate	
03.376	巯基苯并噻唑	mercaptobenzothiazole, MBT	
03.377	二乙基二硫代氨基甲酸氰乙酯	cyanoethyl diethyl dithiocarbamate	简称"硫氮氰酯"。
03.378	二乙基二硫代氨基甲酸钠	sodium diethyl dithiocarbamate	简称"乙硫氮"。
03.379	石油磺酸盐	petroleum sulfonate	
03.380	氧化石蜡皂	oxidized paraffin wax soap	
03.381	甲苯胂酸	toluene arsonic acid	
03.382	羟肟酸	hydroximic acid	
03.383	伯胺	primary amines	
03.384	二硫代氨基甲酸酯捕收剂	dithiocarbamate collector	简称"硫氨捕收剂"。
03.385	两性捕收剂	amphoteric collector	
03.386	异极性捕收剂	heteropolar collector	
03.387	松油	pine oil	
03.388	松醇油	pine camphor oil	俗称"二号油"。
03.389	醚类起泡剂	ether frother	
03.390	六八碳醇	C_6-C_8 mixed base alcohol	
03.391	羧甲基纤维素	carboxymethyl cellulose	
03.392	木素磺酸盐	lignosulfonate	
03.393	坚木栲胶	quebracho extract	俗称"栲胶"。
03.394	六偏磷酸盐	hexametaphosphate	
03.395	水解聚丙烯酰胺	hydrolytic polyacrylamide	
03.396	二乙基二硫代磷酸盐	diethyl dithiophosphate	
03.397	苯乙烯膦酸	styryl phosphonic acid	

序 码	汉 文 名	英 文 名	注 释
03.398	硫化钠	sodium sulfide	
03.399	硅酸钠	sodium silicate	俗称"水玻璃(water glass)"。
03.400	全油浮选	bulk-oil flotation	
03.401	表层浮选	skin flotation	
03.402	泡沫浮选	froth flotation	
03.403	选择性浮选	selective flotation	
03.404	混合浮选	bulk flotation	
03.405	正浮选	direct flotation	
03.406	反浮选	reverse flotation	
03.407	分支浮选	ramified flotation	
03.408	等可浮浮选	iso-flotability flotation	
03.409	载体浮选	carrier flotation	
03.410	闪速浮选	flash flotation	
03.411	微细粒浮选	subsieve flotation	
03.412	微量浮选	micro flotation	
03.413	气溶胶浮选	aerosol flotation	
03.414	离子浮选	ion flotation	
03.415	选择性絮凝浮选	selective flocculation flotation	
03.416	浮选机	flotation machine	
03.417	浮选槽	flotation cell	
03.418	单槽浮选机	unit flotation cell	
03.419	浮选柱	flotation column	
03.420	泡沫刮板	froth paddle	
03.421	充气式浮选机	pneumatic flotation machine	
03.422	充气器	aerator	
03.423	自充气机械搅拌型浮选机	self aeration mechanical agitation flotation machine	
03.424	韦姆科浮选机	Wemco flotation machine	曾称"维姆科浮选机"。
03.425	OK 型浮选机	Outokumpu flotation machine	
03.426	OK 型精选浮选机	Outokumpu H. C. flotation machine	
03.427	沃曼浮选机	Warman flotation machine	曾称"瓦曼浮选机"。
03.428	达夫克拉浮选机	Davcra flotation machine	
03.429	纳加姆浮选机	Nagahm flotation machine	曾称"纳嘎姆浮选机"。

序　码	汉　文　名	英　文　名	注　释
03.430	萨拉浮选机	Sala flotation machine	
03.431	闪速空气浮选机	skim-air flotation machine	
03.432	喷射旋流式浮选机	cyclo cell flotation machine	
03.433	喷射浮选机	ejector flotation machine	
03.434	詹姆森浮选机	Jameson flotation machine	
03.435	埃科夫喷射浮选机	Ekopf flotation machine	曾称"依可夫喷射浮选机"。

03.05 固 液 分 离

序　码	汉　文　名	英　文　名	注　释
03.436	脱水仓	dewatering bunker	
03.437	溢流	overflow	
03.438	底流	underflow	
03.439	浓密	thickening	
03.440	浓密机	thickener	
03.441	周边传动浓缩机	peripheral traction thickener	
03.442	耙式浓缩机	rake thickener	
03.443	浓缩斗	thickening cone	
03.444	倾斜板浓缩机	lamella thickener	
03.445	箱式浓缩机	caisson thickener	
03.446	沉降式离心机	solid bowl centrifuger	
03.447	过滤	filtration	
03.448	过滤机	filter	
03.449	真空过滤机	vacuum filter	
03.450	筒型内滤式过滤机	inside drum filter	
03.451	筒型过滤机	drum filter	
03.452	盘式过滤机	disk filter	
03.453	带式过滤机	belt filter	
03.454	压滤机	press filter	
03.455	管式过滤机	tubular filter	
03.456	水平带式真空过滤机	horizontal vacuum belt filter	
03.457	绳带式过滤机	string discharge filter	
03.458	澄清	clarification	
03.459	滤液	filtrate	
03.460	滤饼	filter cake	

序　码	汉　文　名	英　文　名	注　释
03.461	尾矿处理	tailings disposal	
03.462	尾矿堆存	tailings impoundment	
03.463	尾矿坝	tailings dam	
03.464	尾矿池	tailings pond	
03.465	尾矿场	tailings area	
03.466	排水井	decanting well	
03.467	溢洪道	spill way	
03.468	尾矿回水	tailings recycling water	

03.06　辅助设施及检测

序　码	汉　文　名	英　文　名	注　释
03.469	给矿	feeding	又称"给料"。
03.470	给矿机	feeder	又称"给料机"。
03.471	摆式给矿机	oscillating feeder	
03.472	裙式给矿机	apron feeder	
03.473	圆盘式给矿机	disk feeder	
03.474	振动给矿机	vibrating feeder	
03.475	给药机	reagent feeder	
03.476	饥饿给药	starvation reagent feeding	
03.477	杯式给药机	cup reagent feeder	
03.478	带式给药机	belt reagent feeder	
03.479	程控加药机	program-controlled reagent feeder	
03.480	矿浆分配器	pulp distributor	
03.481	自动取样机	automatic sampler	
03.482	筛分分析	screening analysis	
03.483	标准筛	standard sieve	
03.484	筛序	sieve series	
03.485	摇筛器	sieve shaker	
03.486	水力筛析器	hydrosizer	
03.487	淘析器	elutriator	
03.488	旋流水析仪	cyclosizer	
03.489	闭路单元试验	locked cyclic batch test	
03.490	可浮性检验	flotability verification	
03.491	浮沉试验	sink and float test	
03.492	在线分析仪	on line analyzer	
03.493	在线粒度分析仪	on line size analyzer	
03.494	超声粒度计	ultrasonic particle sizer, supersonic particle sizer	

04. 冶金过程物理化学

序　码	汉　文　名	英　文　名	注　释

04.01　冶金过程热力学

序码	汉文名	英文名	注释
04.001	冶金过程热力学	thermodynamics of metallurgical processes	
04.002	统计热力学	statistical thermodynamics	
04.003	不可逆过程热力学	thermodynamics of irreversible processes	
04.004	化学热力学	chemical thermodynamics	
04.005	表面热力学	surface thermodynamics	
04.006	合金热力学	thermodynamics of alloys	
04.007	冶金热力学数据库	thermodynamic databank in metallurgy	
04.008	系	system	
04.009	单元系	single-component system	
04.010	多元系	multicomponent system	
04.011	均相系统	homogeneous system	
04.012	非均相系统	heterogeneous system	
04.013	广度性质	extensive property	
04.014	强度性质	intensive property	
04.015	过程	process	
04.016	等温过程	isothermal process	
04.017	等压过程	isobaric process	
04.018	等容过程	isochoric process	
04.019	绝热过程	adiabatic process	
04.020	可逆过程	reversible process	
04.021	不可逆过程	irreversible process	
04.022	自发过程	spontaneous process	
04.023	物理过程	physical process	
04.024	化学过程	chemical process	
04.025	冶金过程	metallurgical process	
04.026	化学反应	chemical reaction	
04.027	化合反应	combination reaction	
04.028	分解反应	decomposition reaction	

序 码	汉 文 名	英 文 名	注 释
04.029	置换反应	displacement reaction	
04.030	歧化反应	disproportionation reaction	
04.031	可逆反应	reversible reaction	
04.032	不可逆反应	irreversible reaction	
04.033	电化学反应	electrochemical reaction	
04.034	还原氧化反应	redox reaction	
04.035	迁移反应	transport reaction	
04.036	多相反应	multiphase reaction	
04.037	固态反应	solid state reaction	
04.038	气-金[属]反应	gas-metal reaction	
04.039	渣-金[属]反应	slag-metal reaction	
04.040	反应进度	extent of reaction	
04.041	平衡	equilibrium	
04.042	化学平衡	chemical equilibrium	
04.043	相平衡	phase equilibrium	
04.044	热力学平衡	thermodynamic equilibrium	
04.045	亚稳平衡	metastable equilibrium	
04.046	等蒸汽压平衡	isopiestic equilibrium	
04.047	电化学平衡	electrochemical equilibrium	
04.048	热力学函数	thermodynamic function	
04.049	偏摩尔量	partial molar quantity	
04.050	总摩尔量	integral molar quantity	
04.051	超额摩尔量	excess molar quantity	又称"过剩摩尔量"。
04.052	标准态	standard state	
04.053	焓	enthalpy	
04.054	混合焓	enthalpy of mixing	
04.055	生成焓	enthalpy of formation	
04.056	反应焓	enthalpy of reaction	
04.057	超额焓	excess enthalpy	
04.058	熵	entropy	
04.059	绝对熵	absolute entropy	
04.060	超额熵	excess entropy	
04.061	亥姆霍兹能	Helmholtz energy	简称"亥氏能"。
04.062	吉布斯能	Gibbs energy	简称"吉氏能"。恒压恒温的自由能。根据国际纯粹与应用化学联合会的规定。

序 码	汉 文 名	英 文 名	注 释
04.063	混合吉布斯能	Gibbs energy of mixing	
04.064	生成吉布斯能	Gibbs energy of formation	
04.065	反应吉布斯能	Gibbs energy of reaction	
04.066	溶解吉布斯能	Gibbs energy of solution	
04.067	超额吉布斯能	excess Gibbs energy	
04.068	吉布斯能函数	Gibbs energy function	
04.069	化学位	chemical potential	又称"化学势"。
04.070	热化学	thermochemistry	
04.071	热效应	heat effect	
04.072	热容	heat capacity	
04.073	等压热容	heat capacity at constant pressure	
04.074	等容热容	heat capacity at constant volume	
04.075	基尔霍夫定律	Kirchhoff's law	
04.076	熔化热	heat of fusion	
04.077	汽化热	heat of vaporization	
04.078	升华热	heat of sublimation	
04.079	相变热	heat of phase transformation	
04.080	克劳修斯－克拉珀龙方程	Clausius-Clapeyron equation	
04.081	放热反应	exothermic reaction	
04.082	吸热反应	endothermic reaction	
04.083	赫斯定律	Hess's law	
04.084	玻恩－哈伯循环	Born-Haber cycle	
04.085	量热学	calorimetry	
04.086	相律	phase rule	
04.087	相图	phase diagram	
04.088	一元相图	single-component phase diagram	
04.089	二元相图	binary phase diagram	
04.090	三元相图	ternary phase diagram	
04.091	四元相图	quarternary phase diagram	
04.092	液相线	liquidus	
04.093	固相线	solidus	
04.094	三相点	triple point	
04.095	共晶点	eutectic point	又称"低熔点"。
04.096	包晶点	peritectic point	又称"转熔点"。
04.097	独晶点	monotectic point	又称"偏熔点"。
04.098	共析点	eutectoid point	

序 码	汉 文 名	英 文 名	注 释
04.099	包析点	peritectoid point	
04.100	独析点	monotectoid point	
04.101	共晶反应	eutectic reaction	溶液=晶体$_{(1)}$+晶体$_{(2)}$
04.102	包晶反应	peritectic reaction	溶液+晶体$_{(1)}$=晶体$_{(2)}$
04.103	独晶反应	monotectic reaction	溶液$_{(1)}$=溶液$_{(2)}$+晶体
04.104	共析反应	eutectoid reaction	固溶体=晶体$_{(1)}$+晶体$_{(2)}$
04.105	包析反应	peritectoid reaction	固溶体+晶体$_{(1)}$=晶体$_{(2)}$
04.106	独析反应	monotectoid reaction	固溶体$_{(1)}$=固溶体$_{(2)}$+晶体
04.107	均相间断区	miscibility gap	即一个均相(溶液或固溶体)分为两个均相的区域。
04.108	冷却曲线	cooling curve	
04.109	结线	tie line	
04.110	杠杆规则	lever rule	
04.111	重心规则	center-of-gravity rule	
04.112	等温截面	isothermal section	
04.113	变温截面	temperature-concentration section	
04.114	溶液	solution	
04.115	溶剂	solvent	
04.116	溶质	solute	
04.117	固溶体	solid solution	
04.118	溶液浓度	concentration of solution	
04.119	摩尔分数	mole fraction	
04.120	容积摩尔数	molarity	1升溶液的溶质摩尔数。
04.121	质量摩尔数	molality	1千克溶剂的溶质摩尔数。
04.122	冶金熔体	metallurgical melt	
04.123	金属熔体	metal melt	
04.124	[炉]渣	slag	又称"熔渣"。
04.125	锍	matte	

序　码	汉　文　名	英　文　名	注　释
04.126	熔盐	molten salt, fused salt	
04.127	理想溶液	ideal solution	
04.128	真实溶液	real solution	
04.129	正规溶液	regular solution	
04.130	置换溶液	substitutional solution	又称"代位溶液"。
04.131	间隙溶液	interstitial solution	
04.132	正规溶液模型	regular solution model	
04.133	准化学溶液模型	quasi-chemical model of solution	
04.134	中心原子溶液模型	central atoms model of solution	
04.135	逸度	fugacity	
04.136	活度	activity	
04.137	活度系数	activity coefficient	
04.138	拉乌尔定律	Raoult's law	
04.139	亨利定律	Henry's law	
04.140	纯物质标准[态]	pure substance standard	
04.141	质量1%溶液标准[态]	1 mass% solution standard	
04.142	无限稀溶液参考态	reference state of infinitely dilute solution	
04.143	相互作用系数	interaction coefficient	
04.144	同浓度法的相互作用系数	interaction coefficient at constant concentration	
04.145	同活度法的相互作用系数	interaction coefficient at constant activity	
04.146	自身相互作用系数	self interaction coefficient	
04.147	二级相互作用系数	interaction coefficient of 2nd order	
04.148	二级交叉作用系数	cross interaction coefficient of 2nd order	
04.149	转换公式	conversion formula	
04.150	吉布斯－杜安方程	Gibbs-Duhem equation	
04.151	等活度线	isoactivity line	
04.152	化学反应等温式	chemical reaction isotherm	
04.153	最小吉布斯能原	principle of minimum Gibbs ener-	

序　码	汉　文　名	英　文　名	注　释
	理	gy	
04.154	熵增原理	principle of entropy increase	
04.155	吉布斯－亥姆霍兹方程	Gibbs-Helmholtz equation	
04.156	质量作用定律	law of mass action	
04.157	平衡常数	equilibrium constant	采用平衡时活度。
04.158	平衡值	equilibrium value	采用平衡时浓度。
04.159	直接还原	direct reduction	
04.160	间接还原	indirect reduction	
04.161	布杜阿尔反应	Boudouard reaction	曾称"布朵尔反应"。
04.162	碳热还原	carbothermic reduction	
04.163	金属热还原	metallothermic reduction	
04.164	自身氧化与还原	self-oxidation and reduction	
04.165	选择性氧化	selective oxidation	
04.166	氧化转化温度	transition temperature of oxidation	
04.167	最低还原温度	minimum temperature of reduction	
04.168	渣碱度	basicity of slag	
04.169	光学碱度	optical basicity	
04.170	酸性氧化物	acid oxide	
04.171	碱性氧化物	basic oxide	
04.172	两性氧化物	amphoteric oxide	
04.173	黏性渣	viscous slag	
04.174	泡沫渣	foaming slag	
04.175	熔渣的分子理论	molecular theory of slag	
04.176	熔渣的离子理论	ionization theory of slag	
04.177	马森模型	Masson model	
04.178	离子分数	ionic fraction	
04.179	脱氧平衡	deoxidation equilibrium	
04.180	脱氧常数	deoxidation constant	
04.181	熔渣脱硫	desulfurization by slag	
04.182	气态脱硫	desulfurization in the gaseous state	
04.183	硫分配比	sulfur partition ratio	
04.184	硫化物容量	sulfide capacity	
04.185	氧化脱磷	dephosphorization under oxidizing atmosphere	
04.186	还原脱磷	dephosphorization under reducing atmosphere	

序　码	汉　文　名	英　文　名	注　释
04.187	磷分配比	phosphor partition ratio	
04.188	磷酸物容量	phosphate capacity	
04.189	碳－氧平衡	carbon-oxygen equilibrium	
04.190	真空脱碳	vacuum decarburization	
04.191	去气	degassing	
04.192	去除非金属夹杂[物]	elimination of nonmetallic inclusion	
04.193	非金属夹杂[物]变形	form modification of nonmetallic inclusion	
04.194	脱硅	desiliconization	
04.195	脱锰	demanganization	
04.196	脱砷	dearsenization	
04.197	西韦特定律	Sievert's law	曾称"西沃特定律"、"西华特定律"。
04.198	分配平衡	distribution equilibrium	
04.199	原位反应	reaction in situ	
04.200	化学气相沉积	chemical vapor deposition, CVD	
04.201	物理气相沉积	physical vapor deposition, PVD	
04.202	里斯特图	Rist's diagram	
04.203	埃林厄姆－理查森图	Ellingham-Richardson diagram	曾称"埃令哈－里察森图"。
04.204	相稳定区图	phase stability area diagram	又称"相优势区图(phase predominance area diagram)"。
04.205	普贝图	Pourbaix diagram	曾称"波拜图"。
04.206	离子交换	ion exchange	
04.207	离子交换树脂	ion exchange resin	
04.208	溶剂萃取	solvent extraction	
04.209	反萃取	stripping	
04.210	系综	ensemble	
04.211	正则系综	canonical ensemble	
04.212	配分函数	partition function	
04.213	统计权重	statistical weight	
04.214	玻尔兹曼分布定律	Boltzmann distribution law	
04.215	玻色－爱因斯坦分布	Bose-Einstein distribution	

序　码	汉　文　名	英　文　名	注　释
04.216	费米－狄拉克分布	Fermi-Dirac distribution	
04.217	显著结构理论	significant structure theory	
04.218	硬球理论	hard sphere theory	
04.219	定标粒子理论	scaled particle theory	
04.220	空穴理论	hole theory	
04.221	自由体积理论	free volume theory	
04.222	电负性	electronegativity	
04.223	泡利[不相容]原理	Pauli exclusion principle	

04.02　冶金过程动力学

序　码	汉　文　名	英　文　名	注　释
04.224	微观动力学	microkinetics	
04.225	化学动力学	chemical kinetics	
04.226	反应途径	reaction path	
04.227	反应机理	reaction mechanism	
04.228	[基]元反应	elementary reaction	
04.229	对峙反应	opposing reaction	
04.230	平行反应	parallel reaction	
04.231	连串反应	consecutive reaction	又称"连续反应"。
04.232	链反应	chain reaction	
04.233	总反应	overall reaction	
04.234	反应速率	reaction rate	
04.235	反应速率常数	reaction rate constant	
04.236	反应速率方程	reaction rate equation	
04.237	反应级数	reaction order	
04.238	零级反应	zero order reaction	
04.239	一级反应	first order reaction	
04.240	二级反应	second order reaction	
04.241	n 级反应	nth order reaction	
04.242	碰撞理论	collision theory	
04.243	过渡态理论	transition state theory	
04.244	绝对反应速率理论	absolute rate theory	
04.245	活化能	activation energy	
04.246	表观活化能	apparent activation energy	
04.247	阿伦尼乌斯方程	Arrhenius equation	

序　码	汉　文　名	英　文　名	注　　释
04.248	指数前因子	pre-exponential factor	
04.249	速率控制步骤	rate controlling step	又称"速率控制环节"。
04.250	稳态处理法	steady state treatment	
04.251	近似稳态	approximation steady state	又称"准稳态"。
04.252	自由基	free radical	
04.253	放射性衰变	radioactive decay	
04.254	半衰期	half-life	
04.255	宏观动力学	macrokinetics	又称"宏观动理学"。
04.256	冶金过程动力学	kinetics of metallurgical processes	又称"冶金过程动理学"。
04.257	传输现象	transport phenomena	
04.258	传质	mass transfer	
04.259	传热	heat transfer	
04.260	动量传递	momentum transfer	
04.261	层流	laminar flow	
04.262	湍流	turbulent flow	
04.263	涡流	eddy flow	
04.264	气泡	gas bubble	
04.265	鼓泡	bubbling	
04.266	射流	jet	
04.267	喷射	jetting	
04.268	气泡柱区	plume	
04.269	液滴	liquid droplet	
04.270	斯托克斯定律	Stokes' law	
04.271	黏度	viscosity	
04.272	运动黏度	kinematic viscosity	
04.273	湍流黏度	turbulent viscosity	
04.274	牛顿黏度定律	Newton's law of viscosity	
04.275	牛顿流体	Newtonian fluid	
04.276	非牛顿流体	non-Newtonian fluid	
04.277	边界层	boundary layer	
04.278	浓度边界层	concentration boundary layer	
04.279	温度边界层	temperature boundary layer	
04.280	速度边界层	velocity boundary layer	
04.281	有效边界层	effective boundary layer	
04.282	流率	flow rate	

序　码	汉　文　名	英　文　名	注　释
04.283	体积流率	volumetric flow rate	曾称"流量"。
04.284	质量流率	mass flow rate	
04.285	摩尔流率	molar flow rate	
04.286	动量流率	momentum flow rate	
04.287	热量流率	heat flow rate	
04.288	通量	flux	
04.289	质量通量	mass flux	
04.290	摩尔通量	molar flux	
04.291	热通量	heat flux	
04.292	动量通量	momentum flux	
04.293	驻点流	stagnant point flow	
04.294	循环流	circulating flow	
04.295	流线	stream line	
04.296	流函数	stream function	
04.297	速度势	velocity potential	
04.298	流型图	flow pattern	
04.299	涡量	vorticity	
04.300	壁面效应	wall effect	
04.301	死区	dead region	
04.302	衡算	balance	曾称"平衡"。
04.303	质量衡算	mass balance	
04.304	热量衡算	heat balance	
04.305	动量衡算	momentum balance	
04.306	连续方程	equation of continuity	
04.307	纳维－斯托克斯方程	Navier-Stokes equation	又称"运动方程(equation of motion)"。
04.308	伯努利方程	Bernoulli equation	
04.309	扩散	diffusion	
04.310	菲克第一扩散定律	Fick's 1st law of diffusion	
04.311	菲克第二扩散定律	Fick's 2nd law of diffusion	
04.312	扩散系数	diffusion coefficient	
04.313	互扩散系数	interdiffusion coefficient, mutual diffusion coefficient	
04.314	本征扩散系数	intrinsic diffusion coefficient	
04.315	自扩散系数	self diffusion coefficient	

序 码	汉 文 名	英 文 名	注 释
04.316	克努森扩散	Knudsen diffusion	
04.317	传质系数	mass transfer coefficient	
04.318	热传导	heat conduction	
04.319	热对流	heat convection	
04.320	自然对流	natural convection	
04.321	强制对流	forced convection	
04.322	热辐射	heat radiation	
04.323	傅里叶第一定律	Fourier's 1st law	
04.324	傅里叶第二定律	Fourier's 2nd law	
04.325	导热率	thermal conductivity	
04.326	传热系数	heat transfer coefficient	
04.327	体内浓度	bulk concentration	
04.328	界面浓度	interface concentration	
04.329	双膜模型	two-film model	
04.330	未反应核模型	unreacted core model	
04.331	缩核模型	shrinking core model	
04.332	多孔固体模型	porous solid model	
04.333	表面更新理论	surface renewal theory	
04.334	渗透理论	penetration theory	
04.335	扩散控制反应	diffusion-controlled reaction	
04.336	化学控制反应	chemical-controlled reaction	
04.337	混合控制反应	mixed-controlled reaction	
04.338	相似原理	principle of similarity	
04.339	量纲分析	dimensional analysis	
04.340	白金汉 π 定理	Buckingham's π-theorem	曾称"柏金罕π定理"。
04.341	无量纲数群	dimensionless group	
04.342	雷诺数	Reynolds number	
04.343	弗劳德数	Froude number	曾称"弗鲁德数"。
04.344	格拉斯霍夫数	Grashof number	曾称"格拉晓夫数"。
04.345	伽利略数	Galileo number	
04.346	普朗特数	Prandtl number	曾称"普兰托数"。
04.347	施密特数	Schmidt number	
04.348	傅里叶数	Fourier number	
04.349	毕奥数	Biot number	
04.350	纳塞特数	Nusselt number	
04.351	佩克莱数	Peclet number	曾称"培克雷特数"、"贝克来数"。

序 码	汉 文 名	英 文 名	注 释
04.352	斯坦顿数	Stanton number	
04.353	舍伍德数	Sherwood number	曾称"舍沃德数"。
04.354	韦伯数	Weber number	
04.355	马赫数	Mach number	
04.356	反应器	reactor	
04.357	间歇反应器	batch reactor	
04.358	连续流动反应器	continuous flow reactor	
04.359	塞流反应器	plug flow reactor	又称"管型反应器 (tubular reactor)"。
04.360	槽型反应器	tank reactor	
04.361	固定床	fixed bed	
04.362	填充床	packed bed	
04.363	移动床	moving bed	
04.364	流态化床	fluidized bed	
04.365	混合时间	mixing time	
04.366	停留时间	residence time, retention time	
04.367	短暂接触	transitory contact	
04.368	持久接触	permanent contact	
04.369	顺流接触	co-current contact	
04.370	逆流接触	countercurrent contact	
04.371	催化	catalysis	
04.372	催化剂	catalyst	
04.373	自催化	auto-catalysis	
04.374	催化剂中毒	catalyst poisoning	
04.375	表面能	surface energy	
04.376	表面张力	surface tension	
04.377	界面能	interfacial energy	
04.378	界面张力	interfacial tension	
04.379	润湿	wetting	
04.380	接触角	contact angle	
04.381	表面活性物质	surface-active substance	
04.382	吸收	absorption	
04.383	吸附	adsorption	
04.384	吸附剂	adsorbent	
04.385	吸附质	adsorbed substance	
04.386	物理吸附	physical adsorption, physisorption	
04.387	化学吸附	chemical adsorption, chemisorp-	

序　码	汉　文　名	英　文　名	注　释
		tion	
04.388	脱附	desorption	
04.389	吸附等温式	adsorption isotherm	
04.390	吉布斯吸附方程	Gibbs adsorption equation	
04.391	朗缪尔吸附方程	Langmuir adsorption equation	

04.03　冶金电化学

序　码	汉　文　名	英　文　名	注　释
04.392	冶金电化学	metallurgical electrochemistry	
04.393	熔盐电化学	electrochemistry of fused salts	
04.394	固态离子学	solid state ionics	
04.395	电解质溶液	electrolyte solution	
04.396	电离平衡	ionization equilibrium	
04.397	阳离子	cation	
04.398	阴离子	anion	
04.399	强电解质	strong electrolyte	
04.400	弱电解质	weak electrolyte	
04.401	德拜－休克尔强电解质溶液理论	Debye-Hüeckel theory of strong electrolyte solution	
04.402	电离常数	ionization constant	
04.403	溶度积	solubility product	
04.404	离子活度系数	ionic activity coefficient	
04.405	离子水合	ionic hydration	
04.406	离子溶剂化	ionic solvation	
04.407	离子缔合	ionic association	
04.408	离子络合物	ionic complex	
04.409	离子强度	ionic strength	
04.410	电导	conductance	
04.411	电导率	conductivity	
04.412	电阻	resistance	
04.413	德拜－昂萨格电导理论	Debye-Onsager theory of electrolytic conductance	
04.414	离子迁移数	transference number of ions, transport number of ions	
04.415	离子迁移率	ionic mobility	又称"离子淌度"。
04.416	电极	electrode	
04.417	阴极	cathode	

序 码	汉 文 名	英 文 名	注 释
04.418	阳极	anode	
04.419	惰性电极	inert electrode	
04.420	可溶电极	soluble electrode	
04.421	可逆电极	reversible electrode	
04.422	参比电极	reference electrode	
04.423	标准氢电极	standard hydrogen electrode	
04.424	工作电极	working electrode	
04.425	对应电极	counter electrode	
04.426	氧化还原电极	redox electrode	
04.427	电极过程动力学	kinetics of electrode process	
04.428	电极电位	electrode potential	又称"电极电势"。
04.429	表面电位	surface potential	又称"表面电势"。
04.430	接触电位	contact potential	又称"接触电势"。
04.431	扩散电位	diffusion potential	又称"扩散电势"。
04.432	超电压	over voltage	
04.433	塔费尔方程	Tafel equation	
04.434	分解电压	decomposition voltage	
04.435	双电层	electric double layer	
04.436	极化	polarization	
04.437	电极极化	electrode polarization	
04.438	阳极极化	anodic polarization	
04.439	阴极极化	cathodic polarization	
04.440	极化曲线	polarization curve	
04.441	浓差极化	concentration polarization	
04.442	去极化	depolarization	
04.443	原电池	galvanic cell, primary cell	
04.444	浓差电池	concentration cell	
04.445	半电池	half cell	
04.446	标准电池	standard cell	
04.447	燃料电池	fuel cell	
04.448	太阳能电池	solar cell	
04.449	电池电动势	electromotive force of a cell	
04.450	交换电流	exchange current	
04.451	扩散电流	diffusion current	
04.452	迁移电流	migration current	
04.453	巴特勒－福尔默方程	Butler-Volmer equation	

序 码	汉 文 名	英 文 名	注 释
04.454	能斯特方程	Nernst equation	
04.455	埃文斯图	Evans diagram	又称"电势-电流图"。
04.456	计时电流法	chronoamperometry	
04.457	计时电流图	chronoamperogram	
04.458	计时电位法	chronopotentiometry	
04.459	计时电位图	chronopotentiogram	
04.460	计时库仑法	chronocoulometry	
04.461	计时库仑图	chronocoulogram	
04.462	伏安法	voltammetry	
04.463	伏安图	voltammogram	
04.464	循环伏安图	cyclic voltammogram	
04.465	电解	electrolysis	
04.466	法拉第电解定律	Faraday's law of electrolysis	
04.467	电化学当量	electrochemical equivalent	即法拉第常数。
04.468	电沉积	electrodeposition	
04.469	电镀	electroplating	
04.470	电合成	electrosynthesis	
04.471	电解精炼	electrorefining	
04.472	电解提取	electrowinning	
04.473	固体电解质	solid electrolyte	
04.474	稳定的氧化锆	stabilized zirconia	
04.475	局部稳定的氧化锆	partial stabilized zirconia	
04.476	β 氧化铝	β-Al_2O_3	
04.477	离子导电	ionic conduction	
04.478	电子导电	electronic conduction	
04.479	空穴导电	positive hole conduction, electronic hole conduction	
04.480	库仑滴定	coulometric titration	
04.481	抗热震性	thermal shock resistance	
04.482	固体电解质定氧浓差电池	solid electrolyte oxygen concentration cell	
04.483	氧传感器	oxygen sensor	
04.484	硅传感器	silicon sensor	
04.485	定氧测头	oxygen probe	
04.486	定硅测头	silicon probe	

序 码	汉 文 名	英 文 名	注 释

04.04 冶金物理化学研究方法

序 码	汉 文 名	英 文 名	注 释
04.487	冶金物理化学研究方法	research methods in metallurgical physical chemistry	
04.488	[测]高温学	pyrometry	
04.489	热电偶	thermocouple	
04.490	热电偶校准	calibration of thermocouple	
04.491	光学高温计	optical pyrometer	
04.492	辐射高温计	radiation pyrometer	
04.493	泽格测温锥	Seger cone, pyrometric cone	曾称"西格测温锥"。
04.494	量热计	calorimeter	
04.495	热天平	thermobalance	
04.496	热分析	thermal analysis	
04.497	差热分析	differential thermal analysis, DTA	
04.498	热重法	thermogravimetry	
04.499	差热重法	differential thermogravimetry	
04.500	示差扫描量热法	differential scanning calorimetry, DSC	
04.501	比重瓶	pycnometer	
04.502	毛细管黏度计	capillary viscometer	
04.503	旋转黏度计	rotational viscometer	
04.504	摆动黏度计	oscillating viscometer	
04.505	毛细管上升法	capillary rise method	用于测表面张力。
04.506	卧滴法	sessile drop method	用于测表面张力。
04.507	垂滴法	pendant drop method	用于测表面张力。
04.508	最大泡压法	maximum bubble pressure method	用于测表面张力。
04.509	膨胀计	dilatometer	
04.510	干燥器	desiccator	
04.511	流体压强计	manometer	
04.512	转子流量计	rotameter	
04.513	皮托管	Pitot tube	
04.514	真空规	vacuum gauge	
04.515	电离真空规	ionization gauge	
04.516	麦克劳德真空规	McLeod gauge	
04.517	抽气水喷射器	air-sucking water ejector	
04.518	机械抽气泵	air-sucking mechanical pump	
04.519	油扩散泵	oil diffusion pump	

序　码	汉　文　名	英　文　名	注　释
04.520	分子筛	molecular sieve	
04.521	示踪原子	tracer atom	
04.522	盖格计数器	Geiger counter	
04.523	恒电位法	potentiostatic method	
04.524	恒电位仪	potentiostat	
04.525	电位阶跃法	potential step method	
04.526	恒电流仪	galvanostat, amperostat	
04.527	电位差计	potentiometer	
04.528	电位溶出分析	potentiometric stripping analysis	

04.05　计算冶金物理化学

序码	汉文名	英文名	注释
04.529	计算冶金物理化学	computer-aided metallurgical physical chemistry	
04.530	化学计量学	chemometrics	
04.531	化学模式识别	chemical pattern recognition	
04.532	相图计算	calphad	
04.533	蒙特卡罗法	Monte Carlo method	
04.534	概率	probability	
04.535	矩阵	matrix	
04.536	数值分析	numerical analysis	
04.537	最小二乘法	method of least squares	
04.538	准确度	accuracy	
04.539	精确度	precision	
04.540	灵敏度	sensitivity	
04.541	重复性	repeatability	
04.542	再现性	reproducibility	
04.543	真值	true value	
04.544	期望值	expected value	
04.545	观测值	observed value, measured value	
04.546	异常值	outlier	
04.547	总体	population	
04.548	样本	sample	
04.549	总体[平]均值	population mean	
04.550	样本[平]均值	sample mean	
04.551	加权[平]均值	weighted mean	
04.552	算术平均值	arithmetic mean	
04.553	中位值	median	

序　码	汉　文　名	英　文　名	注　释
04.554	正态分布	normal distribution	
04.555	F 分布	F-distribution	
04.556	误差	error	
04.557	随机误差	random error	
04.558	系统误差	systematic error	
04.559	实验误差	experimental error	
04.560	偶然误差	accidental error	
04.561	疏失误差	blunder error	
04.562	绝对误差	absolute error	
04.563	相对误差	relative error	
04.564	标准误差	standard error	
04.565	容许误差	tolerance error	
04.566	偏差	deviation	
04.567	标准偏差	standard deviation	
04.568	方差	variance	
04.569	方差分析	analysis of variance	
04.570	置信区间	confidence interval	
04.571	置信系数	confidence coefficient	
04.572	显著性水平	significance level	
04.573	有效数字	significant figure	
04.574	数据处理	data processing	
04.575	曲线拟合	curve fitting	
04.576	回归分析	regression analysis	
04.577	回归系数	regression coefficient	
04.578	线性回归	linear regression	
04.579	非线性回归	non-linear regression	
04.580	逐步回归	stepwise regression	
04.581	相关分析	correlation analysis	
04.582	相关系数	correlation coefficient	
04.583	全相关系数	total correlation coefficient	
04.584	偏相关系数	partial correlation coefficient	
04.585	正交设计	orthogonal design	
04.586	正交表	orthogonal table	
04.587	优化法	optimization	
04.588	最优估计	optimal estimate	
04.589	最优值	optimal value	
04.590	单纯形优化	simplex optimization	

序　码	汉 文 名	英 文 名	注　释
04.591	局部优化	local optimization	
04.592	约束优化	constrained optimization	
04.593	序贯寻优	sequential search	
04.594	梯度寻优	gradient search	
04.595	最速上升法	steepest ascent method	
04.596	最速下降法	steepest descent method	
04.597	黄金分割法	golden cut method	
04.598	最小残差法	minimum residual method	
04.599	迭代法	iterative method	
04.600	逐次近似法	successive approximate method	
04.601	随机化	randomization	
04.602	原始数据	raw data	
04.603	编码数据	coded data	
04.604	特征值	eigenvalue	
04.605	信息	information	
04.606	信息效益	information profitability	

05. 钢 铁 冶 金

序　码	汉 文 名	英 文 名	注　释

05.01 炼　焦

05.001	炼焦	coking	
05.002	高温炭化	high temperature carbonization	
05.003	塑性成焦机理	plastic mechanism of coke forma-tion	
05.004	中间相成焦机理	mesophase mechanism of coke for-mation	
05.005	选煤	coal preparation, coal washing	曾称"洗煤"。
05.006	配煤	coal blending	
05.007	配煤试验	coal blending test	
05.008	[炼]焦煤	coking coal	
05.009	气煤	gas coal	
05.010	肥煤	fat coal	
05.011	瘦煤	lean coal	
05.012	[炼]焦炉	coke oven	

序　码	汉　文　名	英　文　名	注　　释
05.013	焦化室	oven chamber	
05.014	焦饼	coke cake	
05.015	结焦时间	coking time	
05.016	周转时间	cycle time	
05.017	装煤	coal charging	
05.018	捣固装煤	stamp charging	
05.019	推焦	coke pushing	
05.020	焦炭熄火	coke quenching	
05.021	干法熄焦	dry quenching of coke	
05.022	焦台	coke wharf	
05.023	装煤车	larry car	
05.024	推焦机	pushing machine	
05.025	拦焦机	coke guide	
05.026	熄焦车	quenching car	
05.027	焦炉焖炉	banking for coke oven	
05.028	焦炭	coke	
05.029	冶金焦	metallurgical coke	
05.030	铸造焦	foundry coke	
05.031	焦炭工业分析	proximate analysis of coke	
05.032	焦炭元素分析	ultimate analysis of coke	
05.033	焦炭落下指数	shatter index of coke	
05.034	焦炭转鼓指数	drum index of coke	
05.035	焦炭热强度	hot strength of coke	
05.036	焦炭反应性	coke reactivity	
05.037	焦炭反应后强度	post-reaction strength of coke	
05.038	焦炭显微强度	microstrength of coke	
05.039	焦炉煤气	coke oven gas	
05.040	发热值	calorific value	
05.041	煤焦油	coal tar	
05.042	粗苯	crude benzol	
05.043	苯	benzene	
05.044	甲苯	toluene	
05.045	二甲苯	xylene	
05.046	苯并呋喃－茚树脂	coumarone-indene resin	
05.047	精萘	refined naphthalene	
05.048	精蒽	refined anthracene	

序 码	汉 文 名	英 文 名	注 释
05.049	煤[焦油]沥青	coal tar pitch	
05.050	沥青焦	pitch coke	
05.051	针状焦	needle coke	
05.052	型焦	formcoke	
05.053	煤压块	coal briquette	
05.054	冷压型焦	formcoke from cold briquetting	
05.055	热压型焦	formcoke from hot briquetting	

05.02 耐 火 材 料

序 码	汉 文 名	英 文 名	注 释
05.056	耐火材料	refractory materials	
05.057	耐火黏土	fireclay	
05.058	高岭土	kaolin	又称"瓷土(china clay)"。
05.059	硬质黏土	flint clay	
05.060	软质黏土	soft clay	
05.061	陶土	pot clay	
05.062	蒙脱石	montmorillonite	
05.063	叶蜡石	pyrophyllite	
05.064	膨润土	bentonite	
05.065	鳞石英	tridymite	
05.066	方石英	cristobalite	
05.067	砂岩	sandstone	
05.068	耐火石	firestone	
05.069	莫来石	mullite	
05.070	氧化铝	alumina	
05.071	烧结氧化铝	sintered alumina	
05.072	电熔氧化铝	fused alumina	
05.073	刚玉	corundum	
05.074	红柱石	andalusite	
05.075	蓝晶石	kyanite, cyanite	
05.076	硅线石	sillimanite	
05.077	橄榄石	olivine	
05.078	方镁石	periclase	
05.079	镁砂	magnesia	
05.080	合成镁砂	synthetic sintered magnesia	
05.081	电熔镁砂	fused magnesia	
05.082	烧结白云石砂	sintered dolomite clinker	

序 码	汉 文 名	英 文 名	注 释
05.083	合成镁铬砂	synthetic magnesia chromite clinker	
05.084	尖晶石	spinel	
05.085	镁铬尖晶石	magnesia chrome spinel, magnesiochromite	
05.086	硅藻土	diatomaceous earth, infusorial earth	
05.087	蛭石	vermiculite	
05.088	珍珠岩	perlite	
05.089	碳化硅	silicon carbide	
05.090	氮化硅	silicon nitride	
05.091	氮化硼	boron nitride	
05.092	黏土熟料	chamotte	
05.093	熟料	grog	
05.094	轻烧	light burning, soft burning	
05.095	死烧	dead burning, hard burning	
05.096	成型模注	shaping moulding	
05.097	机压成型	mechanical pressing	
05.098	等静压成型	isostatic pressing	
05.099	摩擦压砖机	friction press	
05.100	液压压砖机	hydraulic press	
05.101	捣打成型	ramming process	
05.102	熔铸成型	fusion cast process	
05.103	砖坯强度	green strength, dry strength	
05.104	隧道窑	tunnel kiln	
05.105	回转窑	rotary kiln	
05.106	倒焰窑	down draught kiln	
05.107	耐火砖	refractory brick	
05.108	标准型耐火砖	standard size refractory brick	
05.109	泡砂石	quartzite sandstone	
05.110	酸性耐火材料	acid refractory [material]	
05.111	硅质耐火材料	siliceous refractory [material]	
05.112	硅砖	silica brick, dinas brick	
05.113	熔融石英制品	fused quartz product	
05.114	硅酸铝质耐火材料	aluminosillicate refractory	
05.115	半硅砖	semisilica brick	

序　码	汉　文　名	英　文　名	注　释
05.116	黏土砖	fireclay brick, chamotte brick	
05.117	石墨黏土砖	graphite clay brick	
05.118	高铝砖	high alumina brick	
05.119	硅线石砖	sillimanite brick	
05.120	莫来石砖	mullite brick	
05.121	刚玉砖	corundum brick	
05.122	铝铬砖	alumina chrome brick	
05.123	熔铸砖	fused cast brick	
05.124	碱性耐火材料	basic refractory [material]	
05.125	镁质耐火材料	magnesia refractory [material]	
05.126	镁砖	magnesia brick	
05.127	镁铝砖	magnesia alumina brick	
05.128	镁铬砖	magnesia chrome brick	
05.129	镁炭砖	magnesia carbon brick	
05.130	中性耐火材料	neutral refractory [material]	
05.131	复合砖	composite brick	
05.132	铝炭砖	alumina carbon brick	
05.133	铝镁炭砖	alumina magnesia carbon brick	
05.134	锆炭砖	zirconia graphite brick	
05.135	镁钙炭砖	magnesia calcia carbon brick	
05.136	长水口	long nozzle	
05.137	浸入式水口	immersion nozzle, submerged nozzle	
05.138	定径水口	metering nozzle	
05.139	氧化铝－碳化硅－炭砖	Al$_2$O$_3$-SiC-C brick	
05.140	透气砖	gas permeable brick, porous brick	
05.141	滑动水口	slide gate nozzle	
05.142	水口砖	nozzle brick	
05.143	塞头砖	stopper	
05.144	绝热耐火材料	insulating refractory	
05.145	轻质耐火材料	light weight refractory	
05.146	袖砖	sleeve brick	
05.147	格子砖	checker brick, chequer brick	
05.148	陶瓷纤维	ceramic fiber	
05.149	耐火纤维	refractory fiber	
05.150	耐火浇注料	refractory castable	

序　码	汉 文 名	英 文 名	注　释
05.151	耐火混凝土	refractory concrete	
05.152	荷重耐火性	refractoriness under load	
05.153	抗渣性	slagging resistance	
05.154	耐磨损性	abrasion resistance	

05.03　[含]碳[元]素材料

序　码	汉 文 名	英 文 名	注　释
05.155	[含]碳[元]素材料	carbon materials	
05.156	无定形碳	amorphous carbon	
05.157	金刚石	diamond	
05.158	炭相[学]	carbon micrography	
05.159	炭黑	carbon black	
05.160	石油沥青	petroleum pitch	
05.161	石油焦炭	petroleum coke	
05.162	石墨化	graphitization	
05.163	石墨化电阻炉	electric resistance furnace for graphitization	
05.164	石墨纯净化处理	purification treatment of graphite	
05.165	炭砖	carbon brick	
05.166	炭块	carbon block	
05.167	碳化硅基炭块	SiC-based carbon block	
05.168	炭电极	carbon electrode	
05.169	连续自焙电极	Söderberg electrode	挪威 C. W. Söderberg 1909 年发明。
05.170	石墨电极	graphite electrode	
05.171	超高功率石墨电极	ultra-high power graphite electrode	
05.172	石墨电极接头	graphite electrode nipple	
05.173	石墨电极接头孔	graphite electrode socket plug	
05.174	电极糊	electrode paste	
05.175	石墨坩埚	graphite crucible	
05.176	石墨电阻棒	graphite rod resistor	
05.177	炭刷	carbon brush	
05.178	高纯石墨	high purity graphite	
05.179	光谱纯石墨电极	graphite for spectroanalysis	
05.180	核石墨	nuclear graphite	
05.181	热解炭	pyrolytic carbon	

序 码	汉 文 名	英 文 名	注 释
05.182	金刚石薄模	diamond film	
05.183	炭纤维	carbon fiber	
05.184	聚丙烯腈基炭纤维	PAN-based carbon fiber	
05.185	沥青基炭纤维	pitch-based carbon fiber	
05.186	黏胶基炭纤维	rayon-based carbon fiber	
05.187	炭纤维复合材料	carbon fiber composite	

05.04 铁 合 金

05.188	铁合金	ferroalloy	
05.189	硅铁	ferrosilicon	
05.190	硅钙	calcium silicon	
05.191	金属硅	silicon metal	
05.192	锰铁	ferromanganese	
05.193	低碳锰铁	low carbon ferromanganese	
05.194	硅锰	silicomanganese	
05.195	金属锰	manganese metal	
05.196	铬铁	ferrochromium	
05.197	低碳铬铁	low carbon ferrochromium	
05.198	微碳铬铁	extra low carbon ferrochromium	
05.199	硅铬	silicochromium	
05.200	金属铬	chromium metal	
05.201	钨铁	ferrotungsten	
05.202	钼铁	ferromolybdenum	
05.203	钛铁	ferrotitanium	
05.204	硼铁	ferroboron	
05.205	铌铁	ferroniobium	
05.206	磷铁	ferrophosphorus	
05.207	镍铁	ferronickel	
05.208	锆铁	ferrozirconium	
05.209	硅锆	silicozirconium	
05.210	稀土硅铁	rare earth ferrosilicon	
05.211	稀土镁硅铁	rare earth ferrosilicomagnesium	
05.212	成核剂	nucleater	
05.213	孕育剂	incubater, inoculant	
05.214	球化剂	nodulizer	
05.215	蠕化剂	vermiculizer	

序 码	汉 文 名	英 文 名	注 释
05.216	中间铁合金	master alloy	
05.217	复合铁合金	complex ferroalloy	
05.218	电碳热法	electro-carbothermic process	
05.219	电硅热法	electro-silicothermic process	
05.220	铝热法	aluminothermic process, thermit process	
05.221	电铝热法	electro-aluminothermic process	
05.222	开弧炉	open arc furnace	
05.223	埋弧炉	submerged arc furnace	
05.224	半封闭炉	semiclosed furnace	
05.225	封闭炉	closed furnace	
05.226	矮烟罩电炉	electric furnace with low hood	
05.227	矮炉身电炉	low-shaft electric furnace	俗称"矿热炉"。

05.05 烧结与球团

序 码	汉 文 名	英 文 名	注 释
05.228	人造块矿	ore agglomerates	
05.229	烧结矿	sinter	
05.230	压块矿	briquette	
05.231	球团[矿]	pellet	
05.232	针铁矿	goethite	
05.233	自熔性铁矿	self-fluxed iron ore	
05.234	复合铁矿	complex iron ore	又称"共生铁矿"。
05.235	块矿	lump ore	
05.236	粉矿	ore fines	
05.237	矿石混匀	ore blending	
05.238	配矿	ore proportioning	
05.239	矿石整粒	ore size grading	
05.240	返矿	return fines	
05.241	储矿场	ore stockyard	
05.242	矿石堆料机	ore stocker	
05.243	匀矿取料机	ore reclaimer	
05.244	熔剂	flux	
05.245	消石灰	slaked lime	又称"熟石灰"。
05.246	活性石灰	quickened lime	
05.247	有机黏结剂	organic binder	
05.248	烧结混合料	sinter mixture	
05.249	烧结铺底料	hearth layer for sintering	

序 码	汉 文 名	英 文 名	注 释
05.250	烧结	sintering	
05.251	烧结热前沿	heat front in sintering	
05.252	烧结火焰前沿	flame front in sintering	
05.253	渣相黏结	slag bonding	
05.254	扩散黏结	diffusion bonding	
05.255	带式烧结机	Dwight-Lloyd sintering machine	
05.256	环式烧结机	circular travelling sintering machine	
05.257	烧结梭式布料机	shuttle conveyer belt	
05.258	烧结点火炉	sintering ignition furnace	
05.259	烧结盘	sintering pan	
05.260	烧结锅	sintering pot	
05.261	烧结冷却机	sinter cooler	
05.262	带式冷却机	straight-line cooler	
05.263	环式冷却机	circular cooler, annular cooler	
05.264	生球	green pellet, ball	
05.265	生球长大聚合机理	ball growth by coalescence	
05.266	生球长大成层机理	ball growth by layering	
05.267	生球长大同化机理	ball growth by assimilation	
05.268	精矿成球指数	balling index for iron ore concentrates	
05.269	生球转鼓强度	drum strength of green pellet	
05.270	生球落下强度	shatter strength of green pellet	
05.271	生球抗压强度	compression strength of green pellet	
05.272	生球爆裂温度	cracking temperature of green pellet	
05.273	圆筒造球机	balling drum	
05.274	圆盘造球机	balling disc	
05.275	竖炉焙烧球团	shaft furnace for pellet firing	
05.276	带式机焙烧球团	traveling grate for pellet firing	
05.277	链箅机－回转窑焙烧球团	grate-kiln for pellet firing	
05.278	环式机焙烧球团	circular grate for pellet firing	

序　码	汉　文　名	英　文　名	注　　释
05.279	冷固结球团	cold bound pellet	
05.280	维氏体	wustite	以德国科学家维斯特(Wüst)命名,是FeO_2固熔体。
05.281	铁橄榄石	fayalite	
05.282	铁尖晶石	hercynite	
05.283	铁黄长石	ferrogehlenite	
05.284	铁酸半钙	calcium diferrite	
05.285	铁酸钙	calcium ferrite	
05.286	铁酸二钙	dicalcium ferrite	
05.287	锰铁橄榄石	knebelite	
05.288	钙铁橄榄石	kirschsteinite	
05.289	钙铁辉石	hedenbergite	
05.290	钙铁榴石	andradite	
05.291	钙长石	anorthite	
05.292	钙镁橄榄石	monticellite	
05.293	钙钛矿	perovskite	
05.294	硅灰石	wollastonite	
05.295	硅酸二钙	dicalcium silicate	
05.296	硅酸三钙	tricalcium silicate	
05.297	镁橄榄石	forsterite	
05.298	镁黄长石	akermanite	
05.299	镁蔷薇辉石	manganolite	
05.300	钙铝黄长石	gehlenite	
05.301	钛辉石	titanaugite	
05.302	枪晶石	cuspidine	
05.303	预还原球团	pre-reduced pellet	
05.304	金属化球团	metallized pellet	
05.305	转鼓试验	drum test, tumbler test	
05.306	落下试验	shatter test	

05.06 炼　　铁

序　码	汉　文　名	英　文　名	注　　释
05.307	炼铁	iron making	
05.308	高炉炼铁[法]	blast furnace process	
05.309	高炉	blast furnace	用于炼铁。
05.310	鼓风炉	blast furnace	用于有色金属冶炼。
05.311	炉料	charge, burden	

序　码	汉 文 名	英 文 名	注　释
05.312	矿料	ore charge	包括块矿、烧结矿、球团矿及熔剂。
05.313	焦料	coke charge	
05.314	炉料提升	charge hoisting	
05.315	小车上料	charge hoisting by skip	
05.316	吊罐上料	charge hoisting by bucket	
05.317	皮带上料	charge hoisting by belt conveyer	
05.318	装料	charging	
05.319	装料顺序	charging sequence	
05.320	储料漏斗	hopper	
05.321	双料钟式装料	two-bells system charging	
05.322	无料钟装料	bell-less charging	
05.323	布料器	distributor	
05.324	炉内料线	stock line in the furnace	
05.325	探料尺	gauge rod	
05.326	利用系数	utilization coefficient	
05.327	冶炼强度	combustion intensity	
05.328	鼓风	blast	
05.329	风压	blast pressure	
05.330	风温	blast temperature	
05.331	鼓风量	blast volume	
05.332	鼓风湿度	blast humidity	
05.333	全风量操作	full blast	
05.334	慢风	under blowing	
05.335	休风	delay	
05.336	喷吹燃料	fuel injection	
05.337	喷煤	coal injection	
05.338	喷油	oil injection	
05.339	富氧鼓风	oxygen enriched blast, oxygen enrichment	
05.340	置换比	replacement ratio	
05.341	喷射器	injector	喷煤粉用。
05.342	热补偿	thermal compensation	
05.343	焦比	coke ratio, coke rate	
05.344	燃料比	fuel ratio, fuel rate	
05.345	氧化带	oxidizing zone	又称"燃烧带"。
05.346	风口循环区	raceway	

序　码	汉　文　名	英　文　名	注　释
05.347	蒸汽鼓风	humidified blast	
05.348	混合喷吹	mixed injection	
05.349	脱湿鼓风	dehumidified blast	
05.350	炉内压差	pressure drop in furnace	
05.351	煤气分布	gas distribution	
05.352	煤气利用率	gas utilization rate	
05.353	炉况	furnace condition	
05.354	顺行	smooth running	
05.355	焦炭负荷	coke load, ore to coke ratio	
05.356	软熔带	cohesive zone, softening zone	
05.357	渣比	slag to iron ratio, slag ratio	
05.358	上部[炉料]调节	burden conditioning	
05.359	下部[鼓风]调节	blast conditioning	
05.360	高炉作业率	operating rate of blast furnace	
05.361	休风率	delay ratio	
05.362	高炉寿命	blast furnace campaign	
05.363	悬料	hanging	
05.364	崩料	slip	
05.365	沟流	channeling	又称"管道行程"。
05.366	结瘤	scaffolding	
05.367	炉缸冻结	hearth freeze-up	
05.368	开炉	blow on	
05.369	停炉	blow off	
05.370	积铁	salamander	
05.371	炉型	profile, furnace lines	
05.372	炉喉	throat	
05.373	炉身	shaft, stack	
05.374	炉腰	belly	
05.375	炉腹	bosh	
05.376	炉缸	hearth	
05.377	炉底	bottom	
05.378	炉腹角	bosh angle	
05.379	炉身角	stack angle	
05.380	有效容积	effective volume	
05.381	工作容积	working volume	
05.382	铁口	iron notch, tap hole	
05.383	渣口	cinder notch, slag notch	

序　码	汉 文 名	英 文 名	注　释
05.384	风口	tuyere	
05.385	窥视孔	peep hole	
05.386	风口水套	tuyere cooler	
05.387	渣口水套	slag notch cooler	
05.388	风口弯头	tuyere stock	
05.389	热风围管	bustle pipe	
05.390	堵渣机	stopper	
05.391	泥炮	mud gun, clay gun	
05.392	开铁口机	iron notch drill	
05.393	铁水	hot metal	
05.394	铁[水]罐	iron ladle	
05.395	鱼雷车	torpedo car	
05.396	主铁沟	sow	
05.397	出铁场	casting house	
05.398	铁沟	iron runner	
05.399	渣沟	slag runner	
05.400	渣罐	cinder ladle, slag ladle	
05.401	撇渣器	skimmer	
05.402	冷却水箱	cooling plate	
05.403	冷却壁	cooling stave	
05.404	汽化冷却	vaporization cooling	
05.405	热风炉	hot blast stove	
05.406	燃烧室	combustion chamber	
05.407	燃烧器	burner	
05.408	热风阀	hot blast valve	
05.409	烟道阀	chimney valve	
05.410	冷风阀	cold blast valve	
05.411	助燃风机	burner blower	
05.412	切断阀	burner shut-off valve	
05.413	旁通阀	by-pass valve	
05.414	混风阀	mixer selector valve	
05.415	送风期	on blast of stove, on blast	
05.416	燃烧期	on gas of stove, on gas	
05.417	换炉	stove changing	
05.418	放散阀	blow off valve	
05.419	内燃式热风炉	Cowper stove	
05.420	外燃式热风炉	outside combustion stove	

序　码	汉　文　名	英　文　名	注　释
05.421	顶燃式热风炉	top combustion stove	
05.422	炉顶放散阀	bleeding valve	
05.423	放散管	bleeder	
05.424	上升管	gas uptake	
05.425	放风阀	snorting valve	
05.426	均压阀	equalizing valve	
05.427	高压调节阀	septum valve	
05.428	炉顶高压	elevated top pressure	
05.429	铸铁机	pig-casting machine	
05.430	铸铁模	pig mold	
05.431	冲天炉	cupola	又称"化铁炉"。
05.432	水渣	granulating slag	
05.433	水渣池	granulating pit	
05.434	渣场	slag disposal pit	
05.435	高炉煤气	top gas, blast furnace gas	
05.436	高炉煤气回收	top gas recovery, TGR	
05.437	非焦炭炼铁	non-coke iron making	
05.438	直接还原炼铁〔法〕	direct reduction iron making	
05.439	直接还原铁	directly reduced iron, DRI	
05.440	竖炉直接炼铁	direct reduction in shaft furnace	
05.441	回转窑直接炼铁	direct reduction in rotary kiln	
05.442	流态化炼铁	fluidized-bed iron making	
05.443	转底炉炼铁	rotary hearth iron making	
05.444	米德雷克斯直接炼铁〔法〕	Midrex process	
05.445	HYL直接炼铁〔法〕	HYL process	
05.446	克虏伯回转窑炼铁〔法〕	Krupp rotary kiln iron-making process	
05.447	熔态还原	smelting reduction	
05.448	铁浴法	iron-bath process	
05.449	科雷克斯法	COREX process	
05.450	生铁块	pig iron	
05.451	海绵铁	sponge iron	
05.452	镜铁	spiegel iron	
05.453	氢铁法	H-iron process	

序　码	汉文名	英　文　名	注　释

05.07 炼　钢

05.454	钢	steel	
05.455	炼钢	steelmaking	
05.456	钢水	liquid steel, molten steel	
05.457	半钢	semisteel	
05.458	沸腾钢	rimming steel, rimmed steel	
05.459	镇静钢	killed steel	
05.460	半镇静钢	semikilled steel	
05.461	压盖沸腾钢	capped steel	
05.462	坩埚炼钢法	crucible steelmaking	
05.463	双联炼钢法	duplex steelmaking process	
05.464	连续炼钢法	continuous steelmaking process	
05.465	直接炼钢法	direct steelmaking process	
05.466	混铁炉	hot metal mixer	
05.467	装料机	charging machine	
05.468	装料期	charging period	
05.469	加热期	heating period	
05.470	熔化期	melting period	
05.471	造渣期	slag forming period	
05.472	精炼期	refining period	
05.473	熔清	melting down	
05.474	脱氧	deoxidation	
05.475	预脱氧	preliminary deoxidation	
05.476	氧化渣	oxidizing slag	
05.477	还原渣	reducing slag	
05.478	酸性渣	acid slag	
05.479	碱性渣	basic slag	
05.480	脱碳	decarburization	
05.481	增碳	recarburization	
05.482	脱磷	dephosphorization	
05.483	回磷	rephosphorization	
05.484	脱硫	desulfurization	
05.485	回硫	resulfurization	
05.486	脱氮	denitrogenation	
05.487	过氧化	overoxidation	
05.488	出钢	tapping	

序　码	汉　文　名	英　文　名	注　释
05.489	冶炼时间	duration of heat	
05.490	出钢样	tapping sample	
05.491	浇铸样	casting sample	
05.492	不合格炉次	off heat	
05.493	熔炼损耗	melting loss	
05.494	铁损	iron loss	
05.495	废钢	scrap	
05.496	废钢打包	baling of scrap	
05.497	造渣材料	slag making materials	
05.498	添加剂	addition reagent	
05.499	脱氧剂	deoxidizer	
05.500	脱硫剂	desulfurizer	
05.501	冷却剂	coolant	
05.502	回炉渣	return slag	
05.503	喷枪	lance	
05.504	浸入式喷枪	submerged lance	
05.505	钢包	ladle	又称"盛钢桶"。
05.506	出钢口	tap hole	
05.507	出钢槽	pouring spout	
05.508	炉顶	furnace roof	
05.509	炉衬	furnace lining	
05.510	炉衬侵蚀	lining erosion	
05.511	渣线	slag line	
05.512	炉衬寿命	lining life	
05.513	分区砌炉	zoned lining	
05.514	补炉	fettling	
05.515	热修	hot repair	
05.516	喷补	gunning	
05.517	火焰喷补	flame gunning	
05.518	转炉	converter	
05.519	底吹转炉	bottom-blown converter	
05.520	酸性空气底吹转炉	air bottom-blown acid converter	又称"贝塞麦炉 (Bessemer converter)"。
05.521	碱性空气底吹转炉	air bottom-blown basic converter	又称"托马斯炉 (Thomas converter)"。
05.522	侧吹转炉	side-blown converter	

序 码	汉 文 名	英 文 名	注 释
05.523	卡尔多转炉	Kaldo converter	
05.524	氧气炼钢	oxygen steelmaking	
05.525	氧气顶吹转炉	top-blown oxygen converter, LD converter	LD 是奥地利 Linz 及 Donawitz 的缩写。
05.526	氧气底吹转炉	bottom-blown oxygen converter, quiet basic oxygen furnace, QBOF	
05.527	顶底复吹转炉	top and bottom combined blown converter	
05.528	喷石灰粉顶吹氧气转炉法	oxygen lime process	
05.529	底吹煤氧的复合吹炼法	Klockner-Maxhütte steelmaking process, KMS	简称"KMS 法"。
05.530	住友复合吹炼法	Sumitomo top and bottom blowing process, STB	简称"STB 法"。
05.531	LBE 复吹法	lance bubbling equilibrium process, LBE	简称"LBE 法"。
05.532	顶枪喷煤粉炼钢法	Arbed lance carbon injection process, ALCI	简称"ALCI 法"。
05.533	蒂森复合吹炼法	Thyssen Blassen metallurgical process, TBM	简称"TBM 法"。
05.534	面吹	surface blow	
05.535	软吹	soft blow	
05.536	硬吹	hard blow	
05.537	补吹	reblow	
05.538	过吹	overblow	
05.539	后吹	after blow	
05.540	目标碳	aim carbon	
05.541	终点碳	end point carbon	
05.542	高拉碳操作	catch carbon practice	
05.543	增碳操作	recarburization practice	
05.544	单渣操作	single-slag operation	
05.545	双渣操作	double-slag operation	
05.546	渣乳化	slag emulsion	
05.547	二次燃烧	postcombustion	又称"后燃烧"。
05.548	吹氧时间	oxygen blow duration	
05.549	吹炼终点	blow end point	

序　码	汉　文　名	英　文　名	注　　释
05.550	倒炉	turning down	
05.551	喷渣	slopping	又称"溢渣"。
05.552	喷溅	spitting	
05.553	静态控制	static control	
05.554	动态控制	dynamic control	
05.555	氧枪	oxygen lance	
05.556	氧枪喷孔	nozzle of oxygen lance	
05.557	多孔喷枪	multi-nozzle lance	
05.558	转炉炉体	converter body	
05.559	炉帽	upper cone	
05.560	炉口	mouth, lip ring	
05.561	装料大面	impact pad	
05.562	活动炉底	removable bottom	
05.563	顶吹氧枪	top blow oxygen lance	
05.564	副枪	sublance	
05.565	多孔砖	nozzle brick	
05.566	单环缝喷嘴	single annular tuyere	
05.567	双环缝喷嘴	double annular tuyere	
05.568	挡渣器	slag stopper	
05.569	挡渣塞	floating plug	
05.570	电磁测渣器	electromagnetic slag detector	
05.571	废气控制系统	off gas control system, OGCS	
05.572	平炉	open-hearth furnace	又称"西门子－马丁炉(Siemens-Martin furnace)"。
05.573	平炉炼钢	open-hearth steelmaking	
05.574	冷装法	cold charge practice	
05.575	热装法	hot charge practice	
05.576	碳沸腾	carbon boil	
05.577	石灰沸腾	lime boil	
05.578	炉底沸腾	bottom boil	
05.579	再沸腾	reboil	
05.580	有效炉底面积	effective hearth area	
05.581	酸性平炉	acid open-hearth furnace	
05.582	碱性平炉	basic open-hearth furnace	
05.583	固定式平炉	stationary open-hearth furnace	
05.584	倾动式平炉	tilting open-hearth furnace	

序　码	汉　文　名	英　文　名	注　释
05.585	双床平炉	twin-hearth furnace	
05.586	顶吹氧气平炉	open-hearth furnace with roof oxygen lance	
05.587	蓄热室	regenerator	又称"回热器"。
05.588	沉渣室	slag pocket	
05.589	电炉炼钢	electric steelmaking	
05.590	电弧炉	electric arc furnace	
05.591	超高功率电弧炉	ultra-high power electric arc furnace	
05.592	直流电弧炉	direct current electric arc furnace	
05.593	双电极直流电弧炉	double electrode direct current arc furnace	
05.594	竖窑式电弧炉	shaft arc furnace	
05.595	电阻炉	electric resistance furnace	
05.596	工频感应炉	line frequency induction furnace	
05.597	中频感应炉	medium frequency induction furnace	
05.598	高频感应炉	high frequency induction furnace	
05.599	电渣重熔	electroslag remelting, ESR	
05.600	电渣熔铸	electroslag casting, ESC	
05.601	电渣浇注	Bohler electroslag tapping, BEST	
05.602	真空电弧炉重熔	vacuum arc remelting, VAR	
05.603	真空感应炉熔炼	vacuum induction melting, VIM	
05.604	电子束炉重熔	electron beam remelting, EBR	
05.605	等离子炉重熔	plasma-arc remelting, PAR	
05.606	水冷模电弧熔炼	cold-mold arc melting	
05.607	等离子感应炉熔炼	plasma induction melting, PIM	
05.608	等离子连续铸锭	plasma progressive casting, PPC	
05.609	等离子凝壳铸造	plasma skull casting, PSC	
05.610	能量优化炼钢炉	energy optimizing furnace, EOF	
05.611	氧燃喷嘴	oxygen-fuel burner	
05.612	氧煤助熔	accelerated melting by coal-oxygen burner	
05.613	氧化期	oxidation period	
05.614	还原期	reduction period	
05.615	长弧泡沫渣操作	long arc foaming slag operation	

序　码	汉　文　名	英　文　名	注　释
05.616	弧长控制	arc length control	
05.617	白渣	white slag	
05.618	电石渣	carbide slag	
05.619	煤氧喷吹	coal-oxygen injection	
05.620	炉壁热点	hot spots on the furnace wall	
05.621	偏弧	arc bias	
05.622	透气塞	porous plug	
05.623	出钢到出钢时间	tap-to-tap time	
05.624	虹吸出钢	siphon tapping	
05.625	偏心炉底出钢	eccentric bottom tapping, EBT	
05.626	中心炉底出钢	centric bottom tapping, CBT	
05.627	侧面炉底出钢	side bottom tapping, SBT	
05.628	滑动水口出钢	slide gate tapping	

05.08　精炼、浇铸及缺陷

序　码	汉　文　名	英　文　名	注　释
05.629	铁水预处理	hot metal pretreatment	
05.630	机械搅拌铁水脱硫法	KR process	简称"KR 法"。
05.631	鱼雷车铁水脱硫	torpedo desulfurization	
05.632	鱼雷车铁水脱磷	torpedo dephosphorization	
05.633	二次精炼	secondary refining	又称"炉外精炼"。
05.634	钢包精炼	ladle refining	
05.635	合成渣	synthetic slag	
05.636	微合金化	microalloying	
05.637	成分微调	trimming	
05.638	钢洁净度	steel cleanness	
05.639	钢包炉	ladle furnace, LF	
05.640	直流钢包炉	DC ladle furnace	
05.641	真空钢包炉	LF-vacuum	
05.642	真空脱气	vacuum degassing	
05.643	真空电弧脱气	vacuum arc degassing, VAD	
05.644	真空脱气炉	vacuum degassing furnace, VDF	
05.645	真空精炼	vacuum refining	
05.646	钢流脱气	stream degassing	
05.647	提升式真空脱气法	Dortmund Hörder vacuum degassing process, DH	简称"DH 法"。

序 码	汉 文 名	英 文 名	注 释
05.648	循环式真空脱气法	Ruhstahl-Hausen vacuum de-gassing process, RH	简称"RH法"。
05.649	真空浇铸	vacuum casting	
05.650	吹氧 RH 操作	RH-oxygen blowing, RH-OB	
05.651	川崎顶吹氧 RH 操作	RH-Kawasaki top blowing, RH-KTB	
05.652	喷粉 RH 操作	RH-powder blowing, RH-PB	
05.653	喷粉法	powder injection process	
05.654	喷粉精炼	injection refining	
05.655	蒂森钢包喷粉法	Thyssen Niederhein process, TN	简称"TN法"。
05.656	瑞典喷粉法	Scandinavian Lancer process, SL	简称"SL法"。
05.657	君津真空喷粉法	vacuum Kimitsu injection process	简称"V-KIP法"。
05.658	密封吹氩合金成分调整法	composition adjustment by sealed argon bubbling, CAS	简称"CAS法"。
05.659	吹氧提温 CAS 法	CAS-OB process	简称"CAS-OB法"。
05.660	脉冲搅拌法	pulsating mixing process, PM	简称"PM法"。
05.661	电弧加热电磁搅拌钢包精炼法	ASEA-SKF process	
05.662	真空吹氧脱碳法	vacuum oxygen decarburization process, VOD	简称"VOD法"。
05.663	氩氧脱碳法	argon-oxygen decarburization pro-cess, AOD	简称"AOD法"。
05.664	蒸汽氧精炼法	Creusot-Loire Uddelholm process, CLU	简称"CLU法"。
05.665	无渣精炼	slag free refining	
05.666	摇包法	shaking ladle process	
05.667	铝弹脱氧法	aluminium bullet shooting, ABS	简称"ABS法"。
05.668	钢锭	ingot	
05.669	铸锭	ingot casting	
05.670	坑铸	pit casting	
05.671	车铸	car casting	
05.672	钢锭模	ingot mold	
05.673	保温帽	hot top	
05.674	下铸	bottom casting	
05.675	上铸	top casting	
05.676	补浇	back pour, back feeding	

序　码	汉　文　名	英　文　名	注　释
05.677	浇注速度	pouring speed	
05.678	脱模	ingot stripping	
05.679	发热渣	exoslag	
05.680	防再氧化操作	reoxidation protection	
05.681	连续浇铸	continuous casting	
05.682	连铸机	continuous caster, CC, continuous casting machine, CCM	
05.683	弧形连铸机	bow-type continuous caster	
05.684	立弯式连铸机	vertical-bending caster	
05.685	立式连铸机	vertical caster	
05.686	水平连铸机	horizontal caster	
05.687	小方坯连铸机	billet caster	
05.688	大方坯连铸机	bloom caster	
05.689	板坯连铸机	slab caster	
05.690	薄板坯连铸机	thin-slab caster	
05.691	薄带连铸机	strip caster	
05.692	近终型浇铸	near-net-shape casting	
05.693	单辊式连铸机	single-roll caster	
05.694	单带式连铸机	single-belt caster	
05.695	双带式连铸机	twin-belt caster	
05.696	倾斜带式连铸机	inclined conveyer type caster	
05.697	［连铸］流	strand	
05.698	铸流间距	strand distance	
05.699	注流对中控制	stream centering control	
05.700	钢包回转台	ladle turret	
05.701	中间包	tundish	
05.702	回转式中间包	swiveling tundish	
05.703	倾动式中间包	tiltable tundish	
05.704	中间包挡墙	weir and dam in tundish	
05.705	引锭杆	dummy bar	
05.706	刚性引锭杆	rigid dummy bar	
05.707	挠性引锭杆	flexible dummy bar	
05.708	结晶器	mold	用于连铸。
05.709	直型结晶器	straight mold	
05.710	弧形结晶器	curved mold	
05.711	组合式结晶器	composite mold	
05.712	多级结晶器	multi-stage mold	

序　码	汉　文　名	英　文　名	注　释
05.713	调宽结晶器	adjustable mold	
05.714	结晶器振动	mold oscillation	
05.715	结晶器内钢液顶面	meniscus, steel level	
05.716	钢液面控制技术	steel level control technique	
05.717	保护渣	casting powder, mold powder	
05.718	凝壳	shell	
05.719	液芯	liquid core	
05.720	空气隙	air gap	
05.721	一次冷却区	primary cooling zone	
05.722	二次冷却区	secondary cooling zone	
05.723	极限冷却速度	critical cooling rate	
05.724	浇铸半径	casting radius	
05.725	渗漏	bleeding	
05.726	拉坯速度	casting speed	
05.727	拉漏	breaking out	
05.728	振动波纹	oscillation mark	
05.729	水口堵塞	nozzle clogging	
05.730	气水喷雾冷却	air mist spray cooling	
05.731	分离环	separating ring	
05.732	拉辊	withdrawal roll	
05.733	立式导辊	vertical guide roll	
05.734	弯曲辊	bending roll	
05.735	夹辊	pinch roll	
05.736	矫直辊	straightening roll	
05.737	驱动辊	driving roll	
05.738	导向辊装置	roller apron	
05.739	切割定尺装置	cut-to-length device	
05.740	钢流保护浇注	shielded casting practice	
05.741	多点矫直	multipoint straightening	
05.742	电磁搅拌	electromagnetic stirring, EMS	
05.743	浇铸周期	casting cycle	
05.744	多炉连浇	sequence casting	
05.745	事故溢流槽	emergency launder	
05.746	菜花头	cauliflower top	钢锭顶部缺陷。
05.747	钢锭缩头	piped top	
05.748	表面缺陷	surface defect	

序 码	汉 文 名	英 文 名	注 释
05.749	内部缺陷	internal defect	
05.750	缩孔	shrinkage cavity	
05.751	中心缩孔	center line shrinkage	
05.752	气孔	blowhole	
05.753	表面气孔	surface blowhole	
05.754	皮下气孔	subskin blowhole	
05.755	针孔	pinhole	
05.756	铸疤	feather	
05.757	冷隔	cold shut	
05.758	炼钢缺陷	lamination	又称"薄片"。
05.759	发裂	flake, hair crack	
05.760	纵裂	longitudinal crack	
05.761	横裂	transverse crack	
05.762	角部横向裂纹	transverse corner crack	
05.763	角部纵向裂纹	longitudinal corner crack	
05.764	收缩裂纹	shrinkage crack	又称"网裂"。
05.765	热裂	hot crack	
05.766	冷裂	cold crack	
05.767	冷脆	cold shortness	
05.768	热脆	hot shortness	
05.769	夹渣	slag inclusion	
05.770	皮下夹杂	subsurface inclusion	
05.771	正偏析	positive segregation	
05.772	负偏析	negative segregation, inverse segregation	又称"反偏析"。
05.773	V 形偏析	V-shaped segregation	
05.774	倒 V 形偏析	∧-shaped segregation	
05.775	中心偏析	center segregation	
05.776	中心疏松	center porosity	
05.777	鼓肚	bulging	
05.778	脱方	rhomboidity	
05.779	连铸－直接轧制工艺	continuous casting-direct rolling, CC-DR	

06. 有色金属冶金

序 码	汉 文 名	英 文 名	注 释

06.01 单元过程及一般术语

序 码	汉 文 名	英 文 名	注 释
06.001	单元过程	unit process	
06.002	焙烧	roasting	
06.003	氧化焙烧	oxidizing roasting	
06.004	还原焙烧	reducing roasting	
06.005	硫酸化焙烧	sulfurization roasting	
06.006	全氧化焙烧	dead roasting	
06.007	氯化焙烧	chloridizing roasting	
06.008	磁化焙烧	magnetizing roasting	
06.009	自热焙烧	autogenous roasting	
06.010	堆焙烧	heap roasting	
06.011	流态化焙烧炉	fluidized roaster	
06.012	多床焙烧炉	multiple-hearth roaster	
06.013	闪烁炉	flash roaster	
06.014	挥发	volatilizing, volatilization	
06.015	锻烧	calcining, calcination	
06.016	锻烧砂	calcine	又称"锻烧产物"。
06.017	烟化	fuming	
06.018	烟气	gas	
06.019	烟道灰尘	flue dust	
06.020	煤[废]气净化	gas cleaning	
06.021	干法净化	dry cleaning	
06.022	湿法净化	wet cleaning	
06.023	惯性除尘	inertial dust separation	
06.024	超声波除尘	supersonic dust separation	
06.025	除尘器	dust collector	
06.026	布袋滤尘器	bag dust filter	
06.027	旋风除尘器	cyclone dust collector	
06.028	水洗涤器	water scrubber	
06.029	文丘里洗涤器	Venturi scrubber	
06.030	科特雷尔静电除尘器	Cottrell electrostatic precipitator	曾称"考萃尔静电除尘器"。

序　码	汉　文　名	英　文　名	注　释
06.031	电晕放电	corona discharge	
06.032	负效电晕	back corona	
06.033	电晕遏止	corona suppression	
06.034	临界始发电晕电压	critical corona onset voltage	
06.035	熔炼	smelting	又称"冶炼"。
06.036	熔化	melting	
06.037	坩埚炉	crucible furnace	
06.038	竖炉	shaft furnace	
06.039	矮竖炉	low-shaft furnace	
06.040	反射炉	reverberatory furnace	
06.041	炉床	hearth	又称"炉膛"。
06.042	前床	forehearth	
06.043	沉淀床	settler	
06.044	熔池	bath	
06.045	料柱	charge column	
06.046	加料孔	charging hole	
06.047	出料孔	discharge hole	
06.048	热补	hot patching	
06.049	水套冷却	water jacket cooling	
06.050	自凝炉衬	self coated lining	
06.051	水封	water seal	
06.052	气封	air seal	
06.053	沙封	sand seal	
06.054	扒渣口	skimming gate	
06.055	放出口	tap hole	
06.056	渣堰	slag weir	
06.057	撇渣	skimming	
06.058	烟气冲出高度	plume height	
06.059	炉子烟囱	furnace stack	
06.060	冷却烟道	cooling duct	
06.061	上向烟道	uptake flue	
06.062	侧向烟道	sideward flue	
06.063	横跨烟道	cross over flue	
06.064	放气口	vent	
06.065	废气	off gas, waste gas	
06.066	浸出率	leaching efficiency	

序码	汉文名	英文名	注释
06.067	酸浸	acid leaching	
06.068	碱浸	alkaline leaching	
06.069	氨浸	ammonia leaching	
06.070	中性浸出	neutral leaching	
06.071	氯化浸出	chloridizing leaching	
06.072	加压浸出	pressure leaching	
06.073	顺流浸出	co-current leaching, concurrent leaching	
06.074	逆流浸出	countercurrent leaching	
06.075	渗滤浸出	percolation leaching	
06.076	浸出槽	leaching vat	
06.077	高压釜	autoclave	
06.078	浸溶性	digestibility	
06.079	加压浸溶	pressure digestion	
06.080	溶出残渣	digestion residue	
06.081	上清液	supernatant solution	
06.082	帕丘卡罐	Pachuca tank	曾称"帕储加罐"。
06.083	充气	aeration	
06.084	稳压罐	steady head tank	
06.085	高位罐	high head tank	
06.086	富液	pregnant solution	
06.087	贫液	barren solution	又称"废液"。
06.088	水合	hydration	
06.089	水合热	heat of hydration	
06.090	水解	hydrolysis	
06.091	水解产物	hydrolysate	
06.092	倾析	decantation	
06.093	蒸发	evaporation	
06.094	直火蒸发器	direct firing evaporator	
06.095	浸没加热蒸发器	immersion heating evaporator	
06.096	暴晒蒸发	solar evaporation	
06.097	真空蒸发	vacuum evaporation	
06.098	多效真空蒸发器	multieffect vacuum evaporator	
06.099	升膜蒸发器	climbing-film evaporator	
06.100	降膜蒸发器	falling film evaporator	
06.101	自蒸发罐	flash tank	
06.102	自蒸发罐组	flashing line	

序　码	汉　文　名	英　文　名	注　释
06.103	液位指示器	liquid level indicator	
06.104	除雾器	demister	
06.105	料浆喷雾器	pulp sprayer	
06.106	结晶器	crystallizer	用于有色金属。
06.107	结晶	crystallization	
06.108	晶种	crystal seed	
06.109	晶种析出	seed precipitation	
06.110	晶种比	seed ratio	
06.111	过饱和	supersaturation	
06.112	溢流堰	overflow weir	
06.113	再结晶	recrystallization	
06.114	分步结晶	fractional crystallization	
06.115	粗滤器	strainer	
06.116	排水	drainage	
06.117	液滴分离器	droplet separator	
06.118	闪速干燥	flash drying	
06.119	顺流干燥	concurrent drying	
06.120	逆流干燥	countercurrent drying	
06.121	喷雾干燥	spray drying	
06.122	干燥强度	drying intensity	
06.123	蒸馏	distillation	
06.124	分馏	fractional distillation	
06.125	真空蒸馏	vacuum distillation	
06.126	蒸馏柱	distilling column	
06.127	蒸馏盘	distillation tray	
06.128	振动盘法	vibrating tray method	
06.129	防溅板	splash plate	
06.130	拉席希环	Rasching ring	曾称"拉西环"。
06.131	折流挡板	baffle	
06.132	回流	reflux	
06.133	浮阀柱	float valve column	
06.134	泡罩柱	bubble cap column	
06.135	分馏柱	separation column	
06.136	喷淋塔	spray tower	
06.137	精馏	rectification	
06.138	冷凝器	condenser	
06.139	飞溅冷凝器	splash condenser	

序 码	汉 文 名	英 文 名	注 释
06.140	热交换器	heat exchanger	简称"换热器"。
06.141	管壳式换热器	tube and shell heat exchanger	
06.142	浮头式换热器	floating head heat exchanger	
06.143	板式换热器	plate heat exchanger	
06.144	螺旋板式换热器	spiral plate heat exchanger	
06.145	套管式换热器	double pipe heat exchanger	
06.146	夹套式换热器	jacketed pipe heat exchanger	
06.147	加热蛇管	heating coil	
06.148	节热器	economizer	
06.149	回流换热器	recuperator	
06.150	电解槽	electrolytic cell	对熔盐电解铝,cell 常以 pot 代用。
06.151	槽电压	cell voltage	
06.152	槽电流	cell current	
06.153	电流密度	current density	
06.154	电流效率	current efficiency	
06.155	电力消耗	power consumption	
06.156	隔膜电解	diaphragm electrolysis	
06.157	电共沉积	electro-codeposition	
06.158	永久阴极电解法	permanent cathode electrolysis	
06.159	废电解液	spent electrolyte	
06.160	阳极钝化	anode passivation	
06.161	去极化剂	depolarizer	
06.162	阳极模铸	anode mold casting	
06.163	阳极连续铸造	continuous anode casting	
06.164	阳极泥	anode slime, anode sludge	
06.165	阴极周期	cathode deposition period	
06.166	始极片	starting sheet	
06.167	种板	mother blank	
06.168	有机物污极[现象]	organic burn	由溶剂萃取来的有机物与金属共在阴极沉淀,降低电流效率。
06.169	阴极剥片机	cathode stripping machine	
06.170	阳极导杆	anode rod	
06.171	阳极导杆组装	rodding	
06.172	导电母线	bus bar	
06.173	立柱母线	riser bus bar	

序 码	汉 文 名	英 文 名	注 释
06.174	液－液溶剂萃取	liquid-liquid solvent extraction	
06.175	水相	aqueous phase	
06.176	有机相	organic phase	
06.177	相比	phase ratio	
06.178	萃取剂	extractant	
06.179	稀释剂	diluent	
06.180	协萃剂	synergist	
06.181	萃余液	raffinate	
06.182	负载的有机相	loaded organic phase	
06.183	饱和负载容量	saturated loading capacity	
06.184	萃合物	extracted species	
06.185	萃取变更剂	solvent extraction modifier	
06.186	反萃剂	stripping agent	
06.187	螯合物	chelate	
06.188	叔胺	tertiary amine	
06.189	三烷基胺	trialkylamine	
06.190	二(2－乙基己基)膦酸	di-2-ethylhexyl phosphonic acid	
06.191	叔羧酸	tertiary carboxylic acid	
06.192	磷酸三丁酯	tributyl phosphate，TBP	
06.193	2－乙基己基膦酸单 2－乙基己基酯	di-2-ethylhexyl phosphonic acid mono-2-ethylhexyl ester	
06.194	二丁基卡必醇	dibutyl carbitol，DBC	
06.195	异丁基甲基酮	isobutyl methyl ketone	
06.196	2－羟基 5－仲辛基－二苯甲酮肟	2-hydroxy 5-*sec*·octyl benzophenone oxime	
06.197	2－羟基 4－仲辛基－二苯甲酮肟	2-hydroxy 4-*sec*·octyl benzophenone oxime	
06.198	2－羟基 5－壬基－苯乙酮肟	2-hydroxy 5-nonyl acetophenone oxime	
06.199	5－壬基水杨醛肟	5-nonyl salicyl aldooxime	
06.200	溶剂效应	solvent effect	
06.201	盐析效应	salting-out effect	

序　码	汉　文　名	英　文　名	注　释
06.202	协同效应	synergistic effect	
06.203	反协同效应	antagonistic effect	
06.204	空间效应	steric effect	
06.205	四素组效应	tetrad effect	
06.206	多级萃取	multi-stage solvent extraction	
06.207	错流萃取	cross current solvent extraction	
06.208	共萃取	co-solvent extraction	
06.209	协同萃取	synergistic solvent extraction	
06.210	分步萃取	stepwise solvent extraction	
06.211	螯合萃取	chelating solvent extraction	
06.212	矿浆溶剂萃取	solvent-in-pulp-extraction	
06.213	级效率	stage efficiency	
06.214	萃取容量	extraction capacity	
06.215	分配比	distribution ratio	
06.216	分配系数	distribution coefficient	
06.217	选择系数	selectivity coefficient	
06.218	分离系数	separation coefficient	
06.219	顺流萃取器	concurrent flow extractor	
06.220	离心萃取器	centrifugal extractor	
06.221	定量泵	proportioning pump	
06.222	凝并器	coalescer	
06.223	混合澄清萃取器	mixer-settler extractor	
06.224	离子交换剂	ion exchanger	
06.225	阳离子交换	cation exchange	
06.226	阴离子交换	anion exchange	
06.227	交换反应	exchange reaction	
06.228	络合离子交换	complexation ion exchange	
06.229	离子交换柱	ion exchange column	
06.230	扩展柱	development column	
06.231	延缓柱	retaining column	
06.232	离子交换膜	ion exchange membrane	
06.233	半透膜	semi-permeable membrane	
06.234	过载	overloading	
06.235	离子交换纤维	ion exchange fiber	
06.236	两性离子交换树脂	amphoteric ion exchange resin	
06.237	磺化聚苯乙烯	sulfonated polystyrene ion ex-	

序　码	汉　文　名	英　文　名	注　释
	[离子交换]树脂	change resin	
06.238	萃洗树脂	extraction eluting resin	
06.239	树脂床	resin bed	
06.240	树脂亲合力	resin affinity	
06.241	树脂再生	resin regeneration	
06.242	离子交换色谱法	ion exchange chromatography	
06.243	纸色谱法	paper chromatography	
06.244	置换色谱法	displacement chromatography	
06.245	流出物	effluent	
06.246	洗脱	elution	
06.247	洗脱剂	eluant	
06.248	洗出液	eluate	
06.249	电渗析	electrodialysis	
06.250	皂化	saponification	
06.251	皂化值	saponification number	
06.252	粗金属锭	bullion	
06.253	精炼	refining	
06.254	提纯	purification	
06.255	渣棉	slag wool	
06.256	储气罐	gas holder	

06.02　重金属冶金

序　码	汉　文　名	英　文　名	注　释
06.257	重金属	heavy non-ferrous metals	Cu,Pb,Zn 等金属。
06.258	自热焙烧熔炼	pyritic smelting	
06.259	半自热焙烧熔炼	semi-pyritic smelting	
06.260	鼓风炉熔炼	blast furnace smelting	
06.261	矮竖炉熔炼	low-shaft furnace smelting	混捏的精料、熔剂及焦炭等呈柱状加入炉内。炉顶密封,烟道侧出。生产熔锍。
06.262	料封密闭鼓风炉熔炼	blast furnace of top charged wet concentrate	又称"百田法(Momoda process)"。
06.263	反射炉熔炼	reverberatory furnace smelting	
06.264	闪速熔炼	flash smelting	
06.265	奥托昆普闪速熔炼	Outokumpu flash smelting	用热风。

序 码	汉 文 名	英 文 名	注 释
06.266	国际镍公司闪速熔炼	INCO flash smelting	用富 O_2 空气。
06.267	电炉熔炼	electric furnace smelting	
06.268	旋涡熔炼	cyclone furnace smelting	
06.269	基夫采特熔炼法	Kivcet smelting process	曾称"基夫赛特熔炼法"。
06.270	白银炼铜法	Baiyin copper smelting process	
06.271	雾化熔炼	spray smelting	
06.272	转炉吹炼	converting	
06.273	卧式转炉	Pearce-Smith converter	
06.274	虹吸式卧式转炉	Hoboken siphon converter	Hoboken 系比利时厂名。
06.275	顶吹旋转转炉	top-blown rotary converter, TBRC	
06.276	特尼恩特转炉	Teniente modified converter, TMC	
06.277	短旋转炉熔炼	short rotary furnace smelting	
06.278	连续炼铜法	continuous copper smelting process	
06.279	诺兰达法	Noranda process	
06.280	沃克拉法	WORCRA process	曾称"倭克拉法"。由发明人 H. K. Worner 及 CRA(Conzinc Riotino Australia)公司组成。
06.281	三菱法	Mitsubishi process	
06.282	Q-S-L 法	Q-S-L process	由 P. E. Queneau 及 R. Schuhmann 及 Lurgi 公司得名。
06.283	连续顶吹炼铜法	continuous top blowing process, CONTOP	
06.284	一步离析炼铜法	one-step copper segregation process	
06.285	二步离析炼铜法	two-step copper segregation process	
06.286	难处理铜矿离析炼铜法	TORCO process, treatment of refractory copper ores process	
06.287	火法精炼	fire refining	
06.288	插木还原	poling	

序 码	汉 文 名	英 文 名	注 释
06.289	铜锍	copper matte	又称"冰铜"。
06.290	镍锍	nickel matte	又称"冰镍"。
06.291	白锍	white metal	又称"白冰铜"。即不含 FeS 的 Cu_2S。
06.292	锍率	matte rale	
06.293	渣率	slag rale	
06.294	炉结	accretion	
06.295	磁性氧化铁层积	magnetite coating	
06.296	造铜期	copper making period	
06.297	粗铜	blister copper	
06.298	捅风口机	tuyere puncher	
06.299	送风时率	blowing time ratio	
06.300	火法精炼铜	fire-refining copper	
06.301	沉淀物	prccipitatc	
06.302	置换沉淀	cementation	
06.303	置换沉淀铜	cemented copper	
06.304	倒锥式铜沉淀器	inverted cone copper precipitator	
06.305	中间合金法	intermediate alloy process	
06.306	电解造液	electrolysis dissolution	
06.307	脱铜槽	copper liberation cell	
06.308	残阳极	residual anode	
06.309	胆矾	copper vitriol	化学式为 $CuSO_4 \cdot 5H_2O$。
06.310	绿矾	green vitriol	化学式为 $FeSO_4 \cdot 7H_2O$。
06.311	加锌除银法	Parkes process	
06.312	银锌壳	silver-zinc crust	
06.313	钙镁除铋法	Kroll-Betterton process	
06.314	钾镁除铋法	Jollivet process	
06.315	铋渣	bismuth dross	
06.316	钠盐精炼法	Harris process	加 NaOH,NaCl 或 $NaNO_3$ 去铅中的 Zn, As,Sb 等。
06.317	钠渣	sodium slag	
06.318	铅雨冷凝	lead splash condensing	
06.319	硬铅	hard lead, regulus lead	
06.320	贵铅	noble lead	

序　码	汉　文　名	英　文　名	注　释
06.321	四乙铅	tetraethyl lead	
06.322	铅白	lead white	又称"白铅粉"。
06.323	帝国熔炼法	Imperial smelting process	炼锌又回收铅。
06.324	平罐蒸馏炉	horizontal retort	
06.325	竖罐蒸馏炉	vertical retort	
06.326	黄钾铁矾法	jarosite process	复杂锌矿提 Fe。
06.327	针铁矿法	goethite process	复杂锌矿提 Fe。
06.328	赤铁矿法	hematite process	复杂锌矿提 Fe。
06.329	氯气脱汞法	Odda process	Odda 系挪威锌厂地名。
06.330	锌汞齐电解法	zinc amalgam electrolysis process	
06.331	浮渣	dross	
06.332	除渣锅	drossing kettle	
06.333	碱渣	caustic dross	
06.334	锌矾	zinc vitriol	
06.335	硬锌	hard zinc	
06.336	脱镉锌	cadmium-free zinc	
06.337	锌白	zinc white	
06.338	蓝粉	blue powder	
06.339	锌钡白	lithopone	$BaSO_4$ 与 ZnS 的混合物。
06.340	锍分层熔炼法	Orford process	加 Na_2S 得上部铜锍及下部镍锍二层。
06.341	羰基	carbonyl	
06.342	羰基镍	nickel carbonyl	
06.343	羰基法	carbonyl process	
06.344	镍矾	nickel vitriol	
06.345	熔析精炼	liquation refining	
06.346	熔析锅	liquating kettle	
06.347	硬锡	hard tin	
06.348	黑锡	black tin	
06.349	灰锡	grey tin	
06.350	锡疫	tin pest	
06.351	黄渣	speiss	
06.352	砒霜	white arsenic	
06.353	生锑	antimony crude	
06.354	灰锑	grey antimony	

序　码	汉　文　名	英　文　名	注　释
06.355	精锑	star antimony	
06.356	爆锑	explosive antimony	
06.357	汞煤	mercurial soot	

06.03　贵金属冶金

序　码	汉　文　名	英　文　名	注　释
06.358	贵金属	noble metal	
06.359	砂金	placer gold	
06.360	脉金	vein gold	
06.361	汞齐	amalgam	
06.362	汞齐化	amalgamation	又称"混汞法"。
06.363	氰化法	cyanidation	
06.364	硫脲浸出法	thiourea leaching process	
06.365	炭柱法	carbon-in-column process, CIC process	
06.366	炭浆法	carbon-in-pulp process, CIP process	
06.367	炭浸法	carbon-in-leach process, CIL process	
06.368	树脂矿浆法	resin-in-pulp process, RIP process	
06.369	扎德拉解吸法	Zadra desorbing process	
06.370	默比乌斯银电解槽	Moebius cell	曾称"莫布斯银电解槽"。
06.371	金银双金属	Doré metal	
06.372	金锭	gold bullion	
06.373	金银合金锭	Doré bullion	
06.374	试金学	fire assaying	
06.375	坩埚试金法	crucible assay	
06.376	渣化试金法	scorification assay	
06.377	灰吹法	cupellation	
06.378	耐火黏土坩埚	fireclay crucible	
06.379	渣化皿	scorifier	
06.380	骨灰杯	cupel	
06.381	马弗炉	muffle furnace	又称"隔焰炉"。
06.382	二氧化硅	silica	
06.383	密陀僧	litharge	又称"氧化铅"。
06.384	铅箔	lead foil	
06.385	铅扣	lead button	

序 码	汉 文 名	英 文 名	注 释
06.386	金银珠	gold-silver bead	
06.387	金银分离法	parting	
06.388	增银分离法	inquartation	增加金粒的含银量使Ag∶Au＝(2—2.5)∶1,然后溶于硝酸以分离银。
06.389	金的纯度	gold fineness	
06.390	试金石	touchstone	
06.391	开金	carat	
06.392	金两单位	troy ounce	

06.04 轻金属冶金

序 码	汉 文 名	英 文 名	注 释
06.393	轻金属	light metal	
06.394	喀斯特型铝土矿	karstic bauxite	又称"岩溶型铝土矿"。
06.395	红土型铝土矿	lateritic bauxite	
06.396	拜耳法	Bayer process	
06.397	碱石灰烧结法	soda-lime sintering process	
06.398	加矿增浓法	sweetening process	
06.399	双流法	double stream process	
06.400	生料浆	charge pulp	
06.401	管道高压浸溶	high pressure tube digester	
06.402	高压浸溶器组	autoclave line	
06.403	保温时间	soaking time	
06.404	多层沉降槽	multitray settling tank	
06.405	粗液	green liquor	
06.406	赤泥	red mud	
06.407	空气搅拌分解槽	air agitated precipitator	
06.408	机械搅拌分解槽	mechanically agitated precipitator	
06.409	水化石榴子石	hydrogarnet	
06.410	脱硅	desilication	
06.411	硅量指数	siliceous modulus	
06.412	硅渣	white mud	
06.413	硅酸盐渣	silicate sludge	
06.414	铝碱比	alumina soda ratio	
06.415	铝硅比	alumina silica ratio	

序　码	汉 文 名	英 文 名	注　释
06.416	活性氧化硅	active silica	
06.417	冶炼级氧化铝	smelter grade alumina	
06.418	砂状氧化铝	sandy alumina	
06.419	片状氧化铝	tabular alumina	
06.420	面粉状氧化铝	flour alumina	
06.421	中间状氧化铝	intermediate alumina	
06.422	低钠氧化铝	low sodium alumina	
06.423	霍尔－埃鲁法	Hall-Heroult process	氧化铝熔盐电解制铝的方法。
06.424	多元电解质	multicomponent electrolyte	
06.425	石墨阳极块	graphite anode block	
06.426	石墨阴极块	graphite cathode block	
06.427	扎缝用糊	ramming paste	
06.428	炭毛耗	gross carbon consumption	
06.429	炭净耗	net carbon consumption	
06.430	冰晶石量比	cryolite ratio	NaF与AlF$_3$量之比。
06.431	电解质结壳	electrolyte crust	
06.432	打壳	crust breaking	
06.433	电解槽系列	pot line	
06.434	电解槽内衬大修	pot relining	
06.435	电解槽内衬小修	pot patching	
06.436	电解槽上部结构	pot superstructure	
06.437	电解槽集气罩	gas collecting skirt	
06.438	阳极效应	anode effect	
06.439	熄灭阳极效应	anode effect terminating	
06.440	拉波波特效应	Rapoport effect	阳极炭块受熔池钠盐浸蚀而膨胀的现象。
06.441	彼德森法	Pedersen process	曾称"佩德森法"。电炉还原去 Fe,高铝渣以 NaOH 及 Na$_2$CO$_3$ 浸溶。
06.442	连续液铝拉丝法	Properzi process	
06.443	原铝	primary aluminium	
06.444	再生铝	secondary aluminium	
06.445	卤水	brine	
06.446	光卤石	carnallite	
06.447	熔融氯化镁	molten magnesium chloride	

序 码	汉 文 名	英 文 名	注 释
06.448	半结晶水氯化镁	semi-hydrate of magnesium chloride	
06.449	皮金法	Pidgeon process	
06.450	道氏法	Dow process	曾称"道屋法"。
06.451	艾吉法	I. G. process	
06.452	诺尔斯克·希德罗法	Norsk Hydro process	
06.453	熔渣导电半连续硅热法	magnetherm process	
06.454	博尔扎诺法	Bolzano process	曾称"波尔山诺法"。
06.455	硅热法	silicothermic process	
06.456	[电解槽]隔板	divider [of the electrolytic cell]	
06.457	真空抬包	vacuum ladle	
06.458	光卤石氯化器	carnallite chlorinator	
06.459	粗镁	crude magnesium	
06.460	精镁	refined magnesium	
06.461	树枝状结晶镁	dendritic magnesium crystal	
06.462	原镁	primary magnesium	
06.463	再生镁	secondary magnesium	
06.464	镁丸	magnesium pellet	
06.465	砷酸镁	magnesium arsenate	
06.466	磷酸镁	magnesium phosphate	

06.05 稀有金属冶金

序 码	汉 文 名	英 文 名	注 释
06.467	稀有金属	rare metal	
06.468	难熔金属	refractory metal	
06.469	钛砂	titanium sand	
06.470	人造金红石	artificial rutile	
06.471	高钛渣	titanium-rich slag	
06.472	氯化[法]	chlorination	
06.473	四氯化钛	titanium tetrachloride	
06.474	钠还原[法]	sodium reduction	
06.475	镁还原[法]	magnesium reduction	又称"克罗尔法 (Kroll process)"。以 Mg 还原 $TiCl_4$ 得海绵钛。
06.476	海绵钛	titanium sponge	

序　码	汉　文　名	英　文　名	注　释
06.477	钛白	titanium pigment	
06.478	含钒铁水	vanadium-bearing hot metal	
06.479	雾化提钒	vanadium extraction by spray blowing	
06.480	转炉提钒	vanadium extraction by converter blowing	
06.481	高钒渣	vanadium-rich slag	
06.482	钠化氧化焙烧	sodiumizing-oxidizing roasting	
06.483	正钒酸钠	sodium vanadate	
06.484	五氧化钒	vanadium pentoxide	
06.485	含铌铁水	niobium-bearing hot metal	
06.486	转炉提铌	niobium extraction by converter blowing	
06.487	铌渣	niobium-bearing slag	
06.488	高转电电法	blast furnace-converter-double electrical furnace process	
06.489	五氧化铌	niobium pentoxide	
06.490	二氧化铌	niobium dioxide	
06.491	氟氧化铌钾	potassium niobium oxyfluoride	
06.492	细晶石	microlite	又称"钽烧绿石"。
06.493	氟钽酸	fluorotantalic acid	
06.494	氟钽酸钾	potassium fluorotantalate	
06.495	四氯化锆	zirconium tetrachloride	
06.496	碘化[法]	iodination	
06.497	四碘化锆	zirconium tetraiodide	
06.498	范阿克尔法	van Arkel process	又称"碘化提纯法"，曾称"万阿克鲁法"。
06.499	人造白钨矿	synthetic scheelite	
06.500	钨酸钙	calcium tungstate	
06.501	钨酸铵	ammonium tungstate	
06.502	重氧化钨	heavy tungsten oxide	
06.503	轻氧化钨	light tungsten oxide	
06.504	棕色氧化钨	tungsten dioxide	
06.505	六羰基钨	tungsten hexacarbonyl	
06.506	钼酸钠	sodium molybdate	
06.507	钼酸铵	ammonium molybdate	
06.508	硫代钼酸铵	ammonium thiomolybdate	

序　码	汉 文 名	英 文 名	注　释
06.509	钼酸钙	calcium molybdate	
06.510	三氧化钼	molybdenum trioxide	
06.511	二氧化钼	molybdenum dioxide	
06.512	过铼酸	perrhenic acid	
06.513	过铼酸钾	potassium perrhenate	
06.514	过铼酸铵	ammonium perrhenate	
06.515	氢氧化铍	beryllium hydroxide	
06.516	氟化铍	beryllium fluoride	
06.517	钠氟化铍	sodium beryllium fluoride	
06.518	铍氟化铵	beryllium ammonium fluoride	
06.519	硫酸铍	beryllium sulfate	
06.520	醋酸铍	beryllium acetate	
06.521	铍毒性	beryllium toxicity	
06.522	铍中毒	berylliosis	
06.523	碳酸锂	lithium carbonate	
06.524	磷酸锂钠	lithium sodium phosphate	
06.525	过氯酸锂	lithium perchlorate	
06.526	亚硝酸锂	lithium nitrite	
06.527	锂粒	lithium shot	
06.528	无钠金属锂	sodium-free lithium metal	
06.529	高纯锂	high purity lithium	
06.530	二硼烷	diborane	
06.531	硼氟酸钾	potassium fluoroborate	
06.532	氟化硼－二甲基乙醚复盐	double salt of boron fluoride-dimethyl ether	
06.533	氢化	hydrogenation	
06.534	卤化	halogenation	
06.535	氟化	fluorination	
06.536	钠汞齐还原	reduction with sodium amalgam	
06.537	氢还原	hydrogen reduction	
06.538	钙还原	calcium reduction	
06.539	掺杂	doping	
06.540	液相外延	liquid phase epitaxy	
06.541	电传输法	electrotransport process	
06.542	自阻烧结	resistance sinter	
06.543	滴熔	drip melting	
06.544	电子轰击炉	electron bombardment furnace	

序 码	汉 文 名	英 文 名	注 释
06.545	电子束熔炼炉	electron beam melting furnace	
06.546	自耗电极熔炼炉	consumable electrode arc melting furnace	
06.547	区域熔炼	zone melting	
06.548	无坩埚区熔法	crucibleless zone melting	
06.549	电子束区域熔炼	electron beam zone melting	
06.550	悬浮熔炼	levitation smelting	

06.06 稀土金属冶金

序 码	汉 文 名	英 文 名	注 释
06.551	轻稀土	light rare earths	
06.552	中稀土	middle-weight rare earths	
06.553	重稀土	heavy rare earths	
06.554	淋积型稀土矿	ion-adsorption type rare earth ore	又称"离子吸附型稀土矿"。
06.555	铈硅石	cerite	
06.556	磷钇矿	xenotime	
06.557	硅铍钇矿	gadolinite	
06.558	褐帘石	allanite	
06.559	铌钇矿	samarskite	
06.560	铈土	ceria	
06.561	混合稀土金属	mischmetal	
06.562	矿石热分解	thermal decomposition of ore, cracking of ore	
06.563	酸热分解	thermal decomposition by acid	
06.564	加氟化物的酸热分解	thermal decomposition by acid with fluoride	
06.565	碱热分解	thermal decomposition by alkali	
06.566	添加物	additive	
06.567	直接氢氟化法	direct hydrofluorination method	
06.568	氯化铵法	ammonium chloride method	
06.569	氟化氢铵熔融法	ammonium hydrofluoride fusion method	
06.570	氢氟酸沉淀法	hydrofluoric acid precipitation method	
06.571	莫内尔平衡	Monel equilibrium	
06.572	真空脱水法	vacuum dehydration method	
06.573	混合稀土金属还	mischmetal reduction	

序　码	汉　文　名	英　文　名	注　释
	原		
06.574	锂镁还原	lithium-magnesium reduction	
06.575	钽还原	tantalum reduction	
06.576	汞齐电解提炼[法]	amalgam electrowinning process	
06.577	阴极沉积精炼	cathode deposition refining	
06.578	分步沉淀	fractional precipitation	
06.579	还原蒸馏	reduction distillation	
06.580	金属还原扩散	metal reduction diffusion, MRD	
06.581	汞齐精炼	amalgam refining	
06.582	重熔精炼	remelting refining	
06.583	电场凝固[法]	electric field freezing method	
06.584	射频感应冷坩埚法	radio frequency cold crucible method	
06.585	溶胶－凝胶法	sol-gel method	
06.586	金属有机气相沉积	metallo-organic chemical vapor deposition, MOCVD	
06.587	卤化稀土	rare earth halide	
06.588	焦磷酸钍	thorium pyrophosphate	
06.589	提拉法	crystal pulling method	又称"乔赫拉尔斯基法(Czochralski method)"。曾称"司卓克拉斯基法"。
06.590	坩埚下降法	falling crucible method	又称"布里奇曼－斯托克巴杰法(Bridgman-Stockbarger method)"。
06.591	焰熔法	flame fusion method	又称"维纽尔法(Verneuil method)"。
06.592	助熔剂法	flux method	
06.593	水热法	hydrothermal method	
06.594	晶体生长熔盐法	flux-grown single crystal salt melting	

07. 金 属 学

序 码	汉 文 名	英 文 名	注 释

07.01 晶 体 学

序 码	汉 文 名	英 文 名	注 释
07.001	晶体学	crystallography	
07.002	点阵	lattice	
07.003	布拉维点阵	Bravais lattice	
07.004	空间点阵	space lattice	
07.005	面心立方点阵	face-centered cubic lattice	
07.006	体心立方点阵	body-centered cubic lattice	
07.007	密排六方结构	close-packed hexagonal structure	
07.008	轴比	axial ratio	
07.009	晶体取向	crystallographic orientation	
07.010	晶面	crystal face, crystallographic plane	
07.011	晶面间距	interplanar spacing	
07.012	晶面指数	indices of lattice plane	
07.013	阵点	lattice point	
07.014	点阵参数	lattice parameter	
07.015	点阵常数	lattice constant	又称"晶格常量"。
07.016	晶胞	unit cell	
07.017	晶轴	crystallographic axis	
07.018	晶向	crystallographic direction	
07.019	晶带	crystallographic zone	
07.020	晶向指数	indices of crystallographic direction	
07.021	晶带轴	zone axis	
07.022	倒易点阵	reciprocal lattice	又称"倒[易]格"。
07.023	惯态面	habit plane	
07.024	配位数	coordination number	
07.025	配位层	coordination shell	
07.026	最近邻	nearest neighbour	
07.027	空间填充率	space-filling factor	
07.028	准晶[体]	quasicrystal	
07.029	孪晶	twin	
07.030	堆垛层序	stacking sequence	
07.031	间隙	interstice	

序码	汉文名	英文名	注释
07.032	四面体间隙	tetrahedral interstice	
07.033	八面体间隙	octahedral interstice	
07.034	四方度	tetragonality	
07.035	基面	basal plane	
07.036	棱柱面	prismatic plane	
07.037	原子间距	interatomic distance	
07.038	金属键	metallic bond	
07.039	共价键	covalent bond	
07.040	离子键	ionic bond	
07.041	键能	bonding energy	

07.02 晶体缺陷

序码	汉文名	英文名	注释
07.042	晶体缺陷	crystal defect	
07.043	点缺陷	point defect	
07.044	空位	vacancy	
07.045	双空位	divacancy	
07.046	空位团	vacancy cluster	
07.047	弗仑克尔空位	Frenkel vacancy	
07.048	肖特基空位	Schottky vacancy	
07.049	空位阱	vacancy sink	
07.050	空位凝聚	vacancy condensation	
07.051	代位原子	substitutional atom	又称"置换原子"。
07.052	间隙原子	interstitial atom	
07.053	辐照损伤	radiation damage	又称"辐射损伤"。
07.054	离位原子	displaced atom	
07.055	挤列子	crowdion	
07.056	线缺陷	line defect	
07.057	位错	dislocation	
07.058	旋错	disclination	又称"旋向"。
07.059	刃型位错	edge dislocation	
07.060	螺型位错	screw dislocation	
07.061	混合位错	mixed dislocation	
07.062	扩展位错	extended dislocation	
07.063	可动位错	glissile dislocation	
07.064	不动位错	sessile dislocation	
07.065	不全位错	partial dislocation	
07.066	超位错	superdislocation	

序 码	汉 文 名	英 文 名	注 释
07.067	棱柱位错环	prismatic dislocation loop	
07.068	位错节	dislocation node	
07.069	位错林	dislocation forest	
07.070	位错偶极子	dislocation dipole	
07.071	位错墙	dislocation wall	
07.072	位错环	dislocation loop	
07.073	位错卷线	dislocation helix	
07.074	位错网	dislocation network	
07.075	位错割阶	dislocation jog	
07.076	位错扭折	dislocation kink	
07.077	位错攀移	climb of dislocation	
07.078	位错芯	dislocation core	
07.079	弗兰克－里德源	Frank-Read source	
07.080	位错钉扎	dislocation locking	
07.081	位错缠结	dislocation tangle	
07.082	位错塞积	dislocation pile-up	
07.083	位错增殖	dislocation multiplication	
07.084	位错交截	intersection of dislocation	
07.085	钉扎点	pinning point	
07.086	科氏气团	Cottrell atmosphere	
07.087	伯格斯矢量	Burgers vector	
07.088	伯格斯回路	Burgers circuit	
07.089	派－纳力	Peierls-Nabarro force	
07.090	面缺陷	plane defect	
07.091	堆垛层错	stacking fault	
07.092	插入型层错	extrinsic stacking fault	
07.093	抽出型层错	intrinsic stacking fault	
07.094	铃木气团	Suzuki atmosphere	
07.095	晶界	grain boundary	
07.096	倾斜晶界	tilt boundary	
07.097	扭转晶界	twist boundary	
07.098	取向差	misorientation	
07.099	亚晶界	subgrain boundary	
07.100	界面	interface	
07.101	共格界面	coherent interface	
07.102	半共格界面	semicoherent interface	
07.103	非共格界面	incoherent interface	

序　码	汉　文　名	英　文　名	注　　释
07.104	相界面	interphase boundary	

07.03　合金相及扩散

序　码	汉　文　名	英　文　名	注　　释
07.105	亚稳相	metastable phase	
07.106	共轭相	conjugate phase	
07.107	过渡相	transition phase	
07.108	中间相	intermediate phase	
07.109	有序相	ordered phase	
07.110	无序相	disordered phase	
07.111	母相	parent phase	
07.112	金属间化合物	intermetallic compound	
07.113	间隙化合物	interstitial compound	
07.114	电子化合物	electron compound	
07.115	饱和固溶体	saturated solid solution	
07.116	过饱和固溶体	supersaturated solid solution	
07.117	一次固溶体	primary solid solution	
07.118	二次固溶体	secondary solid solution	
07.119	代位固溶体	substitutional solid solution	又称"置换固溶体"。
07.120	间隙固溶体	interstitial solid solution	
07.121	连续固溶体	complete solid solution	
07.122	有序固溶体	ordered solid solution	
07.123	无序固溶体	disordered solid solution	
07.124	固溶度	solid solubility	
07.125	固溶线	solvus	
07.126	超点阵	superlattice	
07.127	体扩散	bulk diffusion	
07.128	表面扩散	surface diffusion	
07.129	晶界扩散	grain boundary diffusion	
07.130	空位扩散	vacancy diffusion	
07.131	间隙扩散	interstitial diffusion	
07.132	上坡扩散	uphill diffusion	
07.133	自扩散	self-diffusion	
07.134	热致扩散	thermal diffusion	
07.135	电致扩散	electrodiffusion	
07.136	柯肯德尔效应	Kirkendall effect	曾称"科肯达尔效应"。

序　码	汉　文　名	英　文　名	注　释

07.04　相　变

序　码	汉　文　名	英　文　名	注　释
07.137	相变	phase transformation	
07.138	凝固	solidification	
07.139	共晶凝固	eutectic solidification	
07.140	定向凝固	directional solidification	
07.141	单晶生长	single crystal growing	
07.142	晶胚	embryo	
07.143	晶核	nucleus	
07.144	临界晶核尺寸	critical nucleus size	
07.145	基底	substrate	
07.146	形核	nucleation	又称"成核"。
07.147	均匀形核	homogeneous nucleation	
07.148	非均匀形核	heterogeneous nucleation	
07.149	自发形核	spontaneous nucleation	
07.150	取向形核	oriented nucleation	
07.151	原位形核	in-situ nucleation	
07.152	晶体生长	crystal growth	
07.153	孕育处理	inoculation	
07.154	变质处理	modification	
07.155	过冷	supercooling	
07.156	成分过冷	constitutional supercooling	
07.157	过热	superheating	
07.158	生长台阶	growth step	
07.159	晶须	crystal whisker	
07.160	沉淀	precipitation	又称"脱溶"。
07.161	连续沉淀	continuous precipitation	
07.162	不连续沉淀	discontinuous precipitation	
07.163	斯皮诺达分解	spinodal decomposition	又称"不稳态分解"。
07.164	偏析	segregation	
07.165	晶界偏析	grain boundary segregation	
07.166	偏聚	clustering	
07.167	块型相变	massive transformation	
07.168	珠光体相变	pearlitic transformation	
07.169	贝氏体相变	bainitic transformation	
07.170	马氏体相变	martensitic transformation	
07.171	长程有序	long-range order	

序　码	汉　文　名	英　文　名	注　释
07.172	短程有序	short-range order	
07.173	有序畴	ordering domain	
07.174	有序度	degree of order	
07.175	有序化	ordering	
07.176	热滞后	thermal hysteresis	
07.177	复辉	recalescence	又称"再辉"。
07.178	减辉	decalescence	
07.179	时效	aging	
07.180	自然时效	natural aging	
07.181	人工时效	artificial aging	
07.182	过时效	overaging	
07.183	延迟时效	delayed aging	
07.184	回归	reversion	

07.05 热　处　理

07.185	热处理	heat treatment	
07.186	光亮热处理	bright heat treatment	
07.187	形变热处理	thermomechanical treatment	
07.188	磁场热处理	thermomagnetic treatment	
07.189	固溶处理	solution treatment	
07.190	奥氏体化处理	austenitizing	
07.191	预备热处理	conditioning treatment	
07.192	火焰加热	flame heating	
07.193	感应加热	induction heating	
07.194	脉冲加热	pulse heating	
07.195	预热	preheating	
07.196	保温	holding	
07.197	过烧	burning, overheating	
07.198	退火	annealing	
07.199	均匀化处理	homogenizing	
07.200	中间退火	process annealing	
07.201	可锻化退火	malleablizing	
07.202	石墨化退火	graphitizing treatment	
07.203	正火	normalizing	
07.204	淬火	quenching	
07.205	控时淬火	time quenching	
07.206	喷液淬火	spray quenching	

序　码	汉　文　名	英　文　名	注　释
07.207	透硬淬火	through hardening	
07.208	淬透性	hardenability	
07.209	调质	quenching and tempering, Ver-güten(德)	
07.210	深冷处理	sub-zero treatment	
07.211	回火	tempering	
07.212	自回火	self-tempering	
07.213	加压回火	press tempering	
07.214	等温淬火	austempering	
07.215	贝氏体等温淬火	austempering	
07.216	分级淬火	marquenching	
07.217	马氏体等温淬火	martempering	
07.218	回火软化性	temperability	
07.219	二次硬化	secondary hardening	
07.220	马氏体时效处理	maraging	
07.221	渗碳	carburizing	
07.222	复碳	carbon restoration	
07.223	碳势	carbon potential	
07.224	催渗剂	energizer	
07.225	渗氮	nitriding	又称"氮化"。
07.226	碳氮共渗	carbonitriding	
07.227	氮碳共渗	nitrocarburizing	
07.228	渗硼	boriding	
07.229	渗硫	sulfurizing	
07.230	渗铬	chromizing	
07.231	渗铝	aluminizing, calorizing	
07.232	渗锌	sherardizing	
07.233	渗钛	titanizing	

07.06　形变及再结晶

序　码	汉　文　名	英　文　名	注　释
07.234	弹性形变	elastic deformation	
07.235	塑性形变	plastic deformation	
07.236	塑性加工	plastic working	
07.237	冷加工	cold working	
07.238	温加工	warm working	
07.239	热加工	hot working	
07.240	临界应变	critical strain	

序 码	汉 文 名	英 文 名	注 释
07.241	应变硬化率	strain hardening rate	
07.242	加工软化	working softening	
07.243	形变带	deformation band	
07.244	流变曲线	flow curve	
07.245	储能	stored energy	
07.246	临界分切应力	critical resolved shear stress	
07.247	滑移	slip	
07.248	多滑移	multiple slip	
07.249	交叉滑移	cross slip	
07.250	滑移线	slip line	
07.251	滑移带	slip band	
07.252	吕德斯带	Lüders bands	
07.253	晶界滑动	grain boundary sliding	
07.254	孪生	twinning	
07.255	形变孪生	deformation twinning	
07.256	诺依曼带	Neumann bands	曾称"纽曼带"。
07.257	扭折	kinking	
07.258	包辛格效应	Bauschinger effect	
07.259	应力松弛	stress relaxation	
07.260	回复	recovery	
07.261	静态回复	static recovery	
07.262	动态回复	dynamic recovery	
07.263	多边形化	polygonization	
07.264	蠕变	creep	
07.265	过渡蠕变	transient creep	
07.266	恒速蠕变	steady creep	
07.267	加速蠕变	accelerating creep	

07.07 断 裂 与 强 化

序 码	汉 文 名	英 文 名	注 释
07.268	断裂	fracture	
07.269	穿晶断裂	transgranular fracture	
07.270	晶间断裂	intergranular fracture	
07.271	解理断裂	cleavage fracture	
07.272	剪切断裂	shear fracture	
07.273	疲劳断裂	fatigue fracture	
07.274	延迟断裂	delayed fracture	
07.275	断口	fracture surface	

序　码	汉　文　名	英　文　名	注　释
07.276	断口形貌学	fractography	
07.277	杯锥断口	cup-cone fracture	
07.278	丝状断口	silky fracture	
07.279	纤维状断口	fibrous fracture	
07.280	层状断口	lamination fracture	
07.281	贝壳状断口	conchoidal fracture	
07.282	固溶强化	solution strengthening	
07.283	形变强化	working hardening	
07.284	沉淀硬化	precipitation hardening	
07.285	弥散强化	dispersion strengthening	
07.286	纤维强化	fiber strengthening	
07.287	晶界强化	grain-boundary strengthening	
07.288	辐照强化	radiation hardening	
07.289	韧化	toughening	

07.08　检　查　及　分　析

序　码	汉　文　名	英　文　名	注　释
07.290	金相学	metallography	
07.291	金相检查	metallographic examination	
07.292	光学显微镜	optical microscope	
07.293	镶样	mounting	
07.294	磨光	grinding	
07.295	抛光	polishing	
07.296	浸蚀	etching	又称"蚀刻"。
07.297	浸蚀剂	etchant	又称"蚀刻剂"。
07.298	蚀坑	etch pit	
07.299	高温显微镜	hot-stage microscope	
07.300	电子显微镜	electron microscope	
07.301	扫描电子显微镜	scanning electron microscope, SEM	
07.302	透射电子显微镜	transmission electron microscope, TEM	
07.303	复型	replica	
07.304	提取复型	extraction replica	
07.305	投影复型	shadowed replica	
07.306	衬度	contrast	
07.307	取向衬度	orientation contrast	
07.308	相衬度	phase contrast	又称"相[位]衬"。

序　码	汉　文　名	英　文　名	注　释
07.309	衍射衬度	diffraction contrast	
07.310	电子探针	electron microprobe	
07.311	俄歇电子能谱术	Auger electron spectroscopy	
07.312	场离子显微镜	field-ion microscope	
07.313	原子探针	atom probe	
07.314	扫描隧道显微术	scanning tunnelling microscopy, STM	
07.315	穆斯堡尔谱术	Mössbauer spectroscopy	
07.316	正电子湮没技术	positron annihilation technique	
07.317	X 射线金相学	X-ray metallography	
07.318	X 射线衍射分析	X-ray diffraction analysis	
07.319	X 射线形貌学	X-ray topography	
07.320	X 射线衍射花样	X-ray diffraction pattern	
07.321	劳厄法	Laue method	
07.322	粉末法	powder method	
07.323	周转晶体法	rotating-crystal method	
07.324	极图	pole figure	
07.325	反极图	inverse pole figure	
07.326	极射赤面投影	stereographic projection	
07.327	心射赤面投影	gnomonic projection	
07.328	膨胀测量术	dilatometry	
07.329	示差膨胀测量术	differential dilatometry	
07.330	硫印	sulfur print	
07.331	无损检测	non-destructive testing	
07.332	超声检测	ultrasonic testing	又称"超声探伤"。
07.333	磁粉检测	magnetic-particle inspection	
07.334	荧光磁粉检测	fluorescent magnetic-particle inspection	
07.335	X 射线探伤	X-ray radiographic inspection	
07.336	γ 射线探伤	γ-ray radiographic inspection	
07.337	荧光液渗透探伤	fluorescent penetrant test	
07.338	涡流检测	eddy current inspection	

序　码	汉　文　名	英　文　名	注　　释

07.09 显 微 组 织

序　码	汉　文　名	英　文　名	注　　释
07.339	宏观组织	macrostructure	又称"宏观结构"。
07.340	显微组织	microstructure	又称"显微结构"。
07.341	基体	matrix	
07.342	共晶组织	eutectic structure	
07.343	分离共晶体	divorced eutectic	
07.344	层状共晶体	lamellar eutectic	
07.345	伪共晶体	pseudo-eutectic	
07.346	亚共晶体	hypoeutectic	
07.347	过共晶体	hypereutectic	
07.348	共析体	eutectoid	
07.349	伪共析体	pseudo-eutectoid	
07.350	亚共析体	hypoeutectoid	
07.351	过共析体	hypereutectoid	
07.352	包晶体	peritectic	
07.353	包析体	peritectoid	
07.354	独晶组织	monotectic structure	
07.355	树枝状组织	dendritic structure	
07.356	网状组织	network structure	
07.357	层状组织	lamellar structure	
07.358	柱状组织	columnar structure	
07.359	球状组织	globular structure	
07.360	针状组织	acicular structure	
07.361	维氏组织	Widmanstätten structure	全称"维德曼施泰滕组织",曾称"魏氏组织"。
07.362	反常组织	abnormal structure	
07.363	带状组织	banded structure	
07.364	镶嵌组织	mosaic structure	
07.365	胞状组织	cellular structure	
07.366	过热组织	overheated structure	
07.367	奥氏体	austenite	
07.368	残余奥氏体	retained austenite	
07.369	铁素体	ferrite	
07.370	共析铁素体	eutectoid ferrite	
07.371	先共析铁素体	proeutectoid ferrite	
07.372	碳化物	carbide	

序　码	汉　文　名	英　文　名	注　释
07.373	渗碳体	cementite	
07.374	ε碳化物	ε-carbide	
07.375	莱氏体	ledeburite	
07.376	贝氏体	bainite	
07.377	马氏体	martensite	
07.378	板条马氏体	lath martensite	
07.379	片状马氏体	plate martensite	
07.380	中脊	midrib	
07.381	表面浮突	surface relief	
07.382	热弹性马氏体	thermo-elastic martensite	
07.383	回火马氏体	tempered martensite	
07.384	晶粒	grain	
07.385	亚晶[粒]	subgrain	
07.386	晶粒度	grain size	
07.387	织构	texture	
07.388	铸造织构	casting texture	
07.389	形变织构	deformation texture	
07.390	纤维织构	fiber texture	
07.391	再结晶织构	recrystallization texture	
07.392	戈斯织构	Goss texture	
07.393	立方织构	cube texture	
07.394	反相畴	antiphase domain	
07.395	磁畴	magnetic domain	
07.396	裂纹	crack	
07.397	疏松	porosity	
07.398	缩松	dispersed shrinkage	
07.399	缩孔	shrinkage hole	
07.400	夹杂	inclusion	
07.401	夹砂	sand inclusion	

08. 金 属 材 料

序　码	汉　文　名	英　文　名	注　释

08.01 力 学 性 能

序码	汉文名	英文名	注释
08.001	力学性能	mechanical property	又称"机械性能"。
08.002	弹性	elasticity	
08.003	塑性	plasticity	
08.004	延性	ductility	
08.005	展性	malleability	
08.006	韧性	toughness	
08.007	脆性	brittleness	
08.008	滞弹性	anelasticity	
08.009	超塑性	superplasticity	
08.010	弹性后效	elastic after-effect	
08.011	弹性常数	elastic constant	
08.012	弹性极限	elastic limit	
08.013	比例极限	proportional limit	
08.014	弹性模量	modulus of elasticity	
08.015	剪切模量	shear modulus	
08.016	体积模量	bulk modulus	
08.017	泊松比	Poisson's ratio	
08.018	屈服点	yield point	
08.019	屈服强度	yield strength	
08.020	抗拉强度	tensile strength	曾称"拉伸强度"。
08.021	抗压强度	compressive strength	曾称"压缩强度"。
08.022	体压缩系数	volume compressibility	
08.023	线压缩系数	linear compressibility	
08.024	抗剪强度	shear strength	
08.025	抗扭强度	torsional strength	
08.026	抗弯强度	bending strength	
08.027	伸长率	elongation	曾称"延伸率"。
08.028	均匀伸长率	uniform elongation	
08.029	颈缩	necking	
08.030	面缩率	reduction of area	
08.031	布氏硬度	Brinell hardness	
08.032	洛氏硬度	Rockwell hardness	

序 码	汉 文 名	英 文 名	注 释
08.033	维氏硬度	Vickers hardness	
08.034	肖氏硬度	Shore hardness	
08.035	显微硬度	microhardness	
08.036	真实断裂强度	true fracture strength	
08.037	疲劳极限	endurance limit	
08.038	疲劳寿命	fatigue life	
08.039	蠕变强度	creep strength	
08.040	蠕变断裂强度	creep-rupture strength	
08.041	冲击韧性	impact toughness	
08.042	断裂韧性	fracture toughness	
08.043	应力[场]强度因子	stress field intensity factor	
08.044	缺口敏感性	notch sensitivity	

08.02 腐　蚀

序 码	汉 文 名	英 文 名	注 释
08.045	腐蚀	corrosion	
08.046	热腐蚀	hot corrosion	
08.047	电偶腐蚀	galvanic corrosion	
08.048	杂散电流腐蚀	stray current corrosion	
08.049	微生物腐蚀	microbial corrosion	
08.050	大气腐蚀	atmospheric corrosion	
08.051	土壤腐蚀	soil corrosion	
08.052	海洋腐蚀	marine corrosion	
08.053	液态金属腐蚀	liquid metal corrosion	
08.054	熔盐腐蚀	fused salt corrosion	
08.055	全面腐蚀	general corrosion	
08.056	均匀腐蚀	uniform corrosion	
08.057	局部腐蚀	localized corrosion	
08.058	点蚀	pitting	
08.059	缝隙腐蚀	crevice corrosion	
08.060	晶间腐蚀	intergranular corrosion	
08.061	刀口腐蚀	knife-line corrosion	
08.062	层间腐蚀	layer corrosion	
08.063	丝状腐蚀	filiform corrosion	
08.064	剥蚀	exfoliation corrosion	
08.065	贫合金元素腐蚀	dealloying	
08.066	脱锌	dezincification	

序　码	汉　文　名	英　文　名	注　释
08.067	应力腐蚀	stress corrosion	
08.068	应力腐蚀开裂	stress corrosion cracking	
08.069	腐蚀疲劳	corrosion fatigue	
08.070	氢脆	hydrogen embrittlement	
08.071	氢致开裂	hydrogen induced cracking	
08.072	氢蚀	hydrogen attack	
08.073	氢鼓泡	hydrogen blistering	
08.074	氢损伤	hydrogen damage	
08.075	碱脆	caustic embrittlement	
08.076	磨耗腐蚀	abrasive corrosion	
08.077	空蚀	cavitation corrosion	
08.078	冲击腐蚀	impingement corrosion	
08.079	微动腐蚀	fretting corrosion	
08.080	开路电位	open circuit potential	
08.081	腐蚀电位	corrosion potential	
08.082	腐蚀电流	corrosion current	
08.083	钝化	passivation	
08.084	活态－钝态电池	active-passive cell	
08.085	过钝化	transpassivation	
08.086	阳极保护	anodic protection	
08.087	阴极保护	cathodic protection	
08.088	保护电位	protection potential	
08.089	牺牲阳极	sacrified anode	
08.090	缓蚀剂	inhibitor	
08.091	防护涂层	protective coating	又称"防护镀层"。

08.03　粉　末　冶　金

序　码	汉　文　名	英　文　名	注　释
08.092	黏结相	binder phase	
08.093	孔隙	pore	
08.094	孔隙度	porosity	
08.095	透气性	permeability	
08.096	造孔剂	pore-forming material	
08.097	相对密度	relative density	
08.098	松装密度	apparent density	
08.099	散装密度	bulk density	
08.100	摇实密度	tap density	
08.101	比表面	specific surface	

序 码	汉 文 名	英 文 名	注 释
08.102	压制性	compactibility	
08.103	合批	blending	
08.104	雾化	atomization	
08.105	成形	forming	
08.106	热压	hot pressing	
08.107	等静压	isostatic pressing	
08.108	热等静压	hot isostatic pressing, HIP	
08.109	生坯	green compact	
08.110	粉末热挤压	powder hot extrusion	
08.111	回弹	spring back	
08.112	粉浆浇铸	slip casting	
08.113	固结	consolidation	
08.114	预烧结	presintering	
08.115	固相烧结	solid state sintering	
08.116	液相烧结	liquid phase sintering	
08.117	活化烧结	activated sintering	
08.118	加压烧结	pressure sintering	
08.119	复烧	resintering	
08.120	反应烧结	reaction sintering	
08.121	热等静压烧结	HIP sintering	
08.122	润湿性	wettability	
08.123	复压	repressing	
08.124	浸渍	impregnation	
08.125	粉末锻造	powder forging	
08.126	注射成形	injection forming	
08.127	烧结铁	sintered iron	
08.128	烧结钢	sintered steel	
08.129	自蔓延高温合成	self-propagating high temperature synthesis, SHS	
08.130	硬质合金	cemented carbide, hard metal	
08.131	金属陶瓷	cermet	
08.132	高密度合金	heavy metal	又称"重合金"。
08.133	烧结过滤器	sintered filter	
08.134	固体自润滑材料	solid self-lubricant material	
08.135	多孔轴承	porous bearing	
08.136	摩擦材料	friction material	
08.137	触头材料	contact material	

序　码	汉 文 名	英 文 名	注　释

08.04　钢 铁 材 料

序　码	汉 文 名	英 文 名	注　释
08.138	铸铁	cast iron	
08.139	熟铁	wrought iron	
08.140	电解铁	electrolytic iron	
08.141	白口铸铁	white cast iron	
08.142	灰口铸铁	grey cast iron	
08.143	麻口铸铁	mottled cast iron	
08.144	变性铸铁	modified cast iron	
08.145	孕育铸铁	inoculated cast iron	
08.146	冷硬铸铁	chilled cast iron	
08.147	球墨铸铁	nodular cast iron	
08.148	蠕墨铸铁	vermicular cast iron	
08.149	可锻铸铁	malleable cast iron	
08.150	半可锻铸铁	semi-malleable cast iron	
08.151	奥氏体铸铁	austenitic cast iron	
08.152	贝氏体铸铁	bainitic cast iron	
08.153	共晶白口铸铁	eutectic white iron	
08.154	亚共晶白口铸铁	hypoeutectic white iron	
08.155	过共晶白口铸铁	hypereutectic white iron	
08.156	结构钢	constructional steel	
08.157	软钢	mild steel	
08.158	普通碳素钢	plain carbon steel	
08.159	正火钢	normalized steel	
08.160	热轧钢	hot rolled steel	
08.161	高强度低合金钢	high-strength low-alloy steel	
08.162	微合金钢	micro-alloyed steel	
08.163	冷轧钢	cold rolled steel	
08.164	深冲钢	deep drawing steel	
08.165	双相钢	dual phase steel	
08.166	渗碳钢	carburizing steel	
08.167	渗氮钢	nitriding steel	
08.168	调质钢	quenched and tempered steel	
08.169	超高强度钢	ultra-high strength steel	
08.170	不锈钢	stainless steel	
08.171	奥氏体不锈钢	austenitic stainless steel	
08.172	铁素体不锈钢	ferritic stainless steel	

序　码	汉　文　名	英　文　名	注　释
08.173	马氏体不锈钢	martensitic stainless steel	
08.174	双相不锈钢	duplex stainless steel	
08.175	马氏体时效钢	maraging steel	
08.176	耐蚀钢	corrosion-resisting steel	
08.177	耐热钢	heat-resisting steel	
08.178	弹簧钢	spring steel	
08.179	易切削钢	free-machining steel	
08.180	耐磨钢	abrasion-resistant steel	
08.181	工具钢	tool steel	
08.182	高速钢	high-speed steel	
08.183	模具钢	die steel	
08.184	冷作模具钢	cold-work die steel	
08.185	热作模具钢	hot-work die steel	
08.186	钢筋钢	reinforced bar steel	
08.187	钢轨钢	rail steel	
08.188	轮箍钢	tyre steel	
08.189	管线钢	pipe line steel	
08.190	锅炉钢	boiler steel	
08.191	电工钢	electrical steel	

08.05　有色合金材料

序　码	汉　文　名	英　文　名	注　释
08.192	高温合金	superalloy	
08.193	硬铝合金	hard aluminum alloys	
08.194	超硬铝合金	super-hard aluminum alloys	
08.195	铸造铝合金	cast aluminum alloys	
08.196	变形镁合金	wrought magnesium alloys	
08.197	铸造镁合金	cast magnesium alloys	
08.198	铝硅铸造合金	silumin alloy	
08.199	紫铜	copper	
08.200	电解铜	electrolytic tough pitch copper	
08.201	脱氧铜	deoxidized copper	
08.202	无氧铜	oxygen free copper	
08.203	碲铜	free machining copper with 0.5% Te	
08.204	铅铜	free machining copper with 1% Pb	
08.205	黄铜	brass	
08.206	孟兹合金	Muntz metal	

序 码	汉 文 名	英 文 名	注 释
08.207	青铜	bronze	
08.208	铝青铜	aluminum bronze	
08.209	铍青铜	beryllium copper	
08.210	海军黄铜	naval brass	
08.211	白铜	copper-nickel alloys	
08.212	锌白铜	nickel silver	又称"德银"。
08.213	莫内尔合金	Monel	曾称"蒙乃尔合金"。
08.214	压铸锌合金	zinc alloy for die casting	
08.215	铅字合金	type metal	
08.216	铅基巴比特合金	lead-base Babbitt metal	
08.217	软钎焊合金	soft solder	
08.218	伍德合金	Wood's metal	
08.219	银基硬钎焊合金	silver base brazing alloy	

08.06 功 能 材 料

序 码	汉 文 名	英 文 名	注 释
08.220	功能材料	functional materials	
08.221	电阻合金	electrical resistance alloys	
08.222	锰加宁合金	maganin alloy	
08.223	康铜合金	constantan alloy	
08.224	应变片合金	resistance alloys for strain gauge	
08.225	电热合金	electrical heating alloys	
08.226	温度敏感电阻合金	temperature sensitive electrical resistance alloy	
08.227	超导合金	superconducting alloy	
08.228	热电偶合金	alloys for thermocouple	
08.229	镍铬电偶合金	chromel alloy	
08.230	镍铬硅电偶合金	nicrosil alloy	
08.231	镍铝硅锰电偶合金	alumel alloy	
08.232	铂铑合金	Pt-Rh alloys	
08.233	钨铼合金	W-Re alloys	
08.234	因瓦合金	Invar alloy	
08.235	超因瓦合金	super Invar alloy	
08.236	埃尔因瓦型合金	Elinvar alloy	
08.237	柯伐合金	Covar	
08.238	定膨胀合金	alloys with controlled expansion	
08.239	高膨胀合金	alloys with high expansion	

序 码	汉 文 名	英 文 名	注 释
08.240	形状记忆合金	shape memory alloy	
08.241	消振合金	vibration-absorption alloy	
08.242	软磁合金	soft magnetic alloys	
08.243	铁钴钒合金	V-permandur alloy	
08.244	坡莫合金	permalloy	
08.245	铁硅铝合金	sendust	
08.246	磁致伸缩合金	magnetostriction alloy	
08.247	永磁合金	permanent magnetic alloy	
08.248	铝镍钴合金	alnico alloy	
08.249	钕铁硼合金	Nd-Fe-B alloys	
08.250	储氢材料	hydrogen storage material	
08.251	发汗材料	transpiring material	
08.252	泡沫金属	foamed metal	
08.253	消气材料	getter material	
08.254	透氢材料	hydrogen permeating material	
08.255	钱币合金	coinage metal	
08.256	发火合金	pyrophoric alloy	
08.257	核燃料	nuclear fuel	
08.258	非晶态合金	amorphous metal	又称"玻璃态合金"。
08.259	医用合金	medical alloy	
08.260	牙科合金	dental alloy	
08.261	植入合金	implant alloy	
08.262	手术用合金	surgical alloy	
08.263	智能材料	intelligent material	
08.264	半导体材料	semiconductor material	
08.265	梯度材料	gradient material	

09. 金 属 加 工

序 码	汉 文 名	英 文 名	注 释

09.01 一 般 术 语

09.001	金属塑性加工	plastic forming of metals, plastic working of metals	
09.002	工程塑性学	engineering plasticity	
09.003	应力	stress	

序　码	汉 文 名	英 文 名	注　释
09.004	应力场	stress field	
09.005	应力状态	stress state	
09.006	应力张量	stress tensor	
09.007	应力偏张量	deviatoric tensor of stress, deviatoric stress tensor, stress deviator	
09.008	应力空间	stress space	
09.009	应力梯度	stress gradient	
09.010	应力－应变曲线	stress-strain curve	
09.011	主应力	principal stress	
09.012	法向应力	normal stress	
09.013	真应力	true stress	
09.014	八面体法向应力	octahedral normal stress	
09.015	八面体剪应力	octahedral shear stress	
09.016	剪应力	shear stress	
09.017	临界切应力	critical shear stress	
09.018	弯曲应力	bending stress	
09.019	有效应力	effective stress	
09.020	抗拉应力	tensile stress	又称"拉应力"。
09.021	抗压应力	compressive stress	又称"压缩应力"。
09.022	残余应力	residual stress	
09.023	热应力	thermal stress	
09.024	流变应力	flow stress	又称"流动应力"。
09.025	内应力	internal stress	
09.026	附加应力	additional stress, secondary stress	
09.027	变形抗力	resistance to deformation	
09.028	等静压力	isostatic pressure	
09.029	应变	strain	
09.030	应变率	strain rate	
09.031	应变路径	strain paths	
09.032	应变能	strain energy	
09.033	应变率敏感性	strain-rate sensitivity	
09.034	应变硬化指数	strain-hardening index	
09.035	应变时效	strain aging	
09.036	工程应变	engineering strain	
09.037	形变	deformation	
09.038	变形程度	deformation extent	

序　码	汉　文　名	英　文　名	注　释
09.039	变形力	deformation load	
09.040	变形功	deformation work	
09.041	变形区	deformed zone	
09.042	单位压力	specific roll pressure	
09.043	剪切功	shearing work	
09.044	平面应变	plane strain	
09.045	永久变形	permanent deformation	
09.046	不均匀变形	nonhomogenous deformation	
09.047	轴对称变形	axisymmetric deformation	
09.048	体积成形	bulk forming	
09.049	不可压缩性	incompressibility	又称"体积不变条件"。
09.050	位移场	displacement field	
09.051	速度场	velocity field	
09.052	速度梯度	velocity gradient	
09.053	塑性应变比	plastic strain ratio	
09.054	塑性应变	plastic strain	
09.055	塑性势	plastic potential	
09.056	塑性失稳	plastic instability	
09.057	理想刚塑性体	rigid-perfectly plastic body	
09.058	理想弹塑性体	elastic-perfectly plastic body	
09.059	理想黏塑性体	viscous-perfectly plastic body	
09.060	拉伸	tension	
09.061	单向拉伸	uniaxial tension	
09.062	下界法	lower bound method	
09.063	上界法	upper bound method	
09.064	本构方程	constitutive equation	
09.065	屈服准则	yield criterion	
09.066	屈服面	yielding surface	
09.067	屈服应变	yield strain	
09.068	屈服应力	yield stress	
09.069	屈服曲线	yielding curve	
09.070	能量法	energy method	
09.071	最小阻力定理	the law of minimum resistance	
09.072	晶体塑性力学	crystal plasticity	
09.073	增量理论	increment strain theory	
09.074	全量理论	total strain theory	

· 128 ·

序　码	汉　文　名	英　文　名	注　释
09.075	动态再结晶	dynamic recrystallization	
09.076	摩擦	friction	
09.077	摩擦系数	friction coefficient	
09.078	摩擦角	angle of friction	
09.079	摩擦峰	friction hill	
09.080	磨损	wear, abrasion	
09.081	干摩擦	dry friction	
09.082	边界摩擦	boundary friction	
09.083	滑动摩擦	sliding friction	
09.084	流体摩擦	fluid friction	
09.085	表面形貌	surface topography	
09.086	界面特性	interfacial characteristics	
09.087	黏结	sticking, pick-up	
09.088	加工硬化	work hardening	
09.089	烤漆硬化	bake hardening	
09.090	工艺润滑	technological lubrication	
09.091	板成型	sheet metal forming	
09.092	物理模拟	physical simulation	
09.093	数学模型	mathematic model	
09.094	数值模拟	numerical simulation	
09.095	柔性制造系统	flexible manufacturing system	
09.096	几何模拟	geometric simulation	
09.097	工艺过程优化	process optimization	
09.098	计算机辅助设计	CAD, computer-aided design	
09.099	计算机辅助制造	CAM, computer-aided manufac-turing	
09.100	计算机辅助计划	CAP, computer-aided planning	
09.101	计算机辅助质量控制	CAQ, computer-aided quality control	
09.102	计算机辅助工程	CAE, computer-aided engineering	
09.103	计算机辅助过程仿真模型	computer-aided process simulation model	
09.104	计算机集成制造系统	computer integrated manufactur-ing system, CIMS	
09.105	可加工性	workability	
09.106	成形极限	forming limit	
09.107	成形极限图	forming limit diagram	

序 码	汉 文 名	英 文 名	注 释
09.108	各向异性	anisotropy	
09.109	有限元法	finite element method，FEM	
09.110	过程控制	process control	
09.111	光弹性［法］	photoelasticity	
09.112	光塑性［法］	photoplasticity	
09.113	变形理想功	ideal work of deformation	
09.114	模型化	modelling	
09.115	视塑性法	visioplasticity	
09.116	密栅云纹法	moire method	

09.02 轧 制

序 码	汉 文 名	英 文 名	注 释
09.117	轧制	rolling	
09.118	轧制力	rolling load	
09.119	轧制力矩	rolling torque	
09.120	轧制功率	rolling power	
09.121	轧制方向	rolling direction	
09.122	轧制弹塑性曲线	rolling elastic-plastic curve	
09.123	轧制模型	rolling model	
09.124	轧制公差	rolling tolerance	
09.125	轧制线	rolling line	
09.126	初轧	blooming	
09.127	纵轧	longitudinal rolling	
09.128	角轧	diagonal rolling	
09.129	连轧	tandem rolling	多数轧机纵列成组的连续轧制。
09.130	连续轧制	continuous rolling	
09.131	冷轧	cold rolling	
09.132	冷连轧	cold continuous rolling	
09.133	异步轧制	asymmetrical rolling	
09.134	轨梁轧制	rail rolling	
09.135	有槽轧制	rolling with grooved roll	
09.136	多辊轧制	multi-high rolling	
09.137	立轧	edge rolling	
09.138	升速轧制	increasing speed rolling	
09.139	切分轧制	splitting rolling	
09.140	皮尔格周期式轧管	Pilger rolling	

序　码	汉 文 名	英 文 名	注　释
09.141	正偏差轧制	overgauge rolling	
09.142	［板带材的］平整	temper rolling	
09.143	半连续轧制	semicontinuous rolling	
09.144	行星轧制	planetary rolling	
09.145	负公差轧制	rolling with negative tolerance	
09.146	负展宽轧制	rolling with negative stretching	
09.147	全冷连轧	completely cold continuous rolling	
09.148	芯棒轧制	mandrel rolling	
09.149	张力轧制	tension rolling	
09.150	周期轧制	periodic rolling	
09.151	直接轧制	direct rolling	
09.152	环轧	ring rolling	又称"环锻"。
09.153	变断面轧制	rolling with varying section	
09.154	线材轧制	rod rolling, wire rod rolling	
09.155	管材轧制	tube rolling	
09.156	钢坯轧制	billet rolling	
09.157	钢球轧制	steel ball rolling	
09.158	活套轧制	loop rolling	
09.159	型钢轧制	section rolling	
09.160	柔性轧制	flexible rolling	
09.161	厚板轧制	heavy plate rolling	
09.162	热轧	hot rolling	
09.163	热连轧	hot continuous rolling	
09.164	真空轧制	vacuum rolling	
09.165	粗轧	rough rolling	
09.166	斜轧	skew rolling	
09.167	温轧	warm rolling	
09.168	控制轧制	controlled rolling	
09.169	楔轧	taper rolling	
09.170	楔横轧	wedge rolling	
09.171	叠轧	pack rolling	
09.172	箔材轧制	foil rolling	
09.173	精轧	finish rolling	
09.174	精密轧制	precision rolling	
09.175	横轧	cross rolling	
09.176	薄板轧制	sheet rolling	
09.177	不对称轧制	unsymmetrical rolling	

序　码	汉　文　名	英　文　名	注　　释
09.178	无头轧制	endless rolling	
09.179	无张力轧制	non-tension rolling	
09.180	无扭轧制	no-twist rolling	
09.181	无芯棒轧制	mandrel-less rolling	
09.182	螺旋轧制	screw rolling	
09.183	孔型轧制	groove rolling	
09.184	双槽轧制	double channel rolling	
09.185	卡尔曼方程	Karman equation	
09.186	奥罗万方程	Orowan equation	
09.187	轧机弹性方程	elastic equation of mill	
09.188	轧件塑性方程	plastic equation of rolled piece	
09.189	轧辊挠度	roll deflection	
09.190	无限冷硬轧辊	indefinite chill roll	
09.191	中心孔腔	center bore	
09.192	孔型设计	roll pass design	
09.193	孔型设计图表	pass schedule	
09.194	孔腔	cavity bore	
09.195	孔喉	bore throat	
09.196	环形孔腔	circular bore	
09.197	换辊	roll changing	
09.198	辊缝	roll gap	
09.199	辊凸度	roll crown	
09.200	辊缝控制	roll gap control	
09.201	断辊	roll breakage	
09.202	断带	strip breakage	
09.203	轧辊压扁	roll flattening	
09.204	轧槽	groove	
09.205	轧辊孔型	roll pass	
09.206	恒辊缝控制	constant roll gap control	
09.207	轧件	rolling stock, rolling piece	
09.208	轧后厚度	outgoing gauge	
09.209	最小可轧厚度	minimum rolled thickness	
09.210	壁厚控制	thickness control	
09.211	壁厚不均	inhomogeneity of wall thickness	
09.212	板形	profile shape	
09.213	板型	profile	
09.214	板型控制	profile control	

序　码	汉　文　名	英　文　名	注　释
09.215	板厚	sheet thickness, sheet gauge	
09.216	凸度	crown	
09.217	钢板凸度	plate crown	
09.218	初轧坯	bloom	
09.219	方坯	square billet	
09.220	开坯	breakdown	
09.221	中小型坯	billet	
09.222	薄板坯	thin slab	
09.223	连铸坯	continuous casting billet	
09.224	大板坯	slab	
09.225	空心坯	hollow billet	
09.226	圆坯	round billet	
09.227	前滑	forward slip	
09.228	后滑	backward slip	
09.229	宽展	spread	
09.230	自由宽展	free spread	
09.231	强迫宽展	induced spread	
09.232	咬入	bite	
09.233	咬入角	bite angle	
09.234	一次咬入	primary biting	
09.235	总延伸	total elongation	
09.236	压下规程	draft schedule	
09.237	压下量	percent reduction	
09.238	总压下量	total reduction	
09.239	压力峰值	pressure peak	
09.240	张力控制	tension control	
09.241	反馈控制	feedback control	
09.242	自适应控制	adaptive control	
09.243	闭环控制	closed-loop control	
09.244	位置自动控制	automatic place control, APC	
09.245	前馈控制	feed forward control	
09.246	活套控制	loop control	
09.247	速度控制	speed control	
09.248	厚度自动控制	automatic gauge control, AGC	
09.249	厚度控制	gauge control	
09.250	厚度尺寸	gauge	
09.251	道次	pass	

序　码	汉　文　名	英　文　名	注　释
09.252	截面模量	section modulus	
09.253	端部增厚	end upsetting	
09.254	横向弯曲	cross bow	
09.255	包覆	cladding	
09.256	平整度	flatness	
09.257	加热	heating	
09.258	液芯加热	liquid core ingot heating	
09.259	均热	soaking	
09.260	负荷分配	load distribution	
09.261	过充满	overfill	
09.262	扩孔	hole expansion	
09.263	扩口	tube end expansion	
09.264	扩径	tube diameter expansion	
09.265	减径	reducing	
09.266	张力减径	tension reducing	
09.267	定径	sizing	
09.268	定心	centering	
09.269	牌坊挠度	housing deflection	
09.270	延伸系数	elongation coefficient	
09.271	连轧张力系数	tension coefficient of tandem rolling	
09.272	制耳	earing	
09.273	挠度	deflection	
09.274	能耗	energy consumption	
09.275	能耗曲线	energy consumption curve	
09.276	特征角	characteristic angle	
09.277	回弹角	springback angle	
09.278	接触弧	contact arc	
09.279	接触面积	contact area	
09.280	穿孔	piercing	
09.281	斜轧穿孔	cross piercing	
09.282	推轧穿孔	pushing piercing	
09.283	液压穿孔	hydraulic piercing	
09.284	压力穿孔	pressure piercing	
09.285	二辊斜轧穿孔	Mannesmann piercing	又称"曼内斯曼穿孔"。
09.286	三辊斜轧穿孔	three-high cross piercing	

序 码	汉 文 名	英 文 名	注 释
09.287	卷	coil	
09.288	卷取	coiling	
09.289	重卷	re-coiling	
09.290	张力卷取	tension coiling	
09.291	矫直	straightening	
09.292	矫平	levelling	
09.293	热矫直	hot straightening	
09.294	辊式矫直	roll straightening	
09.295	拉伸矫直	stretcher-straightening	
09.296	张力矫直	tension straightening	
09.297	精整	finishing	
09.298	冷弯	roll forming	
09.299	滚弯	roll bending	
09.300	连续辊式成形	continuous roll forming	
09.301	螺旋成形	spiral forming	
09.302	热浸镀锌	hot dip galvanizing	
09.303	热浸镀锡	hot dip tinning	
09.304	双面镀锌	double side zinc coating	
09.305	电镀锌	electrolytic zinc plating	
09.306	电镀锡	electrolytic tin plating	
09.307	连续镀锌	continuous zinc coating, continuous galvanizing	
09.308	连续镀锡	continuous tin plating, continuous tinning	
09.309	单面镀锌	one side zinc coating, single face galvanizing	
09.310	差厚镀锌	differential zinc coating	
09.311	镀层	plating coat	
09.312	镀铝	aluminum plating	
09.313	表面清理	surface-conditioning	
09.314	表面损伤	surface damage	
09.315	表面处理	surface treatment	
09.316	预处理	conditioning	
09.317	清洗	cleaning	
09.318	酸洗	pickling	
09.319	酸洗液	pickle acid	
09.320	酸洗间	pickle house	

序　码	汉　文　名	英　文　名	注　释
09.321	酸洗剂	pickling agent	
09.322	酸洗添加剂	pickling additive	
09.323	酸洗周期	pickling cycle	
09.324	酸洗介质	pickling medium	
09.325	连续酸洗	continuous pickling	
09.326	推拉酸洗线	push-pull pickling line	
09.327	塔式酸洗	tower pickling	
09.328	[叠板]分批酸洗	batch pickling	
09.329	火焰清理	flame cleaning	
09.330	机械除鳞	mechanical descaling	

09.03　锻压、拉拔、挤压及其他

序　码	汉　文　名	英　文　名	注　释
09.331	锻压	forging and stamping	
09.332	锻造	forging	
09.333	锻造比	forging ratio	
09.334	锻焊	forge welding	
09.335	精密锻造	precision forging	
09.336	平锻	plain forging	
09.337	自由锻	hammer forging	
09.338	模锻	die forging	
09.339	径向锻造	radial forging	
09.340	旋转锻造	rotary swaging	
09.341	热锻	hot forging	
09.342	顶锻	heading upsetting	
09.343	等温锻造	isothermal forging	
09.344	铆锻	mushroom upsetting	
09.345	冷镦	cold upsetting	
09.346	镦粗	upsetting	
09.347	拔长	drawing out, stretching swaging	
09.348	压缩	compression	
09.349	压印	coining	
09.350	压制	pressing	
09.351	压力机成形	press forming	
09.352	冲压	stamping	
09.353	冲孔	punch	
09.354	深拉	deep drawing	
09.355	拉延	drawing	

序 码	汉 文 名	英 文 名	注 释
09.356	拉延力	drawing load	
09.357	拉延比	drawing ratio	
09.358	拉延性能	drawability	
09.359	极限拉延比	limiting drawing ratio	
09.360	变薄拉延	ironing	
09.361	反拉延	reverse-drawing	
09.362	凹模拉延	concave-die-drawing	
09.363	拉拔	drawing	
09.364	无芯棒拉拔	sinking drawing	
09.365	无模拉拔	free drawing	
09.366	长芯棒拉拔	mandrel drawing	
09.367	冷拔	cold drawing	
09.368	连续拉拔	continuous drawing	
09.369	短芯棒拉拔	plug drawing	
09.370	温拔	warm drawing	
09.371	游动芯棒拉拔	floating plug drawing	
09.372	双向拉伸	biaxial tension	
09.373	拉伸成形	stretch forming	
09.374	电液成形	electrohydraulic forming	
09.375	电磁成形	electromagnetic forming	
09.376	爆炸成形	explosive forming	
09.377	软模成形	flexible die forming	
09.378	液压成形	hydraulic forming	
09.379	气压成形	pneumatic forming	
09.380	真空成形	vacuum forming	
09.381	橡皮模成形	rubber padding	
09.382	拉胀	stretching	
09.383	胀形	bulge	
09.384	胀形系数	bulge coefficient	
09.385	冲裁	blanking	
09.386	剪切	cutting, shearing	
09.387	翻孔	hole flanging	
09.388	翻边	flanging	
09.389	开卷	uncoiling	
09.390	纯弯曲	pure bending	
09.391	弯曲	bending	
09.392	冷剪切	cold shearing	

序　码	汉　文　名	英　文　名	注　释
09.393	冷锯切	cold sawing	
09.394	无削加工	chipless working	
09.395	回转加工	rotary forming	
09.396	旋压	spinning	
09.397	正旋	forward spinning	
09.398	反旋	backward spinning	
09.399	变薄旋压	flow turning	
09.400	捻股	stranding	
09.401	绞线捻距	pitch of stranding	
09.402	混合捻	alternate lay of stranding	
09.403	挤压	extrusion	
09.404	挤压坯	extrusion billet	
09.405	挤压比	extrusion ratio	
09.406	反挤压	reverse extrusion	
09.407	包覆挤压	cladding extrusion	
09.408	正挤压	direct extrusion	
09.409	冷挤压	cold extrusion	
09.410	复合挤压	compound extrusion	
09.411	径向挤压	radial extrusion	
09.412	静液挤压	hydraulic extrusion	
09.413	滚挤	roll extruding	
09.414	等温挤压	isothermal extrusion	
09.415	摆动辗压	swing forging	
09.416	液态模锻	liquid forging	
09.417	超塑性成形	superplastic forming	
09.418	模具	die	
09.419	成形模	forming die	
09.420	冲压模	punching die	
09.421	冲裁模	blanking die, notching die	
09.422	压力焊	pressure welding	
09.423	感应焊	induction welding	
09.424	螺旋焊	spiral welding	
09.425	扭转	torsion	

09.04 加 工 设 备

序　码	汉　文　名	英　文　名	注　释
09.426	轧机	rolling mill	
09.427	初轧机	blooming mill	

序　码	汉　文　名	英　文　名	注　释
09.428	板坯初轧机	slabbing mill	
09.429	方板坯初轧机	blooming-slabbing mill	
09.430	开坯机	breakdown mill, cogging mill, primary mill	
09.431	二辊式轧机	two-high rolling mill	
09.432	二十辊轧机	twenty-high rolling mill	
09.433	十二辊轧机	twelve-high mill	
09.434	三辊式轧机	three-high mill, trio-mill	
09.435	六辊轧机	six-high mill	
09.436	半连续式轧机	semicontinuous mill	
09.437	三联轧机	triplet mill	
09.438	大型型材轧机	heavy section mill	
09.439	万能轧机	universal mill	
09.440	小型型材轧机	small section mill	
09.441	中厚板轧机	plate mill	
09.442	厚板轧机	heavy plate mill	
09.443	中型型材轧机	medium section mill	
09.444	车轮轮箍轧机	wheel and tyre mill	
09.445	可逆式轧机	reversing mill	
09.446	可变凸度轧机	variable crown mill, VC mill	
09.447	布棋式轧机	staggered rolling mill	
09.448	立辊轧机	edger mill, edging mill, vertical mill	
09.449	轨梁轧机	rail-and-structural steel mill	
09.450	冷轧机	cold-rolling mill	
09.451	冷弯机	cold roll forming mill	
09.452	迪舍轧机	Diescher mill	曾称"狄塞尔轧机"。
09.453	连续可变凸度轧机	continuous variable crown mill, CVC mill	
09.454	3/4 连续式轧机	three-quarter continuous rolling mill	
09.455	劳思轧机	Lauth mill	曾称"劳特式轧机"。
09.456	线材轧机	wire rod mill	
09.457	环件轧机	ring rolling mill	
09.458	炉卷轧机	Steckel mill	又称"施特克尔轧机",曾称"斯特克尔轧机"。

序　码	汉　文　名	英　文　名	注　　释
09.459	钢球轧机	ball rolling mill	
09.460	钢梁轧机	beam mill	
09.461	钢坯轧机	billet mill	
09.462	复二重式轧机	double duo mill	
09.463	带材轧机	strip mill	
09.464	型钢轧机	section mill, structural steel mill	
09.465	热带轧机	hot strip mill	
09.466	宽带轧机	wide-strip mill	
09.467	高刚度轧机	stiff mill	
09.468	紧凑式轧机	compact mill	
09.469	粗轧机	roughing mill	
09.470	偏八辊式轧机	MKW mill	
09.471	短应力线机架	short-stressed mill housing	
09.472	棒材轧机	merchant bar mill	
09.473	森吉米尔式轧机	Sendzimir mill	
09.474	越野式轧机	cross-country rolling mill	
09.475	精轧机	finishing mill, finisher	
09.476	管材轧机	tube rolling mill	
09.477	阿塞尔三辊式轧 管机	Assel tube mill	曾称"阿赛尔三辊式 轧管机"。
09.478	冷轧管机	cold Pilger mill	
09.479	自动轧管机	plug mill, lube rolling mill	
09.480	周期式热轧管机	Pilger mill	
09.481	连续轧管机	mandrel rolling mill	
09.482	无缝管轧机	seamless-tube rolling mill	
09.483	对焊管机	butt weld pipe mill	
09.484	电阻焊管机	resistance weld mill	
09.485	连续式炉焊管机 组	Fretz-Moon pipe mill	
09.486	焊管坯轧机	skelp mill	
09.487	搭焊管机	lap-welded mill	
09.488	螺旋焊管机	spiral weld-pipe mill	
09.489	穿孔机	piercing mill, piercer	
09.490	压力穿孔机	press piercing mill, PPM	
09.491	曼内斯曼穿孔机	Mannesmann piercing mill	
09.492	斜轧穿孔延伸机	cross roll piercing elongation mill, CPE	

序　码	汉　文　名	英　文　名	注　释
09.493	定径机	sizing mill	
09.494	减径机	reducing mill, sinking mill	
09.495	张力减径机	stretch-reducing mill, tension-reducing mill	
09.496	矫直机	straightener	
09.497	冷矫直机	cold straightener	
09.498	斜辊矫直机	cross roll straightener	
09.499	多辊矫直机	multi-roll straightener, multi-gauger	
09.500	拉伸矫直机	stretching straightener	
09.501	均整机	reeling mill	
09.502	平整机	temper mill	
09.503	剪切机	shears	
09.504	回转式剪切机	rotary shears	
09.505	卷取机	coiler	
09.506	开卷机	unwinding coiler, decoiler	
09.507	重卷机	rewind reel	
09.508	带卷输送机	coil conveyor	
09.509	线材卷线机	wire reel	
09.510	拉拔机	cold drawing bench	
09.511	拉丝机	wire drawing bench	
09.512	出钢机	extractor	
09.513	推钢机	pusher	
09.514	压花机	embossing machine	
09.515	切头机	crop shears, end shears	
09.516	轧尖机	pointing rolling machine	
09.517	O 形成型机	O-press, O-shape forming machine	
09.518	U 形成型机	U-press, U-shape forming machine	
09.519	曲柄压力机	crank press	
09.520	水压机	hydraulic press	
09.521	弯曲压力机	bending press	
09.522	旋压机	spinning machine	
09.523	高速锤	high energy rate forging hammer, high energy rate forging machine	
09.524	空气锤	pneumatic hammer, air hammer	

序　码	汉　文　名	英　文　名	注　释
09.525	平锻机	horizontal forging machine	
09.526	喷丸除鳞机	blast descaler	
09.527	管端镦厚机	tube upsetting press	
09.528	推床	manipulator	
09.529	飞锯	flying saw	
09.530	摩擦锯	friction saw	
09.531	轧辊磨床	roll grinder	
09.532	轧辊车床	roll lathe	
09.533	冷床	cooling bed	
09.534	吊车	crane	
09.535	机架	stand	
09.536	加热炉	heating furnace, reheating furnace	
09.537	火焰炉	flame furnace	
09.538	环形炉	circular rotating furnace	
09.539	退火炉	annealing furnace, annealer	
09.540	真空退火炉	vacuum annealing furnace	
09.541	盐浴炉	salt bath furnace	
09.542	预热炉	preheating furnace	
09.543	淬火炉	hardening furnace	
09.544	淬火槽	quench bath	
09.545	均热炉	soaking pit	
09.546	连续式炉	continuous furnace	
09.547	酸洗设备	pickling installation	
09.548	酸洗槽	pickling tank	
09.549	酸洗清洗喷射槽	pickle rinse spray tank	
09.550	塔式酸洗机	tower pickler	
09.551	连续酸洗机组	pickle line processor	
09.552	轧辊	roll	
09.553	挤压辊	extrusion roll	
09.554	辊道	roll table	
09.555	延伸辊道	extension roller table	
09.556	芯棒	mandrel	
09.557	卫板	guard	
09.558	导板	guide	
09.559	带卷箱	coil box	
09.560	活套	loop	
09.561	拉模盒	die box	

· 142 ·

序 码	汉 文 名	英 文 名	注 释
09.562	安全臼	breaker block	
09.563	气刀	air knife	
09.564	引伸计	extensometer	
09.565	测宽仪	width gauge	
09.566	测厚仪	thickness tester, thickness gauge	
09.567	测压仪	load cell	
09.568	同位素测厚仪	isotopic thickness gauge	
09.569	管材试验机	pipe-testing machine	
09.570	磁力探伤仪	magnetic flaw detector	

09.05 冶金产品及缺陷

序 码	汉 文 名	英 文 名	注 释
09.571	薄板	sheet	
09.572	不锈钢薄板	stainless steel sheet	
09.573	无锡钢板	tin free steel sheet	
09.574	瓦垅板	corrugated steel sheet	又称"波纹板"。
09.575	电工钢板	electric steel sheets and strips	又称"电工钢带"。
09.576	自润滑薄板	self-lubrication sheet	
09.577	冲压薄板	drawing quality steel sheet	
09.578	汽车板	auto sheet	
09.579	薄板卷	sheet coil	又称"板卷"。
09.580	退火薄板	annealed sheet	
09.581	深冲钢板	deep drawing sheet steel, deep drawing plate	
09.582	普碳薄板	carbon steel sheet	
09.583	超深冲钢板	extra-deep drawing sheet steel	
09.584	叠轧薄板	pack-rolled sheet	
09.585	镀层板	coated sheet	
09.586	涂层板	paint sheet	
09.587	电镀锌板	electrolytic galvanized sheet	
09.588	镀铝冷轧薄板	aluminium coated cold-rolled sheet	
09.589	扩散镀铝板	diffused aluminum coated sheet	
09.590	除锡钢板	detinning sheet	
09.591	搪瓷薄板	porcelain enameling sheet	
09.592	双金属板	bimetal plate	
09.593	合金钢板	alloy steel plate	
09.594	垫板	sole plate	
09.595	鱼尾板	fish plate	

序　码	汉 文 名	英 文 名	注　释
09.596	厚板	heavy plate	
09.597	造船板	hull plate, ship building plate	
09.598	锅炉板	boiler plate	
09.599	复合钢板	clad steel plate	
09.600	中厚板	plate, medium and heavy plate	
09.601	电镀锡板	electrolytic tin plate	
09.602	热浸镀铝板	hot dipped aluminum coated plate	
09.603	铅锡镀层板	terne sheet, terne plate	
09.604	镀锡板	tin plate	
09.605	汽车大梁板	auto truck beam	
09.606	冷轧带钢	cold rolled steel strip	
09.607	带钢	strip steel	
09.608	带卷	strip coil	
09.609	窄带钢	narrow strip, ribbon steel	
09.610	宽带材	wide strip	
09.611	低碳钢板	low carbon steel plate	又称"低碳钢带"。
09.612	彩色涂层钢板	color-painted steel strip	又称"彩色涂层钢带"。
09.613	包装钢带	package steel strip	
09.614	箔材	foil	
09.615	管材	tube, pipe	
09.616	钢管	steel pipe	
09.617	薄壁管	thin-wall pipe	
09.618	厚壁管	heavy-wall pipe	
09.619	不锈钢管	stainless steel tube	
09.620	石油裂化用钢管	steel tubes for petroleum cracking	
09.621	地质钻探用钢管	steel tubes for drilling	
09.622	气焊管	gas-welded pipe	
09.623	电焊管	electric-welded pipe	
09.624	电阻焊管	resistance welded pipe	
09.625	电感应焊管	induction welded pipe	
09.626	传动轴管	transmission shaft tube	
09.627	压力管	pressure tube	
09.628	扩径管	expansion tube	
09.629	异型管	steel tubing in different shapes	
09.630	机械管	mechanical tubes	
09.631	汽车半轴套管	automotive axle housing tube	

序 码	汉 文 名	英 文 名	注 释
09.632	无缝管	seamless tube	
09.633	金属软管	metallic flexible hose	
09.634	炉焊管	furnace butt-weld pipe	
09.635	定径管	sizing tube	
09.636	波纹管	corrugated pipe	
09.637	油井管	oil well pipe	
09.638	油管	tubing	
09.639	钻探管	drill pipe	
09.640	高压管	pressure pipe	
09.641	高压锅炉管	high pressure boiler tube	
09.642	螺旋焊管	spiral weld pipe	
09.643	型材	section steel	又称"型钢"。
09.644	工字钢	steel I -beam	
09.645	H 型钢	H-shape steel	
09.646	大型钢材	heavy sections	
09.647	万能宽边 H 型钢	universal wide flange H-beam	
09.648	小型钢材	small section, merchant bar, light section	
09.649	方钢	square bar	
09.650	六角钢	hexagonal bar	
09.651	车轴钢	axle steel	
09.652	角钢	angle steel	
09.653	条钢	bar steel	
09.654	硅钢	silicon steel	
09.655	钎钢	drill steel	
09.656	帽型钢	hat shape steel	
09.657	异型材	profiled bar	
09.658	冷镦钢	cold heading steel	
09.659	窗框钢	sash bar	
09.660	冷轧钢筋	cold rolled reinforcing bar	
09.661	建筑型钢	construction section steel	
09.662	钢轨	rail	
09.663	重轨	heavy rail	
09.664	扁钢	flat steel	
09.665	轻轨	light rail	
09.666	圆钢	round steel	

序　码	汉　文　名	英　文　名	注　释
09.667	球角钢	bulb angle	
09.668	菱形钢	diamond bar steel	
09.669	槽钢	beam channel, channel beam	
09.670	钢板桩	sheet piling	
09.671	钢管桩	steel pipe piling	
09.672	锚链钢	anchor steel	
09.673	不锈钢棒材	stainless steel bars	
09.674	钢丝	wire	
09.675	异形钢丝	shaped wire	
09.676	冷拔钢丝	cold-drawn wire	
09.677	弹簧钢丝	spring steel wire	
09.678	预应力混凝土用钢丝	cold-drawn steel wire for pre-stressed concrete	
09.679	线材	wire rod	
09.680	轮胎钢丝绳	tyre steel cord	
09.681	钢丝绳	wire rope	
09.682	钢筋	reinforcing steel bar	
09.683	钢绞线	steel strand	
09.684	钢丝帘线	steel cord for tyre	
09.685	钢缆线	guy wire	
09.686	钢绞绳	steel strand rope	
09.687	绳	rope	
09.688	酸洗薄板	pickle sheet	
09.689	酸洗脆性	pickle brittleness	
09.690	酸洗斑点	pickle patch	
09.691	过酸洗	overpickling	
09.692	产品精确度	product accuracy	
09.693	精整度	finish	又称"光洁度"。
09.694	粗糙度	roughness	
09.695	捆	bundle	
09.696	垛	stack	
09.697	抗凹坑性	dent resistance	
09.698	不平度	unevenness	
09.699	镰刀弯	camber	
09.700	脱方度	out-of-square	
09.701	凸纹	ridge	又称"波纹"。是轧件的缺陷。

序　码	汉　文　名	英　文　名	注　释
09.702	裂片	sliver	
09.703	扭曲	twist	
09.704	内裂	internal crack	
09.705	拉裂	pull crack, drawing crack	
09.706	发纹	capillary crack	
09.707	边裂	edge crack	
09.708	产品缺陷	product defects	
09.709	表面龟裂	surface checking	
09.710	结疤	scab	
09.711	锈斑	rust spot, rust mark	又称"锈印"。
09.712	竹节	ring	
09.713	角裂	cracked corner	
09.714	折叠	overlap, fold	
09.715	折皱	pincher	
09.716	波浪边	wavy edge	
09.717	瓢曲	buckling	
09.718	除鳞	descaling	
09.719	除油	deoiling	
09.720	撕裂	tear	
09.721	毛刺	burr fin	
09.722	起皱	wrinkling	

09.06　检　测

序　码	汉　文　名	英　文　名	注　释
09.723	产品试验	test of products	
09.724	随机样本	random sample	
09.725	试样取向	orientation of test specimen	
09.726	试样	specimen, sample	
09.727	采样	sampling	
09.728	疲劳试验	fatigue test	
09.729	焊接试验	welding test	
09.730	可焊性试验	weldability test	
09.731	焊缝腐蚀试验	weld decay test	
09.732	工艺试验	technological test	
09.733	扩孔试验	hole expansion test	
09.734	扩口试验	flaring test	
09.735	纵向试验	longitudinal test	
09.736	热胀性试验	thermal expansion test	

序 码	汉 文 名	英 文 名	注 释
09.737	高温拉伸试验	high temperature tension test	
09.738	压扁试验	flattening test	
09.739	反向压扁试验	reverse flattening test	
09.740	热延性检验	hot ductility test	
09.741	磁粉探伤	magnetic particle test	
09.742	涡流探伤	eddy-current test	
09.743	卡尺测径	caliper, caliber	
09.744	酸洗时滞性试验	pickle lag test	
09.745	可锻性试验	forgeability test	
09.746	扭转试验	torsion test	
09.747	拉伸试验	tension test	
09.748	杯突试验	bulge test	
09.749	弯曲试验	bending test	
09.750	侧向弯曲试验	side bend test	
09.751	热扭转试验	hot twist test	
09.752	热模拟试验	thermal modeling test	
09.753	剪切试验	shear test	
09.754	深冲试验	deep-drawing test	
09.755	落锤试验	drop test	
09.756	锥杯试验	conical cup test	
09.757	镦粗试验	dump test, upsetting test	
09.758	水压试验	hydraulic test	
09.759	液压胀形试验	hydraulic bulging test	
09.760	翻边试验	flanging test	又称"卷边试验"。
09.761	极限拉延比试验	limit drawing ratio test, LDR	
09.762	极限拱顶高度试验	limit dome height test, LDH	

元 素 表

原子序数	元素名称		符号	原子序数	元素名称		符号
	汉文名	英文名			汉文名	英文名	
1	氢	hydrogen	H	36	氪	krypton	Kr
2	氦	helium	He	37	铷	rubidium	Rb
3	锂	lithium	Li	38	锶	strontium	Sr
4	铍	beryllium	Be	39	钇	yttrium	Y
5	硼	boron	B	40	锆	zirconium	Zr
6	碳	carbon	C	41	铌	niobium	Nb
7	氮	nitrogen	N	42	钼	molybdenum	Mo
8	氧	oxygen	O	43	锝	technetium	Tc
9	氟	fluorine	F	44	钌	ruthenium	Ru
10	氖	neon	Ne	45	铑	rhodium	Rh
11	钠	sodium	Na	46	钯	palladium	Pd
12	镁	magnesium	Mg	47	银	silver	Ag
13	铝	aluminum	Al	48	镉	cadmium	Cd
14	硅	silicon	Si	49	铟	indium	In
15	磷	phosphorus	P	50	锡	tin	Sn
16	硫	sulfur	S	51	锑	antimony	Sb
17	氯	chlorine	Cl	52	碲	tellurium	Te
18	氩	argon	Ar	53	碘	iodine	I
19	钾	potassium	K	54	氙	xenon	Xe
20	钙	calcium	Ca	55	铯	cesium	Cs
21	钪	scandium	Sc	56	钡	barium	Ba
22	钛	titanium	Ti	57	镧	lanthanum	La
23	钒	vanadium	V	58	铈	cerium	Ce
24	铬	chromium	Cr	59	镨	praseodymium	Pr
25	锰	manganese	Mn	60	钕	neodymium	Nd
26	铁	iron	Fe	61	钷	promethium	Pm
27	钴	cobalt	Co	62	钐	samarium	Sm
28	镍	nickel	Ni	63	铕	europium	Eu
29	铜	copper	Cu	64	钆	gadolinium	Gd
30	锌	zinc	Zn	65	铽	terbium	Tb
31	镓	gallium	Ga	66	镝	dysprosium	Dy
32	锗	germanium	Ge	67	钬	holmium	Ho
33	砷	arsenic	As	68	铒	erbium	Er
34	硒	selenium	Se	69	铥	thulium	Tm
35	溴	bromine	Br	70	镱	ytterbium	Yb

原子序数	元素名称 汉文名	元素名称 英文名	符号	原子序数	元素名称 汉文名	元素名称 英文名	符号
71	镥	lutetium	Lu	91	镤	protactinium	Pa
72	铪	hafnium	Hf	92	铀	uranium	U
73	钽	tantalum	Ta	93	镎	neptunium	Np
74	钨	tungsten	W	94	钚	plutonium	Pu
75	铼	rhenium	Re	95	镅	americium	Am
76	锇	osmium	Os	96	锔	curium	Cm
77	铱	iridium	Ir	97	锫	berkelium	Bk
78	铂	platinum	Pt	98	锎	californium	Cf
79	金	gold	Au	99	锿	einsteinium	Es
80	汞	mercury	Hg	100	镄	fermium	Fm
81	铊	thallium	Tl	101	钔	mendelevium	Md
82	铅	lead	Pb	102	锘	nobelium	No
83	铋	bismuth	Bi	103	铹	lawrencium	Lr
84	钋	polonium	Po	104	𬬻	rutherfordium	Rf
85	砹	astatine	At	105	𬭊	dubnium	Db
86	氡	radon	Rn	106	𬭳	seaborgium	Sg
87	钫	francium	Fr	107	𬭛	bohrium	Bh
88	镭	radium	Ra	108	𬭶	hassium	Hs
89	锕	actinium	Ac	109	鿏	meitnerium	Mt
90	钍	thorium	Th				

英汉索引

A

abandoned deposit mining 报废矿床开采 02.661

abnormal structure 反常组织 07.362

abrasion 磨损 09.080

abrasion resistance 耐磨损性 05.154

abrasion-resistant steel 耐磨钢 08.180

abrasive corrosion 磨耗腐蚀 08.076

ABS 铝弹脱氧法，*ABS法 05.667

absolute entropy 绝对熵 04.059

absolute error 绝对误差 04.562

absolute rate theory 绝对反应速率理论 04.244

absorption 吸收 04.382

abutment stress 支承应力 02.161

accelerated melting by coal-oxygen burner 氧煤助熔 05.612

accelerating creep 加速蠕变 07.267

acceptor charge 被爆药 02.268

accidental error 偶然误差 04.560

accident of cage crashing 坠罐事故 02.824

accretion 炉结 06.294

accuracy 准确度 04.538

acicular structure 针状组织 07.360

acid leaching 酸浸 06.067

acid open-hearth furnace 酸性平炉 05.581

acid oxide 酸性氧化物 04.170

acid refractory [material] 酸性耐火材料 05.110

acid slag 酸性渣 05.478

acoustic emission monitoring 声发射监测 02.176

activated sintering 活化烧结 08.117

activation 活化 03.342

activation energy 活化能 04.245

activator 活化剂 03.358

active-passive cell 活态－钝态电池 08.084

active silica 活性氧化硅 06.416

activity 活度 04.136

activity coefficient 活度系数 04.137

adaptive control 自适应控制 09.242

additional stress 附加应力 09.026

addition reagent 添加剂 05.498

additive 添加物 06.566

adiabatic process 绝热过程 04.019

adit 平窿 02.414

adit development system 平硐开拓 02.538

adjustable mold 调宽结晶器 05.713

adobe blasting 裸露爆破 02.339

adsorbed substance 吸附质 04.385

adsorbent 吸附剂 04.384

adsorption 吸附 04.383

adsorption isotherm 吸附等温式 04.389

advance mining 前进式开采 02.556

aeration 充气 06.083

aerator 充气器 03.422

aerial tramway 架空索道 02.888

aerofall mill 气落式自磨机 03.237

aerofloat 二烃基二硫代磷酸盐，*黑药 03.373

aerosol flotation 气溶胶浮选 03.413

after blow 后吹 05.539

AGC 厚度自动控制 09.248

agglomeration 团聚 03.048

aging 时效 07.179

aim carbon 目标碳 05.540

air agitated precipitator 空气搅拌分解槽 06.407

air bottom-blown acid converter 酸性空气底吹转炉 05.520

air bottom-blown basic converter 碱性空气底吹转炉 05.521

air brattice 风障 02.744

air bridge 风桥 02.742

air classifier 风力分级机 03.246

air compressor 空气压缩机 02.973

air deflector 导风板 02.745

air distribution　风量分配　02.710

air door　风门　02.741

air duct　风筒　02.748

airflow　风流　02.697

airflow frictional resistance　风流摩擦阻力　02.704

airflow pressure　通风压力　02.698

airflow regulating　风量调节　02.721

airflow velocity for eliminating dust　排尘风速　02.700

air gap　空气隙　05.720

air hammer　空气锤　09.524

air jig　风动跳汰机　03.262

air knife　气刀　09.563

air leakage coefficient　漏风系数　02.752

air leg　气腿　02.908

air-leg drill　气腿凿岩机　02.916

air lift mining-vessel　气升式采矿船　02.686

air-lift pump　气升泵　02.866

air mist spray cooling　气水喷雾冷却　05.730

air pick　风镐　02.919

air quantity　风量　02.709

air seal　气封　06.052

air stopping　风墙　02.743

air-sucking mechanical pump　机械抽气泵　04.518

air-sucking water ejector　抽气水喷射器　04.517

air table　风力摇床　03.275

air velocity measuring station　测风站　02.746

air window　风窗　02.749

akermanite　镁黄长石　05.298

β-Al₂O₃　β氧化铝　04.476

Al₂O₃-SiC-C brick　氧化铝-碳化硅-炭砖　05.139

ALCI　顶枪喷煤粉炼钢法，*ALCI法　05.532

alkaline leaching　碱浸　06.068

alkyl dithiocarbonate　黄原酸盐，*黄药　03.367

allanite　褐帘石　06.558

alloys for thermocouple　热电偶合金　08.228

alloy steel plate　合金钢板　09.593

alloys with controlled expansion　定膨胀合金　08.238

alloys with high expansion　高膨胀合金　08.239

alluvial deposit　冲积矿床　02.050

alluvial gold placer　冲积砂金　02.051

alnico alloy　铝镍钴合金　08.248

alternate lay of stranding　混合捻　09.402

alumel alloy　镍铝硅锰电偶合金　08.231

alumina　氧化铝　05.070

alumina carbon brick　铝炭砖　05.132

alumina chrome brick　铝铬砖　05.122

alumina magnesia carbon brick　铝镁炭砖　05.133

alumina silica ratio　铝硅比　06.415

alumina soda ratio　铝碱比　06.414

aluminium bullet shooting　铝弹脱氧法，*ABS法　05.667

aluminium coated cold-rolled sheet　镀铝冷轧薄板　09.588

aluminizing　渗铝　07.231

aluminosillicate refractory　硅酸铝质耐火材料　05.114

aluminothermic process　铝热法　05.220

aluminum bronze　铝青铜　08.208

aluminum plating　镀铝　09.312

amalgam　汞齐　06.361

amalgamation　汞齐化，*混汞法　06.362

amalgam electrowinning process　汞齐电解提炼[法]　06.576

amalgam refining　汞齐精炼　06.581

ammonia leaching　氨浸　06.069

ammonit　铵梯炸药　02.235

ammonium chloride method　氯化铵法　06.568

ammonium hydrofluoride fusion method　氟化氢铵熔融法　06.569

ammonium molybdate　钼酸铵　06.507

ammonium nitrate explosive　硝铵炸药　02.234

ammonium nitrate fuel oil explosive　铵油炸药　02.236

ammonium nitrate trinitrotoluene explosive　铵梯炸药　02.235

ammonium perrhenate　过铼酸铵　06.514

ammonium thiomolybdate　硫代钼酸铵　06.508

ammonium tungstate　钨酸铵　06.501

amorphous carbon　无定形碳　05.156

amorphous metal　非晶态合金，*玻璃态合金　08.258

amperostat　恒电流仪　04.526

amphoteric collector　两性捕收剂　03.385

amphoteric ion exchange resin 两性离子交换树脂 06.236

amphoteric oxide 两性氧化物 04.172

amyl xanthate 戊基黄原酸盐，*戊黄药 03.371

analysis of variance 方差分析 04.569

anatase 锐钛矿 03.137

anchor steel 锚链钢 09.672

andalusite 红柱石 05.074

andradite 钙铁榴石 05.290

anelasticity 滞弹性 08.008

angle of friction 摩擦角 09.078

anglesite 铅矾 03.098

angle steel 角钢 09.652

anion 阴离子 04.398

anion exchange 阴离子交换 06.226

anisotropy 各向异性 09.108

annealed sheet 退火薄板 09.580

annealer 退火炉 09.539

annealing 退火 07.198

annealing furnace 退火炉 09.539

annual mine output 矿山年产量 02.019

annular cooler 环式冷却机 05.263

anode 阳极 04.418

anode effect 阳极效应 06.438

anode effect terminating 熄灭阳极效应 06.439

anode mold casting 阳极模铸 06.162

anode passivation 阳极钝化 06.160

anode rod 阳极导杆 06.170

anode slime 阳极泥 06.164

anode sludge 阳极泥 06.164

anodic polarization 阳极极化 04.438

anodic protection 阳极保护 08.086

anorthite 钙长石 05.291

antagonistic effect 反协同效应 06.203

antifreezing of underground mine 矿井防冻 02.760

antifreezing property of explosive 炸药抗冻性 02.273

antimonite 辉锑矿 03.106

antimony crude 生锑 06.353

antiphase domain 反相畴 07.394

anti-stray-current electric detonator 抗杂散电流电雷管 02.281

AN-TNT containing explosive 铵梯炸药 02.235

AOD 氩氧脱碳法，*AOD法 05.663

apatite 磷灰石 03.173

APC 位置自动控制 09.244

aperture size 筛孔尺寸 03.204

apparent activation energy 表观活化能 04.246

apparent density 松装密度 08.098

approximation steady state 近似稳态，*准稳态 04.251

apron feeder 裙式给矿机 03.472

aqueous phase 水相 06.175

aquifer 含水层 02.784

Arbed lance carbon injection process 顶枪喷煤粉炼钢法，*ALCI法 05.532

arc bias 偏弧 05.621

arching 成拱作用 02.208

arch support 拱形支架 02.431

arc length control 弧长控制 05.616

argentite 辉银矿 03.115

argon-oxygen decarburization process 氩氧脱碳法，*AOD法 05.663

arithmetic mean 算术平均值 04.552

Arrhenius equation 阿伦尼乌斯方程 04.247

arrival at mine full capacity 矿山达产 02.024

arsenopyrite 毒砂 03.092

artificial aging 人工时效 07.181

artificial bed 人工床层 03.268

artificial rutile 人造金红石 06.470

asbestos 石棉 03.170

ASEA-SKF process 电弧加热电磁搅拌钢包精炼法 05.661

Assel tube mill 阿塞尔三辊式轧管机，*阿赛尔三辊式轧管机 09.477

asymmetrical rolling 异步轧制 09.133

atmospheric corrosion 大气腐蚀 08.050

atomization 雾化 08.104

atom probe 原子探针 07.313

attrition crushing 挤压破碎 03.175

attrition mill 碾磨机 03.231

Auger electron spectroscopy 俄歇电子能谱术 07.311

austempering 等温淬火 07.214，贝氏体等温淬火 07.215

austenite 奥氏体 07.367

austenitic cast iron 奥氏体铸铁 08.151

austenitic stainless steel 奥氏体不锈钢 08.171

austenitizing 奥氏体化处理 07.190

auto-catalysis 自催化 04.373

autoclave 高压釜 06.077

autoclave line 高压浸溶器组 06.402

autogenous mill 自磨机 03.235

autogenous roasting 自热焙烧 06.009

automatic gauge control 厚度自动控制 09.248

automatic place control 位置自动控制 09.244

automatic sampler 自动取样机 03.481

automotive axle housing tube 汽车半轴套管 09.631

auto sheet 汽车板 09.578

auto truck beam 汽车大梁板 09.605

auxiliary fan 辅助通风机 02.971

auxiliary haulage level 辅助运输水平面 02.553

auxiliary shaft 副井 02.394

axial fan 轴流式通风机 02.968

axial ratio 轴比 07.008

axisymmetric deformation 轴对称变形 09.047

axle steel 车轴钢 09.651

azurite 蓝铜矿 03.085

B

back break 后冲 02.357

back corona 负效电晕 06.032

back feeding 补浇 05.676

backfilling thrower 抛掷充填机 02.964

back pour 补浇 05.676

backward slip 后滑 09.228

backward spinning 反旋 09.398

bacterial leaching 细菌浸出 02.665

baddeleyite 斜锆石 03.146

baffle 折流挡板 06.131

bag dust filter 布袋滤尘器 06.026

bainite 贝氏体 07.376

bainitic cast iron 贝氏体铸铁 08.152

bainitic transformation 贝氏体相变 07.169

Baiyin copper smelting process 白银炼铜法 06.270

bake hardening 烤漆硬化 09.089

balance 衡算，＊平衡 04.302

balance weight 平衡锤 02.860

baling of scrap 废钢打包 05.496

ball 生球 05.264

ball growth by assimilation 生球长大同化机理 05.267

ball growth by coalescence 生球长大聚合机理 05.265

ball growth by layering 生球长大成层机理 05.266

balling disc 圆盘造球机 05.274

balling drum 圆筒造球机 05.273

balling index for iron ore concentrates 精矿成球指数 05.268

ball mill 球磨机 03.218

ball rolling mill 钢球轧机 09.459

banded structure 带状组织 07.363

banking for coke oven 焦炉焖炉 05.027

barite 重晶石 03.154

barren solution 贫液，＊废液 06.087

barrier pillar 间隔矿柱 02.568

bar steel 条钢 09.653

Bartley-Mozley table 巴特利－莫兹利摇床，＊巴特莱－莫兹莱摇床 03.278

basal plane 基面 07.035

basicity of slag 渣碱度 04.168

basic open-hearth furnace 碱性平炉 05.582

basic oxide 碱性氧化物 04.171

basic refractory[material] 碱性耐火材料 05.124

basic slag 碱性渣 05.479

bastnaesite 氟碳铈矿 03.149

Batac jig 巴塔克跳汰机 03.269

batch pickling [叠板]分批酸洗 09.328

batch reactor 间歇反应器 04.357

bath 熔池 06.044

Bauschinger effect 包辛格效应 07.258

bauxite 铝土矿 03.116

Bayer process 拜耳法 06.396

beach deposit mining 海滩矿床开采 02.688

beam channel 槽钢 09.669

beam mill 钢梁轧机 09.460

bearing capacity 承载能力 02.199

bed 床层 03.272

bed separation 离层 02.210

bell-less charging 无料钟装料 05.322

belly 炉腰 05.374

belt conveyor development 胶带运输机开拓 02.505

belt filter 带式过滤机 03.453

belt reagent feeder 带式给药机 03.478

belt sluice 皮带流槽 03.288

bench 台阶 02.486

bench blasting 台阶爆破 02.336

bench crest 坡顶线 02.489

bench face 台阶坡面 02.487

bench height 台阶高度 02.491

bench slope angle 台阶坡面角 02.488

bench toe rim 坡底线 02.490

bended zone 弯曲带 02.131

bending 弯曲 09.391

bending press 弯曲压力机 09.521

bending roll 弯曲辊 05.734

bending strength 抗弯强度 08.026

bending stress 弯曲应力 09.018

bending test 弯曲试验 09.749

bentonite 膨润土 05.064

benzene 苯 05.043

berm 平台 02.495

berm ditch 平台水沟 02.534

Bernoulli equation 伯努利方程 04.308

beryl 绿柱石 03.138

berylliosis 铍中毒 06.522

beryllium acetate 醋酸铍 06.520

beryllium ammonium fluoride 铍氟化铵 06.518

beryllium copper 铍青铜 08.209

beryllium fluoride 氟化铍 06.516

beryllium hydroxide 氢氧化铍 06.515

beryllium sulfate 硫酸铍 06.519

beryllium toxicity 铍毒性 06.521

Bessemer converter *贝塞麦炉 05.520

BEST 电渣浇注 05.601

biaxial tension 双向拉伸 09.372

billet 中小型坯 09.221

billet caster 小方坯连铸机 05.687

billet mill 钢坯轧机 09.461

billet rolling 钢坯轧制 09.156

bimetal plate 双金属板 09.592

binary phase diagram 二元相图 04.089

binder phase 黏结相 08.092

biotite 黑云母 03.163

Biot number 毕奥数 04.349

bismuth dross 铋渣 06.315

bismuthine 辉铋矿 03.093

bismuthinite 辉铋矿 03.093

bit 钻头 02.227

bite 咬入 09.232

bite angle 咬入角 09.233

black powder 黑火药 02.248

black tin 黑锡 06.348

blanket sluice 绒布流槽 03.285

blanking 冲裁 09.385

blanking die 冲裁模 09.421

blast 鼓风 05.328

blast conditioning 下部[鼓风]调节 05.359

blast descaler 喷丸除鳞机 09.526

blasted muckpile 爆堆 02.355

blasted pile ventilation 爆堆通风 02.737

blast furnace 高炉 05.309, 鼓风炉 05.310

blast furnace campaign 高炉寿命 05.362

blast furnace-converter-double electrical furnace process 高转电电法 06.488

blast furnace gas 高炉煤气 05.435

blast furnace of top charged wet concentrate 料封密闭鼓风炉熔炼 06.262

blast furnace process 高炉炼铁[法] 05.308

blast furnace smelting 鼓风炉熔炼 06.260

blast hole 炮孔 02.296

blast hole depth 炮孔深度 02.346

blast hole precharging 炮孔预装药 02.304

blast hole stemming 炮孔填塞 02.322

blast hole utilizing factor 炮孔利用率 02.350

blast humidity 鼓风湿度 05.332

blasting 爆破 02.232

blasting action index 爆破作用指数 02.324

blasting cap detonator 火雷管 02.276

blasting crater 爆破漏斗 02.326

blasting flyrock 爆破飞石 02.779

blasting machine 起爆器 02.293

blasting mechanics 爆破力学 02.251

blasting round 爆破炮孔组 02.344

blasting sequence 爆破顺序 02.345

blasting survey of surface mine 露天矿爆破测量 02.121

blast pressure 风压 05.329

blast temperature 风温 05.330

blast volume 鼓风量 05.331

bleeder 放散管 05.423

bleeding 渗漏 05.725

bleeding valve 炉顶放散阀 05.422

blending 合批 08.103

blind orebody 盲矿体 02.047

blister copper 粗铜 06.297

block 矿块 02.559

block caving method 矿块崩落法 02.638

blocked-out ore reserve 备采矿量 02.084

block flowsheet 方框流程 03.013

block stoping 阶段矿房采矿法 02.604

bloom 初轧坯 09.218

bloom caster 大方坯连铸机 05.688

blooming 初轧 09.126

blooming mill 初轧机 09.427

blooming-slabbing mill 方板坯初轧机 09.429

blow end point 吹炼终点 05.549

blowhole 气孔 05.752

blowing time ratio 送风时率 06.299

blow off 停炉 05.369

blow off valve 放散阀 05.418

blow on 开炉 05.368

blue powder 蓝粉 06.338

blunder error 疏失误差 04.561

body-centered cubic lattice 体心立方点阵 07.006

boehmite 软水铝石 03.118

Bohler electroslag tapping 电渣浇注 05.601

boiler plate 锅炉板 09.598

boiler steel 锅炉钢 08.190

Boltzmann distribution law 玻尔兹曼分布定律 04.214

Bolzano process 博尔扎诺法，＊波尔山诺法 06.454

Bond crushing work index 邦德破碎功指数 03.177

Bond grinding work index 邦德磨矿功指数 03.239

bonding energy 键能 07.041

borax 硼砂 03.167

borehole dewatering 钻井抽水 02.800

borehole extensometer 钻孔伸长仪 02.178

borehole inclinometer 钻孔倾斜仪 02.177

borehole pattern 钻孔布置图 02.100

borehole strainmeter 钻孔应变计 02.171

borehole stressmeter 钻孔应力计 02.170

bore throat 孔喉 09.195

boriding 渗硼 07.228

boring shaft sinking 钻井法掘井 02.376

Born-Haber cycle 玻恩－哈伯循环 04.084

bornite 斑铜矿 03.081

boron nitride 氮化硼 05.091

Bose-Einstein distribution 玻色－爱因斯坦分布 04.215

bosh 炉腹 05.375

bosh angle 炉腹角 05.378

bottom 炉底 05 377

bottom-blown converter 底吹转炉 05.519

bottom-blown oxygen converter 氧气底吹转炉 05.526

bottom boil 炉底沸腾 05.578

bottom casting 下铸 05.674

Boudouard reaction 布杜阿尔反应，＊布朵尔反应 04.161

bouncing separation 弹跳分离 03.072

boundary demarcation of surface mine 露天矿境界圈定 02.122

boundary friction 边界摩擦 09.082

boundary layer 边界层 04.277

bow-type continuous caster 弧形连铸机 05.683

branch raise 分支天井 02.423

brass 黄铜 08.205

Bravais lattice 布拉维点阵 07.003

break angle 断裂角 02.137

breakdown 开坯 09.220

breakdown mill 开坯机 09.430

breaker block 安全白 09.562

breaking out　拉漏　05.727

breast stoping　全面采矿法　02.601

bridge wire of electric detonator　电雷管桥丝　02.287

Bridgman-Stockbarger method　*布里奇曼－斯托克巴杰法　06.590

bright heat treatment　光亮热处理　07.186

brine　卤水　06.445

Brinell hardness　布氏硬度　08.031

briquette　压块矿　05.230

brisance　猛度　02.264

brisant explosive　猛炸药　02.246

brittleness　脆性　08.007

bronze　青铜　08.207

bubble cap column　泡罩柱　06.134

bubble coalescence　气泡兼并　03.339

bubble merging　气泡兼并　03.339

bubble-particle attachment　气泡－颗粒粘连　03.351

bubble-particle detachment　气泡－颗粒脱离　03.352

bubbling　鼓泡　04.265

bucket loader　铲斗装载机　02.938

bucket-wheel excavator　轮斗挖掘机　02.925

Buckingham's π-theorem　白金汉π定理，*柏金罕π定理　04.340

buckling　瓢曲　09.717

buffer blasting　压碴爆破　02.335

bulb angle　球角钢　09.667

bulge　胀形　09.383

bulge coefficient　胀形系数　09.384

bulge test　杯突试验　09.748

bulging　鼓肚　05.777

bulk blasting　大爆破　02.341

bulk concentrate　混合精矿　03.035

bulk concentration　体内浓度　04.327

bulk density　散装密度　08.099

bulk diffusion　体扩散　07.127

bulk flotation　混合浮选　03.404

bulk forming　体积成形　09.048

bulk modulus　体积模量　08.016

bulk-oil flotation　全油浮选　03.400

bulk strength　体积威力　02.262

bullion　粗金属锭　06.252

bunch holes　束状炮孔　02.305

bundle　捆　09.695

burden　炉料　05.311

burden conditioning　上部[炉料]调节　05.358

Burgers circuit　伯格斯回路　07.088

Burgers vector　伯格斯矢量　07.087

burner　燃烧器　05.407

burner blower　助燃风机　05.411

burner shut-off valve　切断阀　05.412

burning　过烧　07.197

burr fin　毛刺　09.721

bus bar　导电母线　06.172

bustle pipe　热风围管　05.389

Butler-Volmer equation　巴特勒－福尔默方程　04.453

butt weld pipe mill　对焊管机　09.483

butyl xanthate　丁基黄原酸盐，*丁黄药　03.370

by-pass valve　旁通阀　05.413

C

cable bolting　锚索支护　02.446

CAD　计算机辅助设计　09.098

cadmium-free zinc　脱镉锌　06.336

CAE　计算机辅助工程　09.102

cage guide　罐道　02.384

cage junction platform　罐笼摇台　02.404

cage keps　托台　02.403

cage platform　罐笼平台　02.405

cage raising　天井吊罐法掘进　02.420

cage shaft　罐笼井　02.398

caisson shaft sinking　沉井掘井法　02.373

caisson thickener　箱式浓缩机　03.445

calaverite　碲金矿　03.110

calcination　锻烧　06.015

calcine　锻烧砂，*锻烧产物　06.016

calcining　锻烧　06.015

calcite　方解石　03.159

calcium diferrite　铁酸半钙　05.284

calcium ferrite 铁酸钙 05.285

calcium molybdate 钼酸钙 06.509

calcium reduction 钙还原 06.538

calcium silicon 硅钙 05.190

calcium tungstate 钨酸钙 06.500

caliber 卡尺测径 09.743

calibration of thermocouple 热电偶校准 04.490

caliper 卡尺测径 09.743

calorific value 发热值 05.040

calorimeter 量热计 04.494

calorimetry 量热学 04.085

calorizing 渗铝 07.231

calphad 相图计算 04.532

CAM 计算机辅助制造 09.099

camber 镰刀弯 09.699

canonical ensemble 正则系综 04.211

CAP 计算机辅助计划 09.100

capability of orebody 矿体可崩性 02.642

capillary crack 发纹 09.706

capillary rise method 毛细管上升法 04.505

capillary viscometer 毛细管黏度计 04.502

capped steel 压盖沸腾钢 05.461

CAQ 计算机辅助质量控制 09.101

carat 开金 06.391

carbide 碳化物 07.372

carbide slag 电石渣 05.618

ε-carbide ε碳化物 07.374

carbon black 炭黑 05.159

carbon block 炭块 05.166

carbon boil 碳沸腾 05.576

carbon brick 炭砖 05.165

carbon brush 炭刷 05.177

carbon electrode 炭电极 05.168

carbon fiber 炭纤维 05.183

carbon fiber composite 炭纤维复合材料 05.187

carbon-in-column process 炭柱法 06.365

carbon-in-leach process 炭浸法 06.367

carbon-in-pulp process 炭浆法 06.366

carbonitriding 碳氮共渗 07.226

carbon materials [含]碳[元]素材料 05.155

carbon micrography 炭相[学] 05.158

carbon-oxygen equilibrium 碳－氧平衡 04.189

carbon potential 碳势 07.223

carbon restoration 复碳 07.222

carbon steel sheet 普碳薄板 09.582

carbonyl 羰基 06.341

carbonyl process 羰基法 06.343

carbothermic reduction 碳热还原 04.162

carboxymethyl cellulose 羧甲基纤维素 03.391

carburizing 渗碳 07.221

carburizing steel 渗碳钢 08.166

car casting 车铸 05.671

carnallite 光卤石 06.446

carnallite chlorinator 光卤石氯化器 06.458

carousel type high intensity magnetic separator 环式强磁场磁选机 03.309

car pusher 推车机 02.882

carrier 载体 03.345

carrier flotation 载体浮选 03.409

carrying rope 承载索 02.889

car safety dog 阻车器 02.883

car stopper of inclined shaft 斜井卡车器 02.822

car tipper 翻车机 02.881

car train hoisting 串车提升 02.878

CAS 密封吹氩合金成分调整法，＊CAS法 05.658

cascade mill 瀑落式自磨机 03.238

CAS-OB process 吹氧提温CAS法，＊CAS-OB法 05.659

cassiterite 锡石 03.107

cast aluminum alloys 铸造铝合金 08.195

casting cycle 浇铸周期 05.743

casting house 出铁场 05.397

casting powder 保护渣 05.717

casting radius 浇铸半径 05.724

casting sample 浇铸样 05.491

casting speed 拉坯速度 05.726

casting texture 铸造织构 07.388

cast iron 铸铁 08.138

cast magnesium alloys 铸造镁合金 08.197

catalysis 催化 04.371

catalyst 催化剂 04.372

catalyst poisoning 催化剂中毒 04.374

catch carbon practice 高拉碳操作 05.542

cathode 阴极 04.417

cathode deposition period 阴极周期 06.165

cathode deposition refining 阴极沉积精炼 06.577

cathode stripping machine 阴极剥片机 06.169

cathodic polarization 阴极极化 04.439

cathodic protection 阴极保护 08.087

cation 阳离子 04.397

cation exchange 阳离子交换 06.225

cauliflower top 菜花头 05.746

caustic dross 碱渣 06.333

caustic embrittlement 碱脆 08.075

caved angle 陷落角 02.134

caving method 崩落[采矿]法 02.630

caving zone 冒落带 02.129

cavitation corrosion 空蚀 08.077

cavity bore 孔腔 09.194

cavity effect 聚能效应 02.269

CBT 中心炉底出钢 05.626

CC 连铸机 05.682

CC-DR 连铸-直接轧制工艺 05.779

CCM 连铸机 05.682

C₆-C₈ mixed base alcohol 六八碳醇 03.390

celestite 天青石 03.155

cell current 槽电流 06.152

cellular structure 胞状组织 07.365

cell voltage 槽电压 06.151

cementation 置换沉淀 06.302

cemented carbide 硬质合金 08.130

cemented copper 置换沉淀铜 06.303

cemented filling 胶结充填 02.628

cementite 渗碳体 07.373

center bore 中心孔腔 09.191

centering 定心 09.268

center line shrinkage 中心缩孔 05.751

center-of-gravity rule 重心规则 04.111

center porosity 中心疏松 05.776

center segregation 中心偏析 05.775

central atoms model of solution 中心原子溶液模型 04.134

central ventilation system 中央式通风系统 02.727

centric bottom tapping 中心炉底出钢 05.626

centrifugal classification 离心分级法 03.249

centrifugal extractor 离心萃取器 06.220

centrifugal fan 离心式通风机 02.969

centrifugal model 离心模型 02.183

centrifugal separator 离心选矿机 03.289

ceramic fiber 陶瓷纤维 05.148

cerargyrite 角银矿 03.114

ceria 铈土 06.560

cerite 铈硅石 06.555

cermet 金属陶瓷 08.131

cerussite 白铅矿 03.097

chain reaction 链反应 04.232

chalcocite 辉铜矿 03.079

chalcopyrite 黄铜矿 03.080

chamber blasting 硐室爆破 02.333

chamotte 黏土熟料 05.092

chamotte brick 黏土砖 05.116

channel beam 槽钢 09.669

channel effect 沟槽效应 02.270

channeling 沟流，*管道行程 05.365

characteristic angle 特征角 09.276

charge 炉料 05.311

charge column 料柱 06.045

charge hoisting 炉料提升 05.314

charge hoisting by belt conveyer 皮带上料 05.317

charge hoisting by bucket 吊罐上料 05.316

charge hoisting by skip 小车上料 05.315

charge pulp 生料浆 06.400

charging 装药 02.301，装料 05.318

charging factor 装药系数 02.319

charging hole 加料孔 06.046

charging machine 装料机 05.467

charging period 装料期 05.468

charging sequence 装料顺序 05.319

check and acceptance by survey on mining and stripping 采剥验收测量 02.119

checker-board ventilation 棋盘式通风 02.732

checker brick 格子砖 05.147

chelate 螯合物 06.187

chelating solvent extraction 螯合萃取 06.211

chemical adsorption 化学吸附 04.387

chemical-controlled reaction 化学控制反应 04.336

chemical equilibrium 化学平衡 04.042

chemical kinetics 化学动力学 04.225

chemical metallurgy 化学冶金[学] 01.013

chemical mineral processing 化学选矿 03.074

chemical pattern recognition 化学模式识别

04.531

chemical potential 化学位，*化学势 04.069

chemical process 化学过程 04.024

chemical reaction 化学反应 04.026

chemical reaction isotherm 化学反应等温式 04.152

chemical thermodynamics 化学热力学 04.004

chemical vapor deposition 化学气相沉积 04.200

chemisorption 化学吸附 04.387

chemometrics 化学计量学 04.530

chequer brick 格子砖 05.147

chilled cast iron 冷硬铸铁 08.146

chilled-shot drill 钻粒钻机 02.904

chimney caving 筒状陷落 02.203

chimney valve 烟道阀 05.409

china clay *瓷土 05.058

chipless working 无削加工 09.394

chloridizing leaching 氯化浸出 06.071

chloridizing roasting 氯化焙烧 06.007

chlorination 氯化[法] 06.472

chlorine metallurgy 氯[气]冶金[学] 01.034

chlorite 绿泥石 03.171

choked crushing 阻塞破碎 03.176

chromel alloy 镍铬电偶合金 08.229

chromite 铬铁矿 03.132

chromium metal 金属铬 05.200

chromizing 渗铬 07.230

chronoamperogram 计时电流图 04.457

chronoamperometry 计时电流法 04.456

chronocoulogram 计时库仑图 04.461

chronocoulometry 计时库仑法 04.460

chronopotentiogram 计时电位图 04.459

chronopotentiometry 计时电位法 04.458

chrysocolla 硅孔雀石 03.086

churn drill 钢绳冲击钻机 02.895

CIC process 炭柱法 06.365

CIL process 炭浸法 06.367

CIMS 计算机集成制造系统 09.104

cinder ladle 渣罐 05.400

cinder notch 渣口 05.383

cinnabar 辰砂 03.091

CIP process 炭浆法 06.366

circular bore 环形孔腔 09.196

circular cooler 环式冷却机 05.263

circular failure 圆弧型滑坡 02.190

circular grate for pellet firing 环式机焙烧球团 05.278

circular jig 圆型跳汰机 03.267

circular landslide 圆弧型滑坡 02.190

circular rotating furnace 环形炉 09.538

circular support 圆形支架 02.432

circular travelling sintering machine 环式烧结机 05.256

circulating flow 循环流 04.294

circulating load 循环负荷 03.011

cladding 包覆 09.255

cladding extrusion 包覆挤压 09.407

clad steel plate 复合钢板 09.599

clarification 澄清 03.458

classification 分级 03.050

classifier 分级机 03.241

Clausius-Clapeyron equation 克劳修斯－克拉珀龙方程 04.080

clay gun 泥炮 05.391

cleaning 精选 03.057、清洗 09.317

cleavage fracture 解理断裂 07.271

climber raising 天井爬罐法掘进 02.421

climbing-film evaporator 升膜蒸发器 06.099

climb of dislocation 位错攀移 07.077

closed circuit 闭路 03.010

closed furnace 封闭炉 05.225

closed loop 封闭圈 02.461

closed-loop control 闭环控制 09.243

close-packed hexagonal structure 密排六方结构 07.007

close-standing props 密集支柱 02.438

CLU 蒸汽氧精炼法，*CLU法 05.664

clustering 偏聚 07.166

coal blending 配煤 05.006

coal blending test 配煤试验 05.007

coal briquette 煤压块 05.053

coal charging 装煤 05.017

coalescer 凝并器 06.222

coal injection 喷煤 05.337

coal-oxygen injection 煤氧喷吹 05.619

coal preparation 选煤，*洗煤 05.005

coal tar 煤焦油 05.041

coal tar pitch 煤[焦油]沥青 05.049

coal washing 选煤，*洗煤 05.005

coarse fraction 粗粒级 03.028

coarse grinding 粗磨 03.216

coarse particle 粗颗粒 03.025

coated sheet 镀层板 09.585

cobalt-bearing crust 富钴结壳 02.680

cobaltglance 辉钴矿 03.094

co-current contact 顺流接触 04.369

co-current drum magnetic separator 顺流型圆筒磁选机 03.300

co-current leaching 顺流浸出 06.073

coded data 编码数据 04.603

coefficient of decoupling charge 装药不耦合系数 02.321

coefficient of permeability 渗透系数 02.790

cogging mill 开坯机 09.430

coherent interface 共格界面 07.101

cohesion of discontinuity 不连续黏结力 02.186

cohesive zone 软熔带 05.356

coil 卷 09.287

coil box 带卷箱 09.559

coil conveyor 带卷输送机 09.508

coiler 卷取机 09.505

coiling 卷取 09.288

coinage metal 钱币合金 08.255

coining 压印 09.349

coke 焦炭 05.028

coke cake 焦饼 05.014

coke charge 焦料 05.313

coke guide 拦焦机 05.025

coke load 焦炭负荷 05.355

coke oven [炼]焦炉 05.012

coke oven gas 焦炉煤气 05.039

coke pushing 推焦 05.019

coke quenching 焦炭熄火 05.020

coke rate 焦比 05.343

coke ratio 焦比 05.343

coke reactivity 焦炭反应性 05.036

coke wharf 焦台 05.022

coking 炼焦 05.001

coking coal [炼]焦煤 05.008

coking time 结焦时间 05.015

cold blast valve 冷风阀 05.410

cold bound pellet 冷固结球团 05.279

cold charge practice 冷装法 05.574

cold continuous rolling 冷连轧 09.132

cold crack 冷裂 05.766

cold drawing 冷拔 09.367

cold drawing bench 拉拔机 09.510

cold-drawn steel wire for prestressed concrete 预应力混凝土用钢丝 09.678

cold-drawn wire 冷拔钢丝 09.676

cold extrusion 冷挤压 09.409

cold heading steel 冷镦钢 09.658

cold-mold arc melting 水冷模电弧熔炼 05.606

cold Pilger mill 冷轧管机 09.478

cold rolled reinforcing bar 冷轧钢筋 09.660

cold rolled steel 冷轧钢 08.163

cold rolled steel strip 冷轧带钢 09.606

cold roll forming mill 冷弯机 09.451

cold rolling 冷轧 09.131

cold-rolling mill 冷轧机 09.450

cold sawing 冷锯切 09.393

cold shearing 冷剪切 09.392

cold shortness 冷脆 05.767

cold shut 冷隔 05.757

cold straightener 冷矫直机 09.497

cold upsetting 冷镦 09.345

cold-work die steel 冷作模具钢 08.184

cold working 冷加工 07.237

collector 捕收剂 03.354

collision theory 碰撞理论 04.242

color-painted steel strip 彩色涂层钢板，*彩色涂层钢带 09.612

columbite 铌铁矿 03.142

columnar structure 柱状组织 07.358

column charge blasting 柱状药包爆破 02.309

combination of forced and exhaust ventilation 压抽混合式通风 02.726

combination reaction 化合反应 04.027

combined development system 联合开拓 02.537

combined shaft 混合井 02.399

combined surface and underground mining 露天地下联合开采 02.044

combined tunnel boring machine 联合掘进机 02.948

combustion chamber 燃烧室 05.406

combustion intensity 冶炼强度 05.327

comminution 粉碎 03.043

commodity ore 商品矿石 02.040

compactibility 压制性 08.102

compact mill 紧凑式轧机 09.468

compensating space in blasting 爆破补偿空间 02.641

completely cold continuous rolling 全冷连轧 09.147

complete solid solution 连续固溶体 07.121

complexation ion exchange 络合离子交换 06.228

complex ferroalloy 复合铁合金 05.217

complex iron ore 复合铁矿，*共生铁矿 05.234

complex network 复杂网路 02.720

composite-bench mining 组合台阶开采 02.478

composite brick 复合砖 05.131

composite mold 组合式结晶器 05.711

composition adjustment by sealed argon bubbling 密封吹氩合金成分调整法，*CAS法 05.658

compound extrusion 复合挤压 09.410

compressed air pipeline 压气管道 02.972

compression 压缩 09.348

compression strength of green pellet 生球抗压强度 05.271

compressive strength 抗压强度，*压缩强度 08.021

compressive stress 抗压应力，*压缩应力 09.021

computer-aided design 计算机辅助设计 09.098

computer-aided engineering 计算机辅助工程 09.102

computer-aided manufacturing 计算机辅助制造 09.099

computer-aided metallurgical physical chemistry 计算冶金物理化学 04.529

computer-aided planning 计算机辅助计划 09.100

computer-aided process simulation model 计算机辅助过程仿真模型 09.103

computer-aided quality control 计算机辅助质量控制 09.101

computer integrated manufacturing system 计算机集成制造系统 09.104

concave-die-drawing 凹模拉延 09.362

concentrate 精矿 03.033

concentrated charging 集中装药 02.315

concentration 富集 03.051

concentration boundary layer 浓度边界层 04.278

concentration cell 浓差电池 04.444

concentration of solution 溶液浓度 04.118

concentration polarization 浓差极化 04.441

concentration ratio 富集比 03.004

concentrator 选矿厂 03.001

conchoidal fracture 贝壳状断口 07.281

concurrent drying 顺流干燥 06.119

concurrent flow extractor 顺流萃取器 06.219

concurrent leaching 顺流浸出 06.073

condenser 冷凝器 06.138

conditioning 调浆 03.059，预处理 09.316

conditioning treatment 预备热处理 07.191

conductance 电导 04.410

conductivity 电导率 04.411

cone classifier 圆锥分级机 03.247

cone crusher 圆锥破碎机 03.194

cone separator 圆锥分选机 03.282

cone-shape sill pillar 漏斗底柱结构 02.592

confidence coefficient 置信系数 04.571

confidence interval 置信区间 04.570

confining pressure 围压 02.162

conical cup test 锥杯试验 09.756

conjugate phase 共轭相 07.106

consecutive reaction 连串反应，*连续反应 04.231

conservation of mineral resources 矿产资源保护 02.041

consolidation 固结 08.113

constantan alloy 康铜合金 08.223

constant roll gap control 恒辊缝控制 09.206

constitutional supercooling 成分过冷 07.156

constitutive equation 本构方程 09.064

constrained optimization 约束优化 04.592

constructional elements of ore block 矿块结构要素 02.561

constructional steel 结构钢 08.156

construction of sill pillar 底柱结构 02.589

construction section steel 建筑型钢 09.661

consumable electrode arc melting furnace 自耗电极熔炼炉 06.546

contact angle 接触角 04.380

contact arc 接触弧 09.278

contact area 接触面积 09.279

contact face between caved ore and waste 崩落矿岩接触面 02.649

contact material 触头材料 08.137

contact potential 接触电位，*接触电势 04.430

continuous anode casting 阳极连续铸造 06.163

continuous caster 连铸机 05.682

continuous casting 连续浇铸 05.681

continuous casting billet 连铸坯 09.223

continuous casting-direct rolling 连铸－直接轧制工艺 05.779

continuous casting machine 连铸机 05.682

continuous charging 连续装药 02.316

continuous copper smelting process 连续炼铜法 06.278

continuous drawing 连续拉拔 09.368

continuous flow reactor 连续流动反应器 04.358

continuous furnace 连续式炉 09.546

continuous galvanizing 连续镀锌 09.307

continuous line bucket mining-vessel 连续绳斗式采矿船 02.684

continuous mining machine 连续采矿机 02.949

continuous pickling 连续酸洗 09.325

continuous precipitation 连续沉淀 07.161

continuous roll forming 连续辊式成形 09.300

continuous rolling 连续轧制 09.130

continuous steelmaking process 连续炼钢法 05.464

continuous tinning 连续镀锡 09.308

continuous tin plating 连续镀锡 09.308

continuous top blowing process 连续顶吹炼铜法 06.283

continuous transportation 连续运输 02.871

continuous variable crown mill 连续可变凸度轧机 09.453

continuous zinc coating 连续镀锌 09.307

CONTOP 连续顶吹炼铜法 06.283

contrast 衬度 07.306

control blasting 控制爆破 02.343

controlled rolling 控制轧制 09.168

controlling classification 控制分级 03.240

control of ground vibration from blasting 爆破地震防治 02.837

control of surface subsidence 地表沉陷防治 02.842

control survey of mine district 矿区控制测量 02.102

convergence measurement 收敛测量 02.169

convergence of wall rock 两帮收敛量 02.201

conversion formula 转换公式 04.149

converter 转炉 05.518

converter body 转炉炉体 05.558

converting 转炉吹炼 06.272

coolant 冷却剂 05.501

cooling bed 冷床 09.533

cooling curve 冷却曲线 04.108

cooling duct 冷却烟道 06.060

cooling plate 冷却水箱 05.402

cooling stave 冷却壁 05.403

coordination number 配位数 07.024

coordination shell 配位层 07.025

copper 紫铜 08.199

copper liberation cell 脱铜槽 06.307

copper making period 造铜期 06.296

copper matte 铜锍，*冰铜 06.289

copper-nickel alloys 白铜 08.211

copper vitriol 胆矾 06.309

COREX process 科雷克斯法 05.449

corona discharge 电晕放电 06.031

corona separator 电晕电选机 03.326

corona suppression 电晕遏止 06.033

correlation analysis 相关分析 04.581

correlation coefficient 相关系数 04.582

corrosion 腐蚀 08.045

corrosion current 腐蚀电流 08.082

corrosion fatigue 腐蚀疲劳 08.069

corrosion potential 腐蚀电位 08.081

corrosion-resisting steel 耐蚀钢 08.176

corrugated pipe 波纹管 09.636

corrugated steel sheet 瓦垄板，*波纹板 09.574

corundum 刚玉 05.073

corundum brick 刚玉砖 05.121

co-solvent extraction 共萃取 06.208

Cottrell atmosphere 科氏气团 07.086

Cottrell electrostatic precipitator 科特雷尔静电除尘器，＊考萃尔静电除尘器 06.030

coulometric titration 库仑滴定 04.480

coumarone-indene resin 苯并呋喃－茚树脂 05.046

countercurrent contact 逆流接触 04.370

countercurrent drum magnetic separator 逆流型圆筒磁选机 03.299

countercurrent drying 逆流干燥 06.120

countercurrent leaching 逆流浸出 06.074

counter electrode 对应电极 04.425

country rock 围岩 02.062

coupling charging 耦合装药 02.318

covalent bond 共价键 07.039

Covar 柯伐合金 08.237

covellite 铜蓝 03.082

Cowper stove 内燃式热风炉 05.419

CPE 斜轧穿孔延伸机 09.492

crack 裂纹 07.396

crack angle 断裂角 02.137

cracked corner 角裂 09.713

cracking of ore 矿石热分解 06.562

cracking temperature of green pellet 生球爆裂温度 05.272

crane 吊车 09.534

crank press 曲柄压力机 09.519

creep 蠕变 07.264

creep-rupture strength 蠕变断裂强度 08.040

creep strength 蠕变强度 08.039

Creusot-Loire Uddelholm process 蒸汽氧精炼法，＊CLU法 05.664

crevice corrosion 缝隙腐蚀 08.059

cristobalite 方石英 05.066

critical cooling rate 极限冷却速度 05.723

critical corona onset voltage 临界始发电晕电压 06.034

critical diameter 临界直径 02.271

critical nucleus size 临界晶核尺寸 07.144

critical resolved shear stress 临界分切应力 07.246

critical separation size 临界分选粒度 03.006

critical shear stress 临界切应力 09.017

critical strain 临界应变 07.240

critical value of surface deformation 地表临界变形值 02.133

crop shears 切头机 09.515

cross bit 十字钎头 02.228

cross bow 横向弯曲 09.254

cross-country rolling mill 越野式轧机 09.474

cross current solvent extraction 错流萃取 06.207

crosscut 石门 02.543，穿脉平巷 02.546

cross interaction coefficient of 2nd order 二级交叉作用系数 04.148

cross over flue 横跨烟道 06.063

cross piercing 斜轧穿孔 09.281

cross rolling 横轧 09.175

cross roll piercing elongation mill 斜轧穿孔延伸机 09.492

cross roll straightener 斜辊矫直机 09.498

cross section view of mining and stripping 采剥剖面图 02.120

cross slip 交叉滑移 07.249

crowdion 挤列子 07.055

crown 凸度 09.216

crown pillar 顶柱 02.565

crucible assay 坩埚试金法 06.375

crucible furnace 坩埚炉 06.037

crucibleless zone melting 无坩埚区熔法 06.548

crucible steelmaking 坩埚炼钢法 05.462

cruciform bit 十字钎头 02.228

crude benzol 粗苯 05.042

crude magnesium 粗镁 06.459

crude ore 原矿 03.031

crusher 破碎机 03.183

crushing 破碎 03.044

crushing chamber 破碎室 03.187

crust breaking 打壳 06.432

cryolite 冰晶石 03.120

cryolite ratio 冰晶石量比 06.430

crystal defect 晶体缺陷 07.042

crystal face 晶面 07.010

crystal growth 晶体生长 07.152

crystallization 结晶 06.107

crystallizer 结晶器 06.106

crystallographic axis 晶轴 07.017

crystallographic direction 晶向 07.018

crystallographic orientation 晶体取向 07.009

crystallographic plane 晶面 07.010

crystallographic zone 晶带 07.019

crystallography 晶体学 07.001

crystal plasticity 晶体塑性力学 09.072

crystal pulling method 提拉法 06.589

crystal seed 晶种 06.108

crystal whisker 晶须 07.159

cube texture 立方织构 07.393

cup-cone fracture 杯锥断口 07.277

cupel 骨灰杯 06.380

cupellation 灰吹法 06.377

cupola 冲天炉，*化铁炉 05.431

cup reagent feeder 杯式给药机 03.477

current density 电流密度 06.153

current efficiency 电流效率 06.154

curved mold 弧形结晶器 05.710

curve fitting 曲线拟合 04.575

curve line of surface displacement 地表移动曲线 02.126

cushioned blasting 缓冲爆破 02.330

cuspidine 枪晶石 05.302

cut and fill stoping 充填采矿法 02.607

cut hole 掏槽孔 02.298

cut-off grade 边界品位 02.058

cut-off grade of ore drawing 放矿截止品位 02.650

cutting 剪切 09.386

cutting zone of open pit 露天矿采掘带 02.494

cut-to-length device 切割定尺装置 05.739

CVC mill 连续可变凸度轧机 09.453

CVD 化学气相沉积 04.200

cyanidation 氰化法 06.363

cyanite 蓝晶石 05.075

cyanoethyl diethyl dithiocarbamate 二乙基二硫代氨基甲酸氰乙酯，*硫氮氰酯 03.377

cycle time 周转时间 05.016

cyclic voltammogram 循环伏安图 04.464

cyclo cell flotation machine 喷射旋流式浮选机 03.432

cyclo-fine screen 旋流细筛 03.214

cyclone dust collector 旋风除尘器 06.027

cyclone furnace smelting 旋涡熔炼 06.268

cyclosizer 旋流水析仪 03.488

Czochralski method *乔赫拉尔斯基法，*司卓克拉斯基法 06.589

D

data processing 数据处理 04.574

Davcra flotation machine 达夫克拉浮选机 03.428

DBC 二丁基卡必醇 06.194

DC ladle furnace 直流钢包炉 05.640

deactivation 失活 03.343

deactivator 失活剂 03.359

dead burning 死烧 05.095

dead region 死区 04.301

dead roasting 全氧化焙烧 06.006

dealloying 贫合金元素腐蚀 08.065

dearsenization 脱砷 04.196

Debye-Hüeckel theory of strong electrolyte solution 德拜－休克尔强电解质溶液理论 04.401

Debye-Onsager theory of electrolytic conductance 德拜－昂萨格电导理论 04.413

decalescence 减辉 07.178

decantation 倾析 06.092

decanting well 排水井 03.466

decarburization 脱碳 05.480

deck 床面 03.273

deck charging 间隔装药 02.317

decoiler 开卷机 09.506

decomposition reaction 分解反应 04.028

decomposition voltage 分解电压 04.434

deep drawing 深拉 09.354

deep drawing plate 深冲钢板 09.581

deep drawing sheet steel 深冲钢板 09.581

deep drawing steel 深冲钢 08.164

deep-drawing test 深冲试验 09.754

deep mining 深部矿床开采 02.659

deep open pit 深部露天矿 02.460

deep-trough open pit 凹陷露天矿 02.459

deflagration 爆燃 02.255

deflection 挠度 09.273

deformation 形变 09.037

deformation band 形变带 07.243

deformation extent 变形程度 09.038

deformation load 变形力 09.039

deformation texture 形变织构 07.389

deformation twinning 形变孪生 07.255

deformation work 变形功 09.040

deformed zone 变形区 09.041

defrother 消泡剂 03.363

defrothing 消泡 03.336

degassing 去气 04.191

degree of order 有序度 07.174

dehumidified blast 脱湿鼓风 05.349

delay 休风 05.335

delayed aging 延迟时效 07.183

delayed explosion 迟爆 02.776

delayed filling 随后充填 02.629

delayed fracture 延迟断裂 07.274

delay electric detonator 延期电雷管 02.279

delay ratio 休风率 05.361

demanganization 脱锰 04.195

demister 除雾器 06.104

dendritic magnesium crystal 树枝状结晶镁 06.461

dendritic structure 树枝状组织 07.355

denitrogenation 脱氮 05.486

dense medium separation 重介质分选 03.065

dense medium separator 重介质选矿机 03.291

dental alloy 牙科合金 08.260

dent resistance 抗凹坑性 09.697

deoiling 除油 09.719

deoxidation 脱氧 05.474

deoxidation constant 脱氧常数 04.180

deoxidation equilibrium 脱氧平衡 04.179

deoxidized copper 脱氧铜 08.201

deoxidizer 脱氧剂 05.499

dephosphorization 脱磷 05.482

dephosphorization under oxidizing atmosphere 氧化脱磷 04.185

dephosphorization under reducing atmosphere 还原脱磷 04.186

depolarization 去极化 04.442

depolarizer 去极化剂 06.161

deposit grade 矿床品位 02.055

deposit industrial index 矿床工业指标 02.057

depressant 抑制剂 03.356

depression 抑制 03.344

descaling 除鳞 09.718

desiccator 干燥器 04.510

desilication 脱硅 06.410

desiliconization 脱硅 04.194

desliming 脱泥 03.055

desorption 脱附 04.388

de-stressing 应力解除 02.193

desulfurization 脱硫 05.484

desulfurization by slag 熔渣脱硫 04.181

desulfurization in the gaseous state 气态脱硫 04.182

desulfurizer 脱硫剂 05.500

detachable bit 活动钻头 02.229

detecting water by pilot hole 超前探水 02.794

detinning sheet 除锡钢板 09.590

detonating capability 起爆能力 02.295

detonating cord 导爆索 02.292

detonating relay 继爆管 02.289

detonation 爆轰 02.252

detonation pressure 爆压 02.260

detonation velocity 爆速 02.258

detonation wave 爆轰波 02.253

detonator 雷管 02.275

developed ore reserve 开拓矿量 02.082

development column 扩展柱 06.230

development method of surface mine 露天矿开拓方法 02.496

development method of underground mine 地下矿开拓方法 02.535

development openings 开拓巷道 02.542

development ratio 采掘比 02.031

deviation 偏差 04.566

deviatoric stress tensor 应力偏张量 09.007

deviatoric tensor of stress 应力偏张量 09.007

dewatering bunker 脱水仓 03.436

dewatering ditch 防水沟 02.802

dewatering drift 疏干巷道 02.796

dezincification 脱锌 08.066

DH 提升式真空脱气法，＊DH法 05.647

di-2-ethylhexyl phosphonic acid 二(2－乙基己基)膦酸 06.190

di-2-ethylhexyl phosphonic acid mono-2-ethylhexyl ester 2－乙基己基膦酸单2－乙基己基酯 06.193

diagonal network 角联网路 02.719

diagonal rolling 角轧 09.128

diagonal ventilation system 对角式通风系统 02.728

dialkyl dithiophosphate 二烃基二硫代磷酸盐，＊黑药 03.373

diamond 金刚石 05.157

diamond bar steel 菱形钢 09.668

diamond drill 金刚石钻机 02.902

diamond film 金刚石薄模 05.182

diaphragm electrolysis 隔膜电解 06.156

diaspore 硬水铝石 03.117

diatomaceous earth 硅藻土 05.086

diborane 二硼烷 06.530

dibutyl carbitol 二丁基卡必醇 06.194

dicalcium ferrite 铁酸二钙 05.286

dicalcium silicate 硅酸二钙 05.295

die 模具 09.418

die box 拉模盒 09.561

die forging 模锻 09.338

dielectric separation 介电分离 03.076

Diescher mill 迪舍轧机，＊狄塞尔轧机 09.452

diesel drill 内燃凿岩机 02.911

diesel gas purification 柴油废气净化 02.773

diesel LHD 柴油铲运机 02.942

diesel shovel 柴油铲 02.929

die steel 模具钢 08.183

diethyl dithiophosphate 二乙基二硫代磷酸盐 03.396

differential dilatometry 示差膨胀测量术 07.329

differential scanning calorimetry 示差扫描量热法 04.500

differential thermal analysis 差热分析 04.497

differential thermogravimetry 差热重法 04.499

differential zinc coating 差厚镀锌 09.310

diffraction contrast 衍射衬度 07.309

diffused aluminum coated sheet 扩散镀铝板 09.589

diffusion 扩散 04.309

diffusion bonding 扩散黏结 05.254

diffusion coefficient 扩散系数 04.312

diffusion-controlled reaction 扩散控制反应 04.335

diffusion current 扩散电流 04.451

diffusion potential 扩散电位，＊扩散电势 04.431

digestibility 浸溶性 06.078

digestion residue 溶出残渣 06.080

dilatometer 膨胀计 04.509

dilatometry 膨胀测量术 07.328

diluent 稀释剂 06.179

dimensional analysis 量纲分析 04.339

dimensionless group 无量纲数群 04.341

dinas brick 硅砖 05.112

direct current electric arc furnace 直流电弧炉 05.592

direct extrusion 正挤压 09.408

direct firing evaporator 直火蒸发器 06.094

direct flotation 正浮选 03.405

direct hydrofluorination method 直接氢氟化法 06.567

directional blasting 定向爆破 02.337

directional solidification 定向凝固 07.140

directly reduced iron 直接还原铁 05.439

direct reduction 直接还原 04.159

direct reduction in rotary kiln 回转窑直接炼铁 05.441

direct reduction in shaft furnace 竖炉直接炼铁 05.440

direct reduction iron making 直接还原炼铁[法] 05.438

direct rolling 直接轧制 09.151

direct steelmaking process 直接炼钢法 05.465

discharge hole 出料孔 06.047

disclination 旋错，＊旋向 07.058

discontinuous precipitation 不连续沉淀 07.162

disk feeder 圆盘式给矿机 03.473

disk filter 盘式过滤机 03.452

dislocation 位错 07.057

dislocation core 位错芯 07.078

dislocation dipole 位错偶极子 07.070

dislocation forest 位错林 07.069

dislocation helix　位错卷线　07.073

dislocation jog　位错割阶　07.075

dislocation kink　位错扭折　07.076

dislocation locking　位错钉扎　07.080

dislocation loop　位错环　07.072

dislocation multiplication　位错增殖　07.083

dislocation network　位错网　07.074

dislocation node　位错节　07.068

dislocation pile-up　位错塞积　07.082

dislocation tangle　位错缠结　07.081

dislocation wall　位错墙　07.071

disordered phase　无序相　07.110

disordered solid solution　无序固溶体　07.123

dispersant　分散剂　03.360

dispersed shrinkage　缩松　07.398

dispersion strengthening　弥散强化　07.285

displaced atom　离位原子　07.054

displacement angle　移动角　02.135

displacement chromatography　置换色谱法　06.244

displacement field　位移场　09.050

displacement of wall rock　围岩位移量　02.200

displacement reaction　置换反应　04.029

disproportionation reaction　歧化反应　04.030

disseminated grain size　嵌布粒度　03.022

distillation　蒸馏　06.123

distillation tray　蒸馏盘　06.127

distilling column　蒸馏柱　06.126

distribution coefficient　分配系数　06.216

distribution equilibrium　分配平衡　04.198

distribution ratio　分配比　06.215

distributor　布料器　05.323

ditching　掘沟　02.525

dithiocarbamate collector　二硫代氨基甲酸酯捕收
剂，＊硫氨捕收剂　03.384

divacancy　双空位　07.045

divider [of the electrolytic cell]　[电解槽]隔板
06.456

divorced eutectic　分离共晶体　07.343

dixanthate　二黄原酸盐，＊双黄药　03.368

dolomite　白云石　03.161

dome of natural equilibrium　自然平衡拱　02.184

doping　掺杂　06.539

Dortmund Horder vacuum degassing process　提升式

真空脱气法，＊DH 法　05.647

Doré bullion　金银合金锭　06.373

Doré metal　金银双金属　06.371

double annular tuyere　双环缝喷嘴　05.567

double channel rolling　双槽轧制　09.184

double-drum winder　双卷筒提升机　02.850

double duo mill　复二重式轧机　09.462

double electrode direct current arc furnace　双电极直
流电弧炉　05.593

double pipe heat exchanger　套管式换热器　06.145

double-rotor impact crusher　双转子冲击式破碎机
03.193

double salt of boron fluoride-dimethyl ether　氟化
硼－二甲基乙醚复盐　06.532

double side zinc coating　双面镀锌　09.304

double-slag operation　双渣操作　05.545

double stream process　双流法　06.399

downcast air　下行风流　02.702

down draught kiln　倒焰窑　05.106

down-the-hole drill　潜孔钻机　02.896

Dow process　道氏法，＊道屋法　06.450

draft schedule　压下规程　09.236

dragline excavator　索斗挖掘机　02.924

drainage　排水　06.116

drawability　拉延性能　09.358

draw cone　漏斗　02.586

drawing　拉延　09.355，拉拔　09.363

drawing crack　拉裂　09.705

drawing load　拉延力　09.356

drawing out　拔长　09.347

drawing quality steel sheet　冲压薄板　09.577

drawing ratio　拉延比　09.357

drawn-out body of ore　放出体　02.648

dredge　采砂船　02.965

dredging　采砂船开采　02.532

DRI　直接还原铁　05.439

drift　沿脉平巷　02.547

drift　平巷　02.412

drift closure　巷道闭合　02.204

drift dewatering　巷道排水　02.801

drifter　支架凿岩机　02.917

drift exploration　巷道勘探　02.077

drift footage measurement　巷道验收测量　02.115

drifting 平巷掘进 02.415

drifting by new Austrian method 新奥法掘进 02.418

drifting by tunneling machine 平巷掘进机掘进 02.417

drifting jumbo 平巷掘进台车 02.955

drifting survey 巷道施工测量 02.108

drilling chamber 凿岩硐室 02.578

drilling drift 凿岩巷道 02.577

drilling hole pattern 炮孔布置 02.297

drilling jumbo 凿岩台车 02.956

drilling tool 凿岩工具 02.226

drill pipe 钻探管 09.639

drill rig 钻架 02.905

drill shank 钎尾 02.231

drill steel 钎钢 09.655

drill tripod 凿岩支架 02.906

drip melting 滴熔 06.543

driving roll 驱动辊 05.737

droplet separator 液滴分离器 06.117

drop test 落锤试验 09.755

dross 浮渣 06.331

drossing kettle 除渣锅 06.332

drum 卷筒 02.862

drum filter 筒型过滤机 03.451

drum heavy-medium separator 圆筒型重介质选矿机 03.294

drum index of coke 焦炭转鼓指数 05.034

drum-scoop feeder 联合给矿器 03.223

drum strength of green pellet 生球转鼓强度 05.269

drum test 转鼓试验 05.305

drum type winder 卷筒式提升机 02.845

dry cleaning 干法净化 06.021

dry drilling with dust catching 干式凿岩捕尘 02.767

dry filling 干式充填 02.626

dry friction 干摩擦 09.081

drying intensity 干燥强度 06.122

dry quenching of coke 干法熄焦 05.021

dry strength 砖坯强度 05.103

DSC 示差扫描量热法 04.500

DTA 差热分析 04.497

dual phase steel 双相钢 08.165

ductility 延性 08.004

dummy bar 引锭杆 05.705

dumping plough 排土机 02.920

dump leaching 废石堆浸出 02.668

dump test 镦粗试验 09.757

duplex stainless steel 双相不锈钢 08.174

duplex steelmaking process 双联炼钢法 05.463

duration of heat 冶炼时间 05.489

dust collector 除尘器 06.025

dust concentration 粉尘浓度 02.769

dust control by ventilation 通风防尘 02.764

dust measurement 粉尘测量 02.771

dust sampler 粉尘采样器 02.770

Dwight-Lloyd sintering machine 带式烧结机 05.255

dynamic control 动态控制 05.554

dynamic friction model 动摩擦模型 02.182

dynamic leaching 动态溶浸 02.673

dynamic recovery 动态回复 07.262

dynamic recrystallization 动态再结晶 09.075

E

earing 制耳 09.272

EBR 电子束炉重熔 05.604

EBT 偏心炉底出钢 05.625

eccentric bottom tapping 偏心炉底出钢 05.625

economizer 节热器 06.148

eddy current inspection 涡流检测 07.338

eddy-current test 涡流探伤 09.742

eddy flow 涡流 04.263

edge crack 边裂 09.707

edge dislocation 刃型位错 07.059

edger mill 立辊轧机 09.448

edge rolling 立轧 09.137

edging mill 立辊轧机 09.448

effective boundary layer 有效边界层 04.281

effective hearth area 有效炉底面积 05.580

effective hoisting load 有效提升量 02.864

effective stress 有效应力 09.019

effective volume 有效容积 05.380

effluent 流出物 06.245

eigenvalue 特征值 04.604

ejector flotation machine 喷射浮选机 03.433

Ekopf flotation machine 埃科夫喷射浮选机，*依可夫喷射浮选机 03.435

elastic after-effect 弹性后效 08.010

elastic constant 弹性常数 08.011

elastic deformation 弹性形变 07.234

elastic equation of mill 轧机弹性方程 09.187

elasticity 弹性 08.002

elastic limit 弹性极限 08.012

elastic-perfectly plastic body 理想弹塑性体 09.058

electrical heating alloys 电热合金 08.225

electrical resistance alloys 电阻合金 08.221

electrical steel 电工钢 08.191

electric arc furnace 电弧炉 05.590

electric detonating circuit 电爆网路 02.294

electric detonator 电雷管 02.277

electric distribution box of working face 采掘工作面配电箱 02.978

electric double layer 双电层 04.435

electric drill 电动凿岩机 02.912

electric field freezing method 电场凝固[法] 06.583

electric furnace smelting 电炉熔炼 06.267

electric furnace with low hood 矮烟罩电炉 05.226

electric LHD 电动铲运机 02.943

electric resistance furnace 电阻炉 05.595

electric resistance furnace for graphitization 石墨化电阻炉 05.163

electric steelmaking 电炉炼钢 05.589

electric steel sheets and strips 电工钢板，*电工钢带 09.575

electric-welded pipe 电焊管 09.623

electric-wheel truck 电动轮汽车 02.884

electro-aluminothermic process 电铝热法 05.221

electro-carbothermic process 电碳热法 05.218

electrochemical equilibrium 电化学平衡 04.047

electrochemical equivalent 电化学当量 04.467

electrochemical reaction 电化学反应 04.033

electrochemistry of fused salts 熔盐电化学 04.393

electro-codeposition 电共沉积 06.157

electrode 电极 04.416

electrode paste 电极糊 05.174

electrode polarization 电极极化 04.437

electrodeposition 电沉积 04.468

electrode potential 电极电位，*电极电势 04.428

electrodialysis 电渗析 06.249

electrodiffusion 电致扩散 07.135

electrohydraulic forming 电液成形 09.374

electrolysis 电解 04.465

electrolysis dissolution 电解造液 06.306

electrolyte crust 电解质结壳 06.431

electrolyte solution 电解质溶液 04.395

electrolytic cell 电解槽 06.150

electrolytic galvanized sheet 电镀锌板 09.587

electrolytic iron 电解铁 08.140

electrolytic tin plate 电镀锡板 09.601

electrolytic tin plating 电镀锡 09.306

electrolytic tough pitch copper 电解铜 08.200

electrolytic zinc plating 电镀锌 09.305

electromagnetic forming 电磁成形 09.375

electromagnetic separator 电磁磁选机 03.304

electromagnetic slag detector 电磁测渣器 05.570

electromagnetic stirring 电磁搅拌 05.742

electrometallurgy 电冶金[学] 01.033

electromotive force of a cell 电池电动势 04.449

electron beam melting furnace 电子束熔炼炉 06.545

electron beam remelting 电子束炉重熔 05.604

electron beam zone melting 电子束区域熔炼 06.549

electron bombardment furnace 电子轰击炉 06.544

electron compound 电子化合物 07.114

electronegativity 电负性 04.222

electronic conduction 电子导电 04.478

electronic hole conduction 空穴导电 04.479

electron microprobe 电子探针 07.310

electron microscope 电子显微镜 07.300

electrophoretic separation 电泳分离 03.075

electroplating 电镀 04.469

electrorefining 电解精炼 04.471

electro-silicothermic process 电硅热法 05.219

electroslag casting 电渣熔铸 05.600

electroslag remelting 电渣重熔 05.599

electrostatic leakage 静电泄漏 02.815

electrostatic protection 静电防护 02.814

electrostatic separation 电选，＊静电分离 03.068

electrostatic separator ［静］电选机 03.325

electrosynthesis 电合成 04.470

electrotransport process 电传输法 06.541

electrowinning 电解提取 04.472

elementary reaction ［基］元反应 04.228

elevated top pressure 炉顶高压 05.428

elevator raise 电梯井 02.584

elimination of nonmetallic inclusion 去除非金属夹杂
［物］ 04.192

Elinvar alloy 埃尔因瓦型合金 08.236

Ellingham-Richardson diagram 埃林厄姆－理查森
图，＊埃令哈－里察森图 04.203

elongation 伸长率，＊延伸率 08.027

elongation coefficient 延伸系数 09.270

eluant 洗脱剂 06.247

eluate 洗出液 06.248

elution 洗脱 06.246

elutriator 淘析器 03.487

embossing machine 压花机 09.514

embryo 晶胚 07.142

emergency launder 事故溢流槽 05.745

EMS 电磁搅拌 05.742

emulsion explosive 乳化炸药 02.240

endless rolling 无头轧制 09.178

end on shaft station 尽头式井底车场 02.410

endothermic reaction 吸热反应 04.082

end point carbon 终点碳 05.541

end shears 切头机 09.515

end upsetting 端部增厚 09.253

endurance limit 疲劳极限 08.037

energizer 催渗剂 07.224

energy consumption 能耗 09.274

energy consumption curve 能耗曲线 09.275

energy method 能量法 09.070

energy optimizing furnace 能量优化炼钢炉
05.610

engineering of comprehensive utilization of mineral
resources 矿物资源综合利用工程 01.035

engineering plasticity 工程塑性学 09.002

engineering strain 工程应变 09.036

enrichment ratio 富集比 03.004

ensemble 系综 04.210

enthalpy 焓 04.053

enthalpy of formation 生成焓 04.055

enthalpy of mixing 混合焓 04.054

enthalpy of reaction 反应焓 04.056

entropy 熵 04.058

EOF 能量优化炼钢炉 05.610

equalizing valve 均压阀 05.426

equation of continuity 连续方程 04.306

equation of motion ＊运动方程 04.307

equilibrium 平衡 04.041

equilibrium constant 平衡常数 04.157

equilibrium value 平衡值 04.158

equipment raise 设备井 02.585

equivalent material simulating 相似材料模拟
02.180

error 误差 04.556

ESC 电渣熔铸 05.600

ESR 电渣重熔 05.599

etchant 浸蚀剂，＊蚀刻剂 07.297

etching 浸蚀，＊蚀刻 07.296

etch pit 蚀坑 07.298

ether frother 醚类起泡剂 03.389

ethyl xanthate 乙基黄原酸盐，＊乙黄药 03.369

eutectic point 共晶点，＊低熔点 04.095

eutectic reaction 共晶反应 04.101

eutectic solidification 共晶凝固 07.139

eutectic structure 共晶组织 07.342

eutectic white iron 共晶白口铸铁 08.153

eutectoid 共析体 07.348

eutectoid ferrite 共析铁素体 07.370

eutectoid point 共析点 04.098

eutectoid reaction 共析反应 04.104

euxenite 黑稀金矿 03.147

Evans diagram 埃文斯图，＊电势－电流图
04.455

evaporation 蒸发 06.093

excavation factor 挖掘系数 02.484

excavator loading 挖掘机装载 02.483

excess drilling 超钻 02.347

excess enthalpy 超额焓 04.057

excess entropy 超额熵 04.060

excess Gibbs energy 超额吉布斯能 04.067

excess molar quantity 超额摩尔量，＊过剩摩尔量 04.051

exchange current 交换电流 04.450

exchange reaction 交换反应 06.227

exfoliation corrosion 剥蚀 08.064

exhaust gas 排出气 02.695

exhaust ventilation 抽出式通风 02.725

exoslag 发热渣 05.679

exothermic reaction 放热反应 04.081

expansion tube 扩径管 09.628

expected value 期望值 04.544

experimental error 实验误差 04.559

exploratory grid cross section 勘探线剖面图 02.095

explosion 爆炸 02.250

explosion gas 爆炸性气体 02.693

explosion heat 爆热 02.257

explosion strength 爆力 02.261

explosion temperature 爆温 02.256

explosive antimony 爆锑 06.356

explosive charging density 装药密度 02.320

explosive forming 爆炸成形 09.376

explosive loading machine 装药器 02.944

explosive loading truck 装药车 02.945

extended dislocation 扩展位错 07.062

extension roller table 延伸辊道 09.555

extensive property 广度性质 04.013

extensometer 引伸计 09.564

extent of reaction 反应进度 04.040

extractant 萃取剂 06.178

extracted ore 采出矿石 02.039

extracted species 萃合物 06.184

extracting 回采 02.593

extracting drift 回采进路 02.582

extracting face 回采工作面 02.594

extraction capacity 萃取容量 06.214

extraction eluting resin 萃洗树脂 06.238

extraction replica 提取复型 07.304

extractive metallurgy 提取冶金［学］ 01.012

extractor 出钢机 09.512

extra-deep drawing sheet steel 超深冲钢板 09.583

extra low carbon ferrochromium 微碳铬铁 05.198

extrinsic stacking fault 插入型层错 07.092

extrusion 挤压 09.403

extrusion billet 挤压坯 09.404

extrusion ratio 挤压比 09.405

extrusion roll 挤压辊 09.553

F

face-centered cubic lattice 面心立方点阵 07.005

falling crucible method 坩埚下降法 06.590

falling film evaporator 降膜蒸发器 06.100

false roof 假顶 02.211

fan characteristic curve 通风机特性曲线 02.753

fan efficiency 通风机效率 02.751

fan operating point 通风机工况点 02.754

fan-pattern holes 扇形炮孔 02.308

Faraday's law of electrolysis 法拉第电解定律 04.466

fat coal 肥煤 05.010

fatigue fracture 疲劳断裂 07.273

fatigue life 疲劳寿命 08.038

fatigue test 疲劳试验 09.728

fault breccia 断层角砾岩 02.065

fault gouge 断层泥 02.064

fayalite 铁橄榄石 05.281

F-distribution F 分布 04.555

feather 铸疤 05.756

feedback control 反馈控制 09.241

feeder 给矿机，＊给料机 03.470

feed forward control 前馈控制 09.245

feeding 给矿，＊给料 03.469

feldspar 长石 03.158

FEM 有限元法 09.109

fergusonite 褐钇铌矿 03.144

Fermi-Dirac distribution 费米－狄拉克分布 04.216

ferrite 铁素体 07.369

ferritic stainless steel 铁素体不锈钢 08.172

ferroalloy 铁合金 05.188

ferroboron 硼铁 05.204

ferrochromium 铬铁 05.196

ferrocolumbite 钽铁矿 03.141

ferrogehlenite 铁黄长石 05.283

ferromanganese 锰铁 05.192

ferromolybdenum 钼铁 05.202

ferronickel 镍铁 05.207

ferroniobium 铌铁 05.205

ferrophosphorus 磷铁 05.206

ferrosilicon 硅铁 05.189

ferrotitanium 钛铁 05.203

ferrotungsten 钨铁 05.201

ferrous metallurgy 钢铁冶金[学] 01.019

ferrozirconium 锆铁 05.208

fettling 补炉 05.514

fiber strengthening 纤维强化 07.286

fiber texture 纤维织构 07.390

fibrous fracture 纤维状断口 07.279

Fick's 1st law of diffusion 菲克第一扩散定律 04.310

Fick's 2nd law of diffusion 菲克第二扩散定律 04.311

field-ion microscope 场离子显微镜 07.312

filiform corrosion 丝状腐蚀 08.063

filling 充填 02.621

filling material 充填材料 02.619

filling raise 充填井 02.396

filling system 充填系统 02.625

film concentration 流膜分选 03.064

filter 过滤机 03.448

filter cake 滤饼 03.460

filtrate 滤液 03.459

filtration 过滤 03.447

final concentrate 最终精矿 03.036

fine crushing 细碎 03.180

fine fraction 细粒级 03.029

fine grinding 细磨 03.217

fine particle 细颗粒 03.026

finish 精整度, *光洁度 09.693

finisher 精轧机 09.475

finishing 精整 09.297

finishing mill 精轧机 09.475

finish rolling 精轧 09.173

finite element method 有限元法 09.109

fire area monitoring 火区监测 02.812

fire assaying 试金学 06.374

fireclay 耐火黏土 05.057

fireclay brick 黏土砖 05.116

fireclay crucible 耐火黏土坩埚 06.378

fire door 防火门 02.805

fire extinguishing with inert gas 惰性气体灭火法 02.809

fire extinguishing with mud-grouting 黄泥灌浆灭火法 02.808

fire extinguishing with pressure balancing 均压灭火法 02.811

fire extinguishing with resistant agent 阻化剂灭火法 02.810

fire refining 火法精炼 06.287

fire-refining copper 火法精炼铜 06.300

firestone 耐火石 05.068

fire stopping 防火墙 02.806

fire zone 火区 02.804

firing element of electric detonator 电雷管点火元件 02.286

firmness of rock 岩石坚固性 02.217

first order reaction 一级反应 04.239

fish plate 鱼尾板 09.595

fissure angle 裂隙角 02.136

fissured waterbearing stratum 裂隙含水层 02.788

fissured zone 裂隙带 02.130

fissure water 裂隙水 02.787

fixed bed 固定床 04.361

flake 发裂 05.759

flame cleaning 火焰清理 09.329

flame front in sintering 烧结火焰前沿 05.252

flame furnace 火焰炉 09.537

flame fusion method 焰熔法 06.591

flame gunning 火焰喷补 05.517

flame heating 火焰加热 07.192

flanging 翻边 09.388

flanging test 翻边试验, *卷边试验 09.760

flaring test 扩口试验 09.734

flash drying 闪速干燥 06.118

flash flotation 闪速浮选 03.410

flashing line 自蒸发罐组 06.102

flash roaster 闪烁炉 06.013

flash smelting 闪速熔炼 06.264

flash tank 自蒸发罐 06.101

flat-bottom sill pillar 平底底柱结构 02.590

flat jack 液压枕 02.173

flatness 平整度 09.256

flat steel 扁钢 09.664

flattening test 压扁试验 09.738

flexible die forming 软模成形 09.377

flexible dummy bar 挠性引锭杆 05.707

flexible manufacturing system 柔性制造系统 09.095

flexible rolling 柔性轧制 09.160

flint clay 硬质黏土 05.059

floating head heat exchanger 浮头式换热器 06.142

floating plug 挡渣塞 05.569

floating plug drawing 游动芯棒拉拔 09.371

float valve column 浮阀柱 06.133

flocculant 絮凝剂 03.362

flocculation 絮凝 03.047

floor boundary line 底部境界线 02.471

flotability 可浮性 03.346

flotability verification 可浮性检验 03.490

flotation 浮选 03.069

flotation cell 浮选槽 03.417

flotation column 浮选柱 03.419

flotation machine 浮选机 03.416

flotation reagent 浮选药剂 03.353

flour alumina 面粉状氧化铝 06.420

flow curve 流变曲线 07.244

flow pattern 流型图 04.298

flow rate 流率 04.282

flowsheet 流程 03.012

flow stress 流变应力，*流动应力 09.024

flow turning 变薄旋压 09.399

flue dust 烟道灰尘 06.019

fluid friction 流体摩擦 09.084

fluidized bed 流态化床 04.364

fluidized-bed iron making 流态化炼铁 05.442

fluidized roaster 流态化焙烧炉 06.011

fluorescent magnetic-particle inspection 荧光磁粉检

测 07.334

fluorescent penetrant test 荧光液渗透探伤 07.337

fluorination 氟化 06.535

fluorite 萤石 03.151

fluorotantalic acid 氟钽酸 06.493

flux 通量 04.288，熔剂 05.244

flux-grown single crystal salt melting 晶体生长盐法 06.594

flux method 助熔剂法 06.592

flying saw 飞锯 09.529

foamed metal 泡沫金属 08.252

foaming slag 泡沫渣 04.174

foil 箔材 09.614

foil rolling 箔材轧制 09.172

fold 折叠 09.714

foot wall 下盘 02.071

forced block caving method 矿块强制崩落法 02.640

forced convection 强制对流 04.321

forced ventilation 压入式通风 02.724

forehearth 前床 06.042

forgeability test 可锻性试验 09.745

forge welding 锻焊 09.334

forging 锻造 09.332

forging and stamping 锻压 09.331

forging ratio 锻造比 09.333

formcoke 型焦 05.052

formcoke from cold briquetting 冷压型焦 05.054

formcoke from hot briquetting 热压型焦 05.055

forming 成形 08.105

forming die 成形模 09.419

forming limit 成形极限 09.106

forming limit diagram 成形极限图 09.107

form modification of nonmetallic inclusion 非金属夹杂[物]变形 04.193

forsterite 镁橄榄石 05.297

forward excavator 正铲挖掘机 02.922

forward slip 前滑 09.227

forward spinning 正旋 09.397

foundry 铸造学 01.030

foundry coke 铸造焦 05.030

Fourier number 傅里叶数 04.348

Fourier's 1st law 傅里叶第一定律 04.323

Fourier's 2nd law 傅里叶第二定律 04.324

fractional crystallization 分步结晶 06.114

fractional distillation 分馏 06.124

fractional precipitation 分步沉淀 06.578

fractography 断口形貌学 07.276

fracture 断裂 07.268

fracture angle 裂隙角 02.136

fracture spacing 裂隙间距 02.067

fracture surface 断口 07.275

fracture toughness 断裂韧性 08.042

Frank-Read source 弗兰克-里德源 07.079

free drawing 无模拉拔 09.365

free face 自由面 02.352

free machining copper with 0.5% Te 碲铜 08.203

free machining copper with 1% Pb 铅铜 08.204

free-machining steel 易切削钢 08.179

free radical 自由基 04.252

free settling 自由沉降 03.256

free space blasting 自由空间爆破 02.311

free spread 自由宽展 09.230

free volume theory 自由体积理论 04.221

freezing shaft sinking 冻结掘井法 02.371

Frenkel vacancy 弗仑克尔空位 07.047

fretting corrosion 微动腐蚀 08.079

Fretz-Moon pipe mill 连续式炉焊管机组 09.485

friction 摩擦 09.076

frictional resistance coefficient 摩擦阻力系数 02.705

frictional rock bolt 摩擦式锚杆 02.448

friction coefficient 摩擦系数 09.077

friction hill 摩擦峰 09.079

friction material 摩擦材料 08.136

friction press 摩擦压砖机 05.099

friction saw 摩擦锯 09.530

friction type winder 摩擦式提升机 02.846

frontal resistance of airflow 风流正面阻力 02.707

front-end loader 前端装载机 02.930

froth 泡沫 03.337

frother 起泡剂 03.355

froth flotation 泡沫浮选 03.402

frothing 起泡 03.335

froth layer 泡沫层 03.338

froth paddle 泡沫刮板 03.420

froth product 泡沫产品 03.340

Froude number 弗劳德数，*弗鲁德数 04.343

fuel cell 燃料电池 04.447

fuel injection 喷吹燃料 05.336

fuel rate 燃料比 05.344

fuel ratio 燃料比 05.344

fugacity 逸度 04.135

full blast 全风量操作 05.333

full face blasting 全断面爆破 02.327

fuming 烟化 06.017

functional materials 功能材料 08.220

furnace butt-weld pipe 炉焊管 09.634

furnace condition 炉况 05.353

furnace lines 炉型 05.371

furnace lining 炉衬 05.509

furnace roof 炉顶 05.508

furnace stack 炉子烟囱 06.059

fused alumina 电熔氧化铝 05.072

fused cast brick 熔铸砖 05.123

fused magnesia 电熔镁砂 05.081

fused quartz product 熔融石英制品 05.113

fused salt 熔盐 04.126

fused salt corrosion 熔盐腐蚀 08.054

fusion cast process 熔铸成型 05.102

fusion piercing drill 火力钻机 02.901

G

gadolinite 硅铍钇矿 06.557

galena 方铅矿 03.096

Galileo number 伽利略数 04.345

galvanic cell 原电池 04.443

galvanic corrosion 电偶腐蚀 08.047

galvanostat 恒电流仪 04.526

gap distance of sympathetic detonation 殉爆距离 02.266

gape 排矿口 03.188

garnet 石榴子石 03.169

gas 烟气 06.018

gas bubble 气泡 04.264

gas cleaning 煤[废]气净化 06.020

gas coal 气煤 05.009

gas collecting skirt 电解槽集气罩 06.437

gas distribution 煤气分布 05.351

gas holder 储气罐 06.256

gas-metal reaction 气－金[属]反应 04.038

gas permeable brick 透气砖 05.140

gas uptake 上升管 05.424

gas utilization rate 煤气利用率 05.352

gas-welded pipe 气焊管 09.622

gathering-arm loader 蟹爪装载机 02.935

gauge 厚度尺寸 09.250

gauge control 厚度控制 09.249

gauge rod 探料尺 05.325

gehlenite 钙铝黄长石 05.300

Geiger counter 盖格计数器 04.522

gelatine dynamite 胶质炸药 02.245

general corrosion 全面腐蚀 08.055

geological logging 地质编录 02.092

geological map 地质平面图 02.097

geological reserve 地质储量 02.079

geological section 地质断面图 02.098

geologic column 地质柱状图 02.099

geologic-topographic map 地质地形图 02.094

geometric configuration of orebody 矿体几何形状 02.046

geometric simulation 几何模拟 09.096

geophone 地音仪 02.175

getter material 消气材料 08.253

Gibbs adsorption equation 吉布斯吸附方程 04.390

Gibbs-Duhem equation 吉布斯－杜安方程 04.150

Gibbs energy 吉布斯能，＊吉氏能 04.062

Gibbs energy function 吉布斯能函数 04.068

Gibbs energy of formation 生成吉布斯能 04.064

Gibbs energy of mixing 混合吉布斯能 04.063

Gibbs energy of reaction 反应吉布斯能 04.065

Gibbs energy of solution 溶解吉布斯能 04.066

Gibbs-Helmholtz equation 吉布斯－亥姆霍兹方程 04.155

gibbsite 三水铝石 03.119

glissile dislocation 可动位错 07.063

globular structure 球状组织 07.359

glory-hole mining system 漏斗采矿法 02.482

gnomonic projection 心射赤面投影 07.327

goethite 针铁矿 05.232

goethite process 针铁矿法 06.327

gold bullion 金锭 06.372

golden cut method 黄金分割法 04.597

gold fineness 金的纯度 06.389

gold panning 淘金 02.531

gold-silver bead 金银珠 06.386

gossan 铁帽 02.069

Goss texture 戈斯织构 07.392

gradient material 梯度材料 08.265

gradient search 梯度寻优 04.594

grain 晶粒 07.384

grain boundary 晶界 07.095

grain boundary diffusion 晶界扩散 07.129

grain boundary segregation 晶界偏析 07.165

grain boundary sliding 晶界滑动 07.253

grain-boundary strengthening 晶界强化 07.287

grain size 晶粒度 07.386

granulating pit 水渣池 05.433

granulating slag 水渣 05.432

graphite 石墨 03.156

graphite anode block 石墨阳极块 06.425

graphite cathode block 石墨阴极块 06.426

graphite clay brick 石墨黏土砖 05.117

graphite crucible 石墨坩埚 05.175

graphite electrode 石墨电极 05.170

graphite electrode nipple 石墨电极接头 05.172

graphite electrode socket plug 石墨电极接头孔 05.173

graphite for spectroanalysis 光谱纯石墨电极 05.179

graphite rod resistor 石墨电阻棒 05.176

graphitization 石墨化 05.162

graphitizing treatment 石墨化退火 07.202

Grashof number 格拉斯霍夫数，＊格拉晓夫数 04.344

grate discharge ball mill 格子型球磨机 03.220

grate-kiln for pellet firing 链箅机－回转窑焙烧球团 05.277

gravity concentration 重选 03.062

gravity separation 重选 03.062

gravity stress of rock mass 岩体自重应力 02.157

gravity transportation 重力运输 02.869

grease surface concentration 油膏富集 03.073

grease table 涂脂摇床 03.277

green compact 生坯 08.109

green liquor 粗液 06.405

green pellet 生球 05.264

green strength 砖坯强度 05.103

green vitriol 绿矾 06.310

grey antimony 灰锑 06.354

grey cast iron 灰口铸铁 08.142

grey tin 灰锡 06.349

grid matrix 网状聚磁介质 03.314

grinding 磨碎 03.045, 磨光 07.294

grinding fineness 磨矿细度 03.219

grinding media 磨矿介质 03.226

grizzly 格筛 03.207

grizzly level 格筛巷道 02.579

grog 熟料 05.093

groove 轧槽 09.204

grooved plate matrix 齿板聚磁介质 03.313

groove rolling 孔型轧制 09.183

gross carbon consumption 炭毛耗 06.428

ground heave 底鼓 02.214

ground-mounted multi-rope winder 落地式多绳提升机 02.847

ground pressure 地压 02.163

ground pressure control 地压控制 02.164

ground water 地下水 02.782

ground water table 地下水位 02.785

grouting 灌浆 02.451

grouting machine 灌浆机 02.963

grouting rock bolt 砂浆锚杆 02.450

grouting shaft sinking 灌浆掘井法 02.372

growth step 生长台阶 07.158

guard 卫板 09.557

guide 导板 09.558

guide deflection sheave 导向轮 02.852

guiding laser 激光导向仪 02.142

gunning 喷补 05.516

guy wire 钢缆线 09.685

gypsum 石膏 03.165

gyradisc cone crusher 旋盘式圆锥破碎机 03.198

gyratory crusher 回转破碎机 03.189

gyratory screen 旋回筛 03.209

H

habit plane 惯态面 07.023

hair crack 发裂 05.759

half cell 半电池 04.445

half height line of drift 巷道腰线 02.138

half-life 半衰期 04.254

Hall-Heroult process 霍尔－埃鲁法 06.423

halogenation 卤化 06.534

hammer crusher 锤碎机 03.192

hammer forging 自由锻 09.337

hand sorting 手选 03.061

hanger 吊架 02.892

hanging 悬料 05.363

hanging bridge for inclined shaft 斜井吊桥 02.554

hanging compass 矿用挂罗盘 02.141

hanging wall 上盘 02.070

hard aluminum alloys 硬铝合金 08.193

hard blow 硬吹 05.536

hard burning 死烧 05.095

hardenability 淬透性 07.208

hardening furnace 淬火炉 09.543

hard lead 硬铅 06.319

hard metal 硬质合金 08.130

hard rock mining 硬岩采矿 02.007

hard sphere theory 硬球理论 04.218

hard tin 硬锡 06.347

hard zinc 硬锌 06.335

Harris process 钠盐精炼法 06.316

hat shape steel 帽型钢 09.656

haulage system 运输系统 02.868

headgear 井架 02.361

headgear sheave 天轮 02.851

heading upsetting 顶锻 09.342

heap leaching 堆浸 02.666

heap roasting 堆焙烧 06.010

hearth 炉缸 05.376, 炉床, *炉膛 06.041

hearth freeze-up 炉缸冻结 05.367

hearth layer for sintering 烧结铺底料 05.249

heat balance 热量衡算 04.304

heat capacity 热容 04.072

heat capacity at constant pressure 等压热容 04.073

heat capacity at constant volume 等容热容 04.074

heat conduction 热传导 04.318

heat convection 热对流 04.319

heat effect 热效应 04.071

heat exchanger 热交换器, *换热器 06.140

heat flow rate 热量流率 04.287

heat flux 热通量 04.291

heat front in sintering 烧结热前沿 05.251

heating 加热 09.257

heating coil 加热蛇管 06.147

heating furnace 加热炉 09.536

heating period 加热期 05.469

heat of fusion 熔化热 04.076

heat of hydration 水合热 06.089

heat of phase transformation 相变热 04.079

heat of sublimation 升华热 04.078

heat of vaporization 汽化热 04.077

heat radiation 热辐射 04.322

heat-resisting steel 耐热钢 08.177

heat source of underground mine 矿井热源 02.758

heat transfer 传热 04.259

heat transfer coefficient 传热系数 04.326

heat treatment 热处理 07.185

heavy medium cyclone 重介质旋流器 03.292

heavy medium separation 重介质分选 03.065

heavy medium separator 重介质选矿机 03.291

heavy metal 高密度合金, *重合金 08.132

heavy non-ferrous metals 重金属 06.257

heavy plate 厚板 09.596

heavy plate mill 厚板轧机 09.442

heavy plate rolling 厚板轧制 09.161

heavy rail 重轨 09.663

heavy rare earths 重稀土 06.553

heavy section mill 大型型材轧机 09.438

heavy sections 大型钢材 09.646

heavy tungsten oxide 重氧化钨 06.502

heavy-wall pipe 厚壁管 09.618

hedenbergite 钙铁辉石 05.289

Helmholtz energy 亥姆霍兹能, *亥氏能 04.061

hematite 赤铁矿 03.122

hematite process 赤铁矿法 06.328

hemimorphite 异极矿 03.103

Henry's law 亨利定律 04.139

hercynite 铁尖晶石 05.282

hessite 碲银矿 03.113

Hess's law 赫斯定律 04.083

heterogeneous nucleation 非均匀形核 07.148

heterogeneous system 非均相系统 04.012

heteropolar collector 异极性捕收剂 03.386

hexagonal bar 六角钢 09.650

hexametaphosphate 六偏磷酸盐 03.394

high alumina brick 高铝砖 05.118

high energy rate forging hammer 高速锤 09.523

high energy rate forging machine 高速锤 09.523

high explosive 猛炸药 02.246

high frequency induction furnace 高频感应炉 05.598

high gradient electrostatic separator 高梯度电选机 03.329

high gradient magnetic separator 高梯度磁选机 03.316

high head tank 高位罐 06.085

high intensity magnetic separator 强磁场磁选机 03.301

high pressure boiler tube 高压锅炉管 09.641

high pressure tube digester 管道高压浸溶 06.401

high purity graphite 高纯石墨 05.178

high purity lithium 高纯锂 06.529

high-speed steel 高速钢 08.182

high strength explosive 高威力炸药 02.247

high-strength low-alloy steel 高强度低合金钢 08.161

high temperature carbonization 高温炭化 05.002

high temperature tension test 高温拉伸试验 09.737

highway development 公路开拓 02.504

high weir spiral classifier 高堰式螺旋分级机 03.244

hillside open pit 山坡露天矿 02.458

hindered settling　干涉沉降　03.255

HIP　热等静压　08.108

HIP sintering　热等静压烧结　08.121

H-iron process　氢铁法　05.453

Hoboken siphon converter　虹吸式卧式转炉　06.274

hoe excavator　反铲挖掘机　02.923

hoisting capacity　提升能力　02.863

hoisting conveyance　提升容器　02.856

hoisting height　提升高度　02.859

hoisting overwinder　过卷保护装置　02.821

hoisting rope　提升钢丝绳　02.853

hoisting safety clamp　提升安全卡　02.823

hoisting safety installation　提升安全装置　02.818

hoisting speed limitator　提升限速器　02.820

hoisting way development　提升机开拓　02.506

hoist tower　井塔　02.362

holding　保温　07.196

hole expansion　扩孔　09.262

hole expansion test　扩孔试验　09.733

hole flanging　翻孔　09.387

hole theory　空穴理论　04.220

hollow billet　空心坯　09.225

homogeneous nucleation　均匀形核　07.147

homogeneous system　均相系统　04.011

homogenizing　均匀化处理　07.199

hopper　储料漏斗　05.320

horizontal caster　水平连铸机　05.686

horizontal cut and fill stoping　水平分层充填法　02.608

horizontal forging machine　平锻机　09.525

horizontal retort　平罐蒸馏炉　06.324

horizontal vacuum belt filter　水平带式真空过滤机　03.456

horizontal workings　平巷　02.412

hot blast stove　热风炉　05.405

hot blast valve　热风阀　05.408

hot charge practice　热装法　05.575

hot continuous rolling　热连轧　09.163

hot corrosion　热腐蚀　08.046

hot crack　热裂　05.765

hot dip galvanizing　热浸镀锌　09.302

hot dipped aluminum coated plate　热浸镀铝板　09.602

hot dip tinning　热浸镀锡　09.303

hot ductility test　热延性检验　09.740

hot forging　热锻　09.341

hot isostatic pressing　热等静压　08.108

hot metal　铁水　05.393

hot metal mixer　混铁炉　05.466

hot metal pretreatment　铁水预处理　05.629

hot patching　热补　06.048

hot pressing　热压　08.106

hot repair　热修　05.515

hot rolled steel　热轧钢　08.160

hot rolling　热轧　09.162

hot shortness　热脆　05.768

hot spots on the furnace wall　炉壁热点　05.620

hot-stage microscope　高温显微镜　07.299

hot straightening　热矫直　09.293

hot strength of coke　焦炭热强度　05.035

hot strip mill　热带轧机　09.465

hot top　保温帽　05.673

hot twist test　热扭转试验　09.751

hot-work die steel　热作模具钢　08.185

hot working　热加工　07.239

housing deflection　牌坊挠度　09.269

H-shape steel　H型钢　09.645

hull plate　造船板　09.597

humidified blast　蒸汽鼓风　05.347

hutch　底箱　03.259

hydration　水合　06.088

hydraulic bulging test　液压胀形试验　09.759

hydraulic classifier　水力分级机　03.245

hydraulic conveying　水力输送　02.529

hydraulic drill　液压凿岩机　02.910

hydraulic extrusion　静液挤压　09.412

hydraulic filling　水力充填　02.622

hydraulic forming　液压成形　09.378

hydraulic fracturing　水力压裂　02.662

hydraulic hoisting　水力提升　02.865

hydraulic lift mining-vessel　泵举式采矿船　02.685

hydraulic mining　水力采矿[学]　01.005

hydraulic piercing　液压穿孔　09.283

hydraulic press　液压压砖机　05.100, 水压机　09.520

179

hydraulic sand filling 水砂充填 02.627

hydraulic sluicing 水力冲采 02.527

hydraulic support 液压支架 02.440

hydraulic test 水压试验 09.758

hydraulic waste disposal site 水力排土场 02.530

hydro-cone crusher 液压圆锥破碎机 03.197

hydrocyclone 水力旋流器 03.250

hydrofluoric acid precipitation method 氢氟酸沉淀法 06.570

hydrogarnet 水化石榴子石 06.409

hydrogenation 氢化 06.533

hydrogen attack 氢蚀 08.072

hydrogen blistering 氢鼓泡 08.073

hydrogen damage 氢损伤 08.074

hydrogen embrittlement 氢脆 08.070

hydrogen induced cracking 氢致开裂 08.071

hydrogen permeating material 透氢材料 08.254

hydrogen reduction 氢还原 06.537

hydrogen storage material 储氢材料 08.250

hydrogeological map 水文地质图 02.096

hydrolysate 水解产物 06.091

hydrolysis 水解 06.090

hydrolytic polyacrylamide 水解聚丙烯酰胺 03.395

hydrometallurgy 湿法冶金[学] 01.032

hydrophilicity 亲水性 03.348

hydrophilic mineral 亲水性矿物 03.018

hydrophobicity 疏水性 03.349

hydrophobic mineral 疏水性矿物 03.019

hydrosizer 水力筛析器 03.486

hydrostatic stress field 静水应力场 02.198

hydrothermal method 水热法 06.593

hydroximic acid 羟肟酸 03.382

2-hydroxy 5-nonyl acetophenone oxime 2－羟基5－壬基－苯乙酮肟 06.198

2-hydroxy 4-*sec*·octyl benzophenone oxime 2－羟基4－仲辛基－二苯甲酮肟 06.197

2-hydroxy 5-*sec*·octyl benzophenone oxime 2－羟基5－仲辛基－二苯甲酮肟 06.196

HYL process HYL直接炼铁[法] 05.445

hypereutectic 过共晶体 07.347

hypereutectic white iron 过共晶白口铸铁 08.155

hypereutectoid 过共析体 07.351

hypoeutectic 亚共晶体 07.346

hypoeutectic white iron 亚共晶白口铸铁 08.154

hypoeutectoid 亚共析体 07.350

I

ideal solution 理想溶液 04.127

ideal work of deformation 变形理想功 09.113

I. G. process 艾吉法 06.451

ilmenite 钛铁矿 03.135

immediate roof 直接顶 02.212

immersion heating evaporator 浸没加热蒸发器 06.095

immersion nozzle 浸入式水口 05.137

impact crusher 冲击式破碎机 03.191

impact pad 装料大面 05.561

impact toughness 冲击韧性 08.041

Imperial smelting process 帝国熔炼法 06.323

impermeable stratum 不透水层 02.786

impingement corrosion 冲击腐蚀 08.078

implant alloy 植入合金 08.261

impregnation 浸渍 08.124

inclined conveyer type caster 倾斜带式连铸机 05.696

inclined cut and fill stoping 倾斜分层充填法 02.616

inclined shaft 斜井 02.406

inclined shaft development system 斜井开拓 02.540

inclusion 包裹体 03.020, 夹杂 07.400

INCO flash smelting 国际镍公司闪速熔炼 06.266

incoherent interface 非共格界面 07.103

incomplete detonation 熄爆 02.777

incomplete hole 残孔 02.349

incompressibility 不可压缩性，＊体积不变条件 09.049

increasing speed rolling 升速轧制 09.138

increment strain theory 增量理论 09.073

incubater 孕育剂 05.213

indefinite chill roll 无限冷硬轧辊 09.190

indices of crystallographic direction 晶向指数 07.020

indices of lattice plane 晶面指数 07.012

indirect reduction 间接还原 04.160

induced roll high intensity magnetic separator 感应辊式强磁场磁选机 03.311

induced spread 强迫宽展 09.231

induced stress of rock mass 岩体次生应力 02.160

induction heating 感应加热 07.193

induction welded pipe 电感应焊管 09.625

induction welding 感应焊 09.423

industrial ore 工业矿石 02.038

inert electrode 惰性电极 04.419

inertial dust separation 惯性除尘 06.023

inflow rate of mine water 矿井涌水量 02.781

information 信息 04.605

information profitability 信息效益 04.606

infusorial earth 硅藻土 05.086

ingot 钢锭 05.668

ingot casting 铸锭 05.669

ingot mold 钢锭模 05.672

ingot stripping 脱模 05.678

inhibitor 缓蚀剂 08.090

inhomogeneity of wall thickness 壁厚不均 09.211

injection forming 注射成形 08.126

injection metallurgy 喷射冶金[学] 01.024

injection refining 喷粉精炼 05.654

injection well 注入井 02.675

injector 喷射器 05.341

inoculant 孕育剂 05.213

inoculated cast iron 孕育铸铁 08.145

inoculation 孕育处理 07.153

inquartation 增银分离法 06.388

inside drum filter 筒型内滤式过滤机 03.450

in-situ nucleation 原位形核 07.151

in-situ original stress of rock mass 岩体原始应力 02.156

in-situ stress field 原岩应力场 02.196

instant electric detonator 瞬发电雷管 02.278

insulating refractory 绝热耐火材料 05.144

intake air cleaning 入风净化 02.772

intake airflow 进风风流 02.711

integral molar quantity 总摩尔量 04.050

intelligent material 智能材料 08.263

intensive property 强度性质 04.014

interaction coefficient 相互作用系数 04.143

interaction coefficient at constant activity 同活度法的相互作用系数 04.145

interaction coefficient at constant concentration 同浓度法的相互作用系数 04.144

interaction coefficient of 2nd order 二级相互作用系数 04.147

interatomic distance 原子间距 07.037

interception ditch 截水沟 02.533

interdiffusion coefficient 互扩散系数 04.313

interface 界面 07.100

interface concentration 界面浓度 04.328

interfacial characteristics 界面特性 09.086

interfacial energy 界面能 04.377

interfacial tension 界面张力 04.378

intergranular corrosion 晶间腐蚀 08.060

intergranular fracture 晶间断裂 07.270

intermediate alloy process 中间合金法 06.305

intermediate alumina 中间状氧化铝 06.421

intermediate phase 中间相 07.108

intermetallic compound 金属间化合物 07.112

internal crack 内裂 09.704

internal defect 内部缺陷 05.749

internal friction angle of discontinuity 不连续内摩擦角 02.187

internal stress 内应力 09.025

interphase boundary 相界面 07.104

interplanar spacing 晶面间距 07.011

interpole gap 极间距 03.322

intersection of dislocation 位错交截 07.084

interstice 间隙 07.031

interstitial atom 间隙原子 07.052

interstitial compound 间隙化合物 07.113

interstitial diffusion 间隙扩散 07.131

interstitial solid solution 间隙固溶体 07.120

interstitial solution 间隙溶液 04.131

intrinsic diffusion coefficient 本征扩散系数 04.314

intrinsic stacking fault 抽出型层错 07.093

Invar alloy 因瓦合金 08.234

inverse pole figure 反极图 07.325

inverse segregation 负偏析，＊反偏析 05.772

inverted arch 底拱 02.442

inverted cone copper precipitator 倒锥式铜沉淀器 06.304

iodination 碘化［法］ 06.496

ion-adsorption type rare earth ore 淋积型稀土矿，＊离子吸附型稀土矿 06.554

ion exchange 离子交换 04.206

ion exchange chromatography 离子交换色谱法 06.242

ion exchange column 离子交换柱 06.229

ion exchange fiber 离子交换纤维 06.235

ion exchange membrane 离子交换膜 06.232

ion exchanger 离子交换剂 06.224

ion exchange resin 离子交换树脂 04.207

ion flotation 离子浮选 03.414

ionic activity coefficient 离子活度系数 04.404

ionic association 离子缔合 04.407

ionic bond 离子键 07.040

ionic complex 离子络合物 04.408

ionic conduction 离子导电 04.477

ionic fraction 离子分数 04.178

ionic hydration 离子水合 04.405

ionic mobility 离子迁移率，＊离子淌度 04.415

ionic solvation 离子溶剂化 04.406

ionic strength 离子强度 04.409

ionization constant 电离常数 04.402

ionization equilibrium 电离平衡 04.396

ionization gauge 电离真空规 04.515

ionization theory of slag 熔渣的离子理论 04.176

iron-bath process 铁浴法 05.448

ironing 变薄拉延 09.360

iron ladle 铁［水］罐 05.394

iron loss 铁损 05.494

iron making 炼铁 05.307

iron notch 铁口 05.382

iron notch drill 开铁口机 05.392

iron runner 铁沟 05.398

irreversible process 不可逆过程 04.021

irreversible reaction 不可逆反应 04.032

isoactivity line 等活度线 04.151

isobaric process 等压过程 04.017

isobutyl methyl ketone 异丁基甲基酮 06.195

isochoric process 等容过程 04.018

iso-flotability 等可浮性 03.347

iso-flotability flotation 等可浮浮选 03.408

isopiestic equilibrium 等蒸汽压平衡 04.046

isostatic pressing 等静压成型 05.098，等静压 08.107

isostatic pressure 等静压力 09.028

isothermal extrusion 等温挤压 09.414

isothermal forging 等温锻造 09.343

isothermal process 等温过程 04.016

isothermal section 等温截面 04.112

isotopic thickness gauge 同位素测厚仪 09.568

iterative method 迭代法 04.599

J

jacketed pipe heat exchanger 夹套式换热器 06.146

jack hammer drill 手持凿岩机 02.915

Jameson flotation machine 詹姆森浮选机 03.434

jamesonite 脆硫锑铅矿 03.099

jarosite process 黄钾铁矾法 06.326

jaw crusher 颚式破碎机 03.184

jaw-gyratory crusher 颚旋式破碎机 03.190

jet 射流 04.266

jet mill 喷射磨机 03.233

jet piercing drill 火力钻机 02.901

jetting 喷射 04.267

jig 跳汰机 03.258

jigging 跳汰选矿 03.257

joint rose 节理玫瑰图 02.072

Jollivet process 钾镁除铋法 06.314

Jones high intensity magnetic separator 琼斯强磁场磁选机 03.308

K

Kaldo converter　卡尔多转炉　05.523

kaolin　高岭土　05.058

kaolinite　高岭石　03.152

Karman equation　卡尔曼方程　09.185

karstic bauxite　喀斯特型铝土矿，＊岩溶型铝土矿　06.394

Kata degree　卡他度　02.696

killed steel　镇静钢　05.459

kinematic viscosity　运动黏度　04.272

kinetics of electrode process　电极过程动力学　04.427

kinetics of metallurgical processes　冶金过程动力学，＊冶金过程动力学　04.256

kinking　扭折　07.257

Kirchhoff's law　基尔霍夫定律　04.075

Kirkendall effect　柯肯德尔效应，＊科肯达尔效应　07.136

kirschsteinite　钙铁橄榄石　05.288

Kivcet smelting process　基夫采特熔炼法，＊基夫赛特溶炼法　06.269

Klockner-Maxhütte steelmaking process　底吹煤氧的复合吹炼法，＊KMS 法　05.529

KMS　底吹煤氧的复合吹炼法，＊KMS 法　05.529

knebelite　锰铁橄榄石　05.287

knife-line corrosion　刀口腐蚀　08.061

known reserve　探明储量　02.085

Knudsen diffusion　克努森扩散　04.316

Kroll-Betterton process　钙镁除铋法　06.313

Kroll process　＊克罗尔法　06.475

KR process　机械搅拌铁水脱硫法，＊KR 法　05.630

Krupp rotary kiln iron-making process　克虏伯回转窑炼铁［法］　05.446

kyanite　蓝晶石　05.075

L

ladder compartment　梯子间　02.385

ladder way　梯子间　02.385

ladle　钢包，＊盛钢桶　05.505

ladle furnace　钢包炉　05.639

ladle metallurgy　钢包冶金［学］　01.025

ladle refining　钢包精炼　05.634

ladle turret　钢包回转台　05.700

lagging plank　背板　02.436

lamellar eutectic　层状共晶体　07.344

lamellar structure　层状组织　07.357

lamella thickener　倾斜板浓缩机　03.444

laminar flow　层流　04.261

lamination　炼钢缺陷，＊薄片　05.758

lamination fracture　层状断口　07.280

lance　喷枪　05.503

lance bubbling equilibrium process　LBE 复吹法，＊LBE 法　05.531

Langmuir adsorption equation　朗缪尔吸附方程　04.391

lap-welded mill　搭焊管机　09.487

larry car　装煤车　05.023

laterite　红土矿　03.095

lateritic bauxite　红土型铝土矿　06.395

lath martensite　板条马氏体　07.378

lattice　点阵　07.002

lattice constant　点阵常数，＊晶格常量　07.015

lattice parameter　点阵参数　07.014

lattice point　阵点　07.013

Laue method　劳厄法　07.321

Lauth mill　劳思轧机，＊劳特式轧机　09.455

law of mass action　质量作用定律　04.156

layer corrosion　层间腐蚀　08.062

LBE　LBE 复吹法，＊LBE 法　05.531

LD converter　氧气顶吹转炉　05.525

LDH　极限拱顶高度试验　09.762

LDR　极限拉延比试验　09.761

leaching efficiency　浸出率　06.066

leaching in-situ　原地浸出　02.667

leaching mining　浸出采矿　02.664

leaching vat　浸出槽　06.076

leaching well　溶浸井　02.674

lead-base Babbitt metal　铅基巴比特合金　08.216

lead button　铅扣　06.385

lead foil　铅箔　06.384

lead splash condensing　铅雨冷凝　06.318

lead white　铅白，*白铅粉　06.322

lean coal　瘦煤　05.011

least transportation work　最小运输功　02.550

ledeburite　莱氏体　07.375

lepidolite　锂云母　03.140

level　阶段，*水平层　02.551

level haulageway　阶段运输巷道　02.544

levelling　矫平　09.292

level ventilation system　阶段通风系统　02.730

lever rule　杠杆规则　04.110

levitation smelting　悬浮熔炼　06.550

LF　钢包炉　05.639

LF-vacuum　真空钢包炉　05.641

LHD　铲运机　02.941

liberation　解离　03.046

liberation degree　解离度　03.181

light burning　轻烧　05.094

light metal　轻金属　06.393

lightning protection in open pit　露天采场防雷　02.816

lightning protection of explosive magazine　炸药库防雷　02.817

light rail　轻轨　09.665

light rare earths　轻稀土　06.551

light section　小型钢材　09.648

light tungsten oxide　轻氧化钨　06.503

light weight refractory　轻质耐火材料　05.145

lignosulfonate　木素磺酸盐　03.392

lime　石灰　03.366

lime boil　石灰沸腾　05.577

limestone　石灰石　03.160

limit dome height test　极限拱顶高度试验　09.762

limit drawing ratio test　极限拉延比试验　09.761

limiting drawing ratio　极限拉延比　09.359

limonite　褐铁矿　03.126

linear compressibility　线压缩系数　08.023

linear regression　线性回归　04.578

line defect　线缺陷　07.056

line frequency induction furnace　工频感应炉　05.596

liner　衬板　03.224

lining erosion　炉衬侵蚀　05.510

lining life　炉衬寿命　05.512

lip ring　炉口　05.560

liquating kettle　熔析锅　06.346

liquation refining　熔析精炼　06.345

liquid core　液芯　05.719

liquid core ingot heating　液芯加热　09.258

liquid droplet　液滴　04.269

liquid explosive　液体炸药　02.241

liquid forging　液态模锻　09.416

liquid level indicator　液位指示器　06.103

liquid-liquid solvent extraction　液-液溶剂萃取　06.174

liquid metal corrosion　液态金属腐蚀　08.053

liquid phase epitaxy　液相外延　06.540

liquid phase sintering　液相烧结　08.116

liquid steel　钢水　05.456

liquidus　液相线　04.092

litharge　密陀僧，*氧化铅　06.383

lithium carbonate　碳酸锂　06.523

lithium-magnesium reduction　锂镁还原　06.574

lithium nitrite　亚硝酸锂　06.526

lithium perchlorate　过氯酸锂　06.525

lithium shot　锂粒　06.527

lithium sodium phosphate　磷酸锂钠　06.524

lithopone　锌钡白　06.339

load cell　测压仪　09.567

load distribution　负荷分配　09.260

loaded organic phase　负载的有机相　06.182

loader　装运机　02.927

load-haul-dump machine　铲运机　02.941

loading bridge　栈桥　02.364

loading drift　装矿巷道　02.583

loading frame　装载架　02.893

loading wire of electric detonator　电雷管脚线　02.285

localized corrosion 局部腐蚀 08.057

local optimization 局部优化 04.591

local resistance of airflow 风流局部阻力 02.706

local ventilation 局部通风 02.747

locked cyclic batch test 闭路单元试验 03.489

log washer 槽式选矿机 03.297

long arc foaming slag operation 长弧泡沫渣操作 05.615

long cable anchoring jumbo 长锚索安装台车 02.959

longhole blasting raising 深孔爆破法天井掘进 02.422

longhole survey 深孔测量 02.111

longitudinal corner crack 角部纵向裂纹 05.763

longitudinal crack 纵裂 05.760

longitudinal rolling 纵轧 09.127

longitudinal test 纵向试验 09.735

long nozzle 长水口 05.136

long-range order 长程有序 07.171

longwall caving method 长壁式崩落法 02.632

loop 活套 09.560

loop control 活套控制 09.246

loop haulageway 环形运输巷道 02.545

loop rolling 活套轧制 09.158

loop-type shaft station 环形式井底车场 02.408

loparite 铈铌钙钛矿 03.150

low carbon ferrochromium 低碳铬铁 05.197

low carbon ferromanganese 低碳锰铁 05.193

low carbon steel plate 低碳钢板，＊低碳钢带 09.611

lower bound method 下界法 09.062

low-freezing explosive 耐冻炸药 02.242

low intensity magnetic separator 弱磁场磁选机 03.302

low-shaft electric furnace 矮炉身电炉，＊矿热炉 05.227

low-shaft furnace 矮竖炉 06.039

low-shaft furnace smelting 矮竖炉熔炼 06.261

low sodium alumina 低钠氧化铝 06.422

lube rolling mill 自动轧管机 09.479

Lüders bands 吕德斯带 07.252

luminescence sorting 发光拣选 03.332

lump ore 块矿 05.235

M

machine breaking 机械落矿 02.313

Mach number 马赫数 04.355

macrokinetics 宏观动力学，＊宏观动理学 04.255

macrostructure 宏观组织，＊宏观结构 07.339

maganin alloy 锰加宁合金 08.222

magnesia 镁砂 05.079

magnesia alumina brick 镁铝砖 05.127

magnesia brick 镁砖 05.126

magnesia calcia carbon brick 镁钙炭砖 05.135

magnesia carbon brick 镁炭砖 05.129

magnesia chrome brick 镁铬砖 05.128

magnesia chrome spinel 镁铬尖晶石 05.085

magnesia refractory [material] 镁质耐火材料 05.125

magnesiochromite 镁铬尖晶石 05.085

magnesite 菱镁矿 03.153

magnesium arsenate 砷酸镁 06.465

magnesium pellet 镁丸 06.464

magnesium phosphate 磷酸镁 06.466

magnesium reduction 镁还原[法] 06.475

magnetherm process 熔渣导电半连续硅热法 06.453

magnetic agglomeration 磁团聚 03.324

magnetic coagulation 磁团聚 03.324

magnetic cobbing 粗粒磁选 03.307

magnetic dewater cone 磁力脱水槽 03.306

magnetic domain 磁畴 07.395

magnetic flaw detector 磁力探伤仪 09.570

magnetic matrix 聚磁介质 03.312

magnetic-particle inspection 磁粉检测 07.333

magnetic particle test 磁粉探伤 09.741

magnetic pulley 磁滑轮 03.305

magnetic separation 磁选 03.066

magnetic separator 磁选机 03.298

magnetic system 磁系 03.321

magnetic yoke 磁轭 03.323

magnetite 磁铁矿 03.121

magnetite coating 磁性氧化铁层积 06.295

magnetizing roasting 磁化焙烧 06.008

magnetofluid separation 磁流体分离 03.077

magnetofluid separator 磁流体分选机 03.320

magnetostriction alloy 磁致伸缩合金 08.246

main access 出入沟 02.474

main fan 主通风机 02.970

main fan diffuser 主扇扩散塔 02.757

main fan tunnel 主扇风硐 02.755

main haulage level 主要运输水平面 02.552

main roof 主顶 02.213

main rope 主绳 02.854

main shaft 主井 02.393

malachite 孔雀石 03.084

malleability 展性 08.005

malleable cast iron 可锻铸铁 08.149

malleablizing 可锻化退火 07.201

man car 人车 02.877

mandrel 芯棒 09.556

mandrel drawing 长芯棒拉拔 09.366

mandrel-less rolling 无芯棒轧制 09.181

mandrel rolling 芯棒轧制 09.148

mandrel rolling mill 连续轧管机 09.481

manganese metal 金属锰 05.195

manganese nodule 锰结核 02.679

manganese nodule mining 锰结核开采 02.682

manganite 水锰矿 03.131

manganolite 镁蔷薇辉石 05.299

manipulator 推床 09.528

Mannesmann piercing 二辊斜轧穿孔，*曼内斯曼穿孔 09.285

Mannesmann piercing mill 曼内斯曼穿孔机 09.491

manometer 流体压强计 04.511

manual charging 人工装药 02.302

maraging 马氏体时效处理 07.220

maraging steel 马氏体时效钢 08.175

marine corrosion 海洋腐蚀 08.052

marine mining 海洋采矿 02.006

marmatite 铁闪锌矿 03.102

marquenching 分级淬火 07.216

martempering 马氏体等温淬火 07.217

martensite 马氏体 07.377

martensitic stainless steel 马氏体不锈钢 08.173

martensitic transformation 马氏体相变 07.170

martite 假象赤铁矿 03.123

mass balance 质量衡算 04.303

mass flow rate 质量流率 04.284

mass flux 质量通量 04.289

massive transformation 块型相变 07.167

Masson model 马森模型 04.177

1 mass% solution standard 质量1%溶液标准[态] 04.141

mass transfer 传质 04.258

mass transfer coefficient 传质系数 04.317

master alloy 中间铁合金 05.216

mat 人工顶板，*人工假顶 02.634

mathematic model 数学模型 09.093

matrix 矩阵 04.535，基体 07.341

matte 锍 04.125

matte rale 锍率 06.292

maximum allowable thickness of barren rock 最大允许夹石厚度 02.061

maximum bubble pressure method 最大泡压法 04.508

maximum safety current 最大安全电流 02.283

MBT 巯基苯并噻唑 03.376

McLeod gauge 麦克劳德真空规 04.516

measured value 观测值 04.545

mechanical descaling 机械除鳞 09.330

mechanical entrainment 机械夹杂 03.007

mechanical filling 机械充填 02.624

mechanically agitated precipitator 机械搅拌分解槽 06.408

mechanical metallurgy 机械冶金[学] 01.027

mechanical pressing 机压成型 05.097

mechanical property 力学性能，*机械性能 08.001

mechanical transportation 机械运输 02.870

mechanical tubes 机械管 09.630

mechanical ventilation 机械通风 02.715

median 中位值 04.553

medical alloy 医用合金 08.259

medium and heavy plate 中厚板 09.600

medium frequency induction furnace 中频感应炉 05.597

medium section mill 中型型材轧机 09.443

melting 熔化 06.036

melting down 熔清 05.473

melting loss 熔炼损耗 05.493

melting period 熔化期 05.470

meniscus 结晶器内钢液顶面 05.715

mercaptobenzothiazole 巯基苯并噻唑 03.376

merchant bar 小型钢材 09.648

merchant bar mill 棒材轧机 09.472

mercurial soot 汞炱 06.357

mesh 网目，*筛目 03.030

mesh of grinding 磨矿细度 03.219

mesophase mechanism of coke formation 中间相成焦机理 05.004

metallic bond 金属键 07.038

metallic flexible hose 金属软管 09.633

metallized pellet 金属化球团 05.304

Metallkunde(德) 金属学 01.015

metallographic examination 金相检查 07.291

metallography 金相学 07.290

metallo-organic chemical vapor deposition 金属有机气相沉积 06.586

metallothermic reduction 金属热还原 04.163

metallurgical coke 冶金焦 05.029

metallurgical electrochemistry 冶金电化学 04.392

metallurgical engineering 冶金工程 01.018

metallurgical melt 冶金熔体 04.122

metallurgical mineral raw materials 冶金矿产原料 02.003

metallurgical process 冶金过程 04.025

metallurgical reaction engineering 冶金反应工程学 01.017

metallurgy 冶金[学] 01.010

metallurgy of iron and steel 钢铁冶金[学] 01.019

metal melt 金属熔体 04.123

metal reduction diffusion 金属还原扩散 06.580

metal support 金属支架 02.439

metastable equilibrium 亚稳平衡 04.045

metastable phase 亚稳相 07.105

metering nozzle 定径水口 05.138

method of least squares 最小二乘法 04.537

mica 云母 03.162

micro-alloyed steel 微合金钢 08.162

microalloying 微合金化 05.636

microbial corrosion 微生物腐蚀 08.049

microbial metallurgy 微生物冶金[学] 01.023

micro flotation 微量浮选 03.412

microhardness 显微硬度 08.035

microkinetics 微观动力学 04.224

microlite 细晶石，*钽烧绿石 06.492

micronmesh sieve 微孔筛 03.213

micro-seismic monitoring 微震监测 02.179

microstrength of coke 焦炭显微强度 05.038

microstructure 显微组织，*显微结构 07.340

middle-weight rare earths 中稀土 06.552

middlings 中矿 03.037

Midrex process 米德雷克斯直接炼铁[法] 05.444

midrib 中脊 07.380

migration current 迁移电流 04.452

mild steel 软钢 08.157

millerite 针镍矿 03.089

millisecond blasting 毫秒爆破 02.342

millisecond delay electric detonator 毫秒延期电雷管 02.280

mill trunnion 磨机中空轴 03.227

mine 矿山 02.009

mine abandonment 矿井报废 02.043

mine air conditioning 矿井空气调节 02.750

mine air leakage 矿井漏风 02.739

mine air pollution 矿山大气污染 02.826

mine capacity 矿山规模 02.017

mine car 矿车 02.876

mine construction 矿山基本建设 02.021

mine construction period 矿山建设期限 02.022

mine drainage 矿山排水 02.793

mine dust 矿尘 02.761

mine dust protection 矿山防尘 02.763

mine electric power distribution 矿山配电 02.975

mine electric power supply 矿山供电 02.974

mine engineering of maintaining simple reproduction 矿山维简工程 02.034

mine environmental engineering 矿山环境工程 02.825

mine equipment level 矿山装备水平 02.025

mine equivalent orifice 矿井等积孔 02.713

mine feasibility study 矿山可行性研究 02.016

mine field 矿田 02.008

mine haulage 矿山运输 02.867

mine hoisting equipment 矿山提升设备 02.843

mine illumination 矿山照明 02.979

mine life 矿山服务年限 02.020

mine noise 矿山噪声 02.833

mine production capacity 矿山生产能力 02.018

mine radioactive protection 矿山放射性防护 02.835

mineral 矿物 03.016

mineral deposit 矿床 02.004

mineral deposit exploration 矿床勘探 02.014

mineral dressing 选矿[学] 01.008

mineral engineering 矿物工程 01.009

mineral grain 矿粒 03.021

mineral identification 矿物鉴定 03.003

mineral processing 选矿[学] 01.008

mineral processing plant 选矿厂 03.001

mine rescue 矿山救护 02.813

mine safety 矿山安全 02.689

mine sewage control 矿山污水控制 02.830

mine structure 矿山构筑物 02.360

mine surveying 矿山测量[学] 02.101

mine survey map 矿山测量图 02.116

mine theodolite 矿用经纬仪 02.140

mine transit 矿用经纬仪 02.140

mine ventilation 矿山通风 02.690

mine ventilation network 矿井通风网路 02.716

mine ventilation system 矿井通风系统 02.722

mine water pollution 矿山水污染 02.828

mine water prevention 矿山防水 02.792

mine water treatment 矿井水处理 02.831

mine winder 矿井提升机 02.844

mine workings link-up survey 井巷贯通测量 02.109

mine yard layout 矿山场地布置 02.015

minimum burden 最小抵抗线 02.351

minimum economic ore grade 最低工业品位 02.059

minimum firing current 最小准爆电流，＊最小发火电流 02.284

minimum residual method 最小残差法 04.598

minimum rolled thickness 最小可轧厚度 09.209

minimum temperature of reduction 最低还原温度 04.167

minimum workable thickness 最低可采厚度 02.060

mining 采矿[学] 01.001

mining by stages 分期开采 02.476

mining engineering 采矿工程 01.007

mining explosive 矿用炸药 02.233

mining in severe cold district 高寒地区矿床开采 02.657

mining intensity 开采强度 02.029

mining of continental shelf deposit 大陆架矿床开采 02.687

mining of heavy-water deposit 大水矿床开采 02.656

mining of spontaneous combustion deposit 自燃矿床开采 02.658

mining sequence 开采顺序 02.026

mining subsidence 开采沉陷 02.128

mining technology 采矿工艺 02.001

mining under building 建筑物下矿床开采 02.653

mining under railway 铁路下矿床开采 02.654

mining under water body 水体下矿床开采 02.655

mischmetal 混合稀土金属 06.561

mischmetal reduction 混合稀土金属还原 06.573

miscibility gap 均相间断区 04.107

misfire 拒爆 02.778

misorientation 取向差 07.098

Mitsubishi process 三菱法 06.281

mixed-controlled reaction 混合控制反应 04.337

mixed dislocation 混合位错 07.061

mixed injection 混合喷吹 05.348

mixer selector valve 混风阀 05.414

mixer-settler extractor 混合澄清萃取器 06.223

mixing time 混合时间 04.365

MKW mill 偏八辊式轧机 09.470

mobile electric substation 移动变电所 02.976

MOCVD 金属有机气相沉积 06.586

modelling 模型化 09.114

modification 变质处理 07.154

modified cast iron 变性铸铁 08.144

modulus of elasticity 弹性模量 08.014

Moebius cell 默比乌斯银电解槽，＊莫布斯银电解槽 06.370

MOG 磨矿细度 03.219

Mohs' hardness 莫氏硬度 03.032

moire method 密栅云纹法 09.116

molality 质量摩尔数 04.121

molar flow rate 摩尔流率 04.285

molar flux 摩尔通量 04.290

molarity 容积摩尔数 04.120

mold 结晶器 05.708

mold oscillation 结晶器振动 05.714

mold powder 保护渣 05.717

molecular sieve 分子筛 04.520

molecular theory of slag 熔渣的分子理论 04.175

mole fraction 摩尔分数 04.119

molten magnesium chloride 熔融氯化镁 06.447

molten salt 熔盐 04.126

molten steel 钢水 05.456

molybdenum dioxide 二氧化钼 06.511

molybdenum trioxide 三氧化钼 06.510

momentum balance 动量衡算 04.305

momentum flow rate 动量流率 04.286

momentum flux 动量通量 04.292

momentum transfer 动量传递 04.260

Momoda process ＊百田法 06.262

monazite 独居石 03.148

Monel 莫内尔合金，＊蒙乃尔合金 08.213

Monel equilibrium 莫内尔平衡 06.571

monitor 水枪 02.966

monitoring well 测视井 02.677

monolithic concrete support 浇灌混凝土支架 02.443

monotectic point 独晶点，＊偏熔点 04.097

monotectic reaction 独晶反应 04.103

monotectic structure 独晶组织 07.354

monotectoid point 独析点 04.100

monotectoid reaction 独析反应 04.106

Monte Carlo method 蒙特卡罗法 04.533

monticellite 钙镁橄榄石 05.292

montmorillonite 蒙脱石 05.062

mosaic structure 镶嵌组织 07.364

Mossbauer spectroscopy 穆斯堡尔谱术 07.315

mother blank 种板 06.167

mottled cast iron 麻口铸铁 08.143

mounting 镶样 07.293

mouth 炉口 05.560

moving bed 移动床 04.363

Mozley multi-gravity separator 莫兹利多层重选机 03.290

MRD 金属还原扩散 06.580

mud gun 泥炮 05.391

muffle furnace 马弗炉，＊隔焰炉 06.381

mullite 莫来石 05.069

mullite brick 莫来石砖 05.120

multicomponent electrolyte 多元电解质 06.424

multicomponent system 多元系 04.010

multideck table 多层摇床 03.280

multieffect vacuum evaporator 多效真空蒸发器 06.098

multi-fan-station ventilation system 多级机站通风系统 02.729

multi-gauger 多辊矫直机 09.499

multi-gradient magnetic separator 多梯度磁选机 03.317

multi-high rolling 多辊轧制 09.136

multi-nozzle lance 多孔喷枪 05.557

multiphase reaction 多相反应 04.036

multiple-hearth roaster 多床焙烧炉 06.012

multiple slip 多滑移 07.248

multiple well system 多井系统 02.663

multipoint displacement meter 多点位移计 02.174

multipoint straightening 多点矫直 05.741

multi-roll straightener 多辊矫直机 09.499

multi-rope tramway 多绳索道 02.894

multi-stage mold 多级结晶器 05.712

multi-stage solvent extraction 多级萃取 06.206

multitray settling tank 多层沉降槽 06.404

Muntz metal 孟兹合金 08.206

muscovite 白云母 03.164

mushroom upsetting 铆锻 09.344

mutual diffusion coefficient 互扩散系数 04.313

N

Nagahm flotation machine 纳加姆浮选机，＊纳嘎姆浮选机 03.429

narrow strip 窄带钢 09.609

native copper 自然铜 03.078

native gold 自然金 03.109

native silver 自然银 03.112

natural aging 自然时效 07.180

natural block caving method 矿块自然崩落法 02.639

natural convection 自然对流 04.320

natural ventilation 自然通风 02.714

naval brass 海军黄铜 08.210

Navier-Stokes equation 纳维－斯托克斯方程 04.307

Nd-Fe-B alloys 钕铁硼合金 08.249

nearby shaft point survey 近井点测量 02.103

nearest neighbour 最近邻 07.026

near-net-shape casting 近终型浇铸 05.692

necking 颈缩 08.029

needle coke 针状焦 05.051

negative segregation 负偏析，＊反偏析 05.772

Nernst equation 能斯特方程 04.454

net carbon consumption 炭净耗 06.429

network structure 网状组织 07.356

Neumann bands 诺依曼带，＊纽曼带 07.256

neutral leaching 中性浸出 06.070

neutral refractory [material] 中性耐火材料 05.130

Newtonian fluid 牛顿流体 04.275

Newton's law of viscosity 牛顿黏度定律 04.274

niccolite 红砷镍矿 03.090

nickel carbonyl 羰基镍 06.342

nickel matte 镍锍，＊冰镍 06.290

nickel silver 锌白铜，＊德银 08.212

nickel vitriol 镍矾 06.344

nicrosil alloy 镍铬硅电偶合金 08.230

niobite 铌铁矿 03.142

niobium-bearing hot metal 含铌铁水 06.485

niobium-bearing slag 铌渣 06.487

niobium dioxide 二氧化铌 06.490

niobium extraction by converter blowing 转炉提铌 06.486

niobium pentoxide 五氧化铌 06.489

nitriding 渗氮，＊氮化 07.225

nitriding steel 渗氮钢 08.167

nitrocarburizing 氮碳共渗 07.227

nitroglycerine explosive 硝化甘油炸药 02.237

noble lead 贵铅 06.320

noble metal 贵金属 06.358

nodular cast iron 球墨铸铁 08.147

nodule collector 结核集矿机 02.681

nodulizer 球化剂 05.214

non-coke iron making 非焦炭炼铁 05.437

non-destructive testing 无损检测 07.331

nonel tube 非电导爆管 02.290

nonferrous metallurgy 有色金属冶金[学] 01.020

nonhomogenous deformation 不均匀变形 09.046

non-linear regression 非线性回归 04.579

non-Newtonian fluid 非牛顿流体 04.276

nonpriming material detonator 无起爆药雷管 02.282

non-tension rolling 无张力轧制 09.179

5-nonyl salicyl aldooxime 5－壬基水杨醛肟 06.199

Noranda process 诺兰达法 06.279

normal distribution 正态分布 04.554

normalized steel 正火钢 08.159

normalizing 正火 07.203

normal stress 法向应力 09.012

Norsk Hydro process 诺尔斯克·希德罗法 06.452

notching die 冲裁模 09.421

notch sensitivity 缺口敏感性 08.044

no-twist rolling 无扭轧制 09.180

noxious gas 有毒气体 02.692

nozzle brick 水口砖 05.142，多孔砖 05.565

nozzle clogging 水口堵塞 05.729

nozzle of oxygen lance 氧枪喷孔 05.556

*n*th order reaction *n* 级反应 04.241

nuclear fuel 核燃料 08.257

nuclear graphite 核石墨 05.180

nucleater 成核剂 05.212

nucleation 形核，*成核 07.146

nucleus 晶核 07.143

numerical analysis 数值分析 04.536

numerical simulation 数值模拟 09.094

Nusselt number 纳塞特数 04.350

O

observed value 观测值 04.545

oceanic mineral resources 海洋矿产资源 02.052

oceanic mining 海洋采矿 02.006

octahedral interstice 八面体间隙 07.033

octahedral normal stress 八面体法向应力 09.014

octahedral shear stress 八面体剪应力 09.015

Odda process 氯气脱汞法 06.329

off gas 废气 06.065

off gas control system 废气控制系统 05.571

off heat 不合格炉次 05.492

OGCS 废气控制系统 05.571

oil diffusion pump 油扩散泵 04.519

oil injection 喷油 05.338

oil well pipe 油井管 09.637

olivine 橄榄石 05.077

on blast 送风期 05.415

on blast of stove 送风期 05.415

one side zinc coating 单面镀锌 09.309

one-step copper segregation process 一步离析炼铜法 06.284

on gas 燃烧期 05.416

on gas of stove 燃烧期 05.416

on line analyzer 在线分析仪 03.492

on line size analyzer 在线粒度分析仪 03.493

open arc furnace 开弧炉 05.222

open circuit 开路 03.009

open circuit potential 开路电位 08.080

open cut mining 露天采矿[学] 01.003

open-hearth furnace 平炉 05.572

open-hearth furnace with roof oxygen lance 顶吹氧气平炉 05.586

open-hearth steelmaking 平炉炼钢 05.573

open pit 露天采场 02.464

open pit boundary 露天开采境界 02.463

open pit deepening 露天矿延伸 02.467

open pit footwall 露天采场底盘 02.469

open pit mining 露天采矿[学] 01.003, 露天采矿 02.455

open pit slope 露天采场边帮 02.465

open pit slope enlarging 露天采场扩帮 02.468

open stoping 空场采矿法 02.600

operating rate of blast furnace 高炉作业率 05.360

opposing reaction 对峙反应 04.229

O-press O形成型机 09.517

optical basicity 光学碱度 04.169

optical microscope 光学显微镜 07.292

optical pyrometer 光学高温计 04.491

optical sorter 光照拣选机 03.333

optimal estimate 最优估计 04.588

optimal value 最优值 04.589

optimization 优化法 04.587

ordered phase 有序相 07.109

ordered solid solution 有序固溶体 07.122

ordering 有序化 07.175

ordering domain 有序畴 07.173

ore 矿石 02.053

ore agglomerates 人造块矿 05.228

ore beneficiation 选矿[学] 01.008

ore bin 矿仓 02.363

ore blending 矿石混匀 05.237

orebody 矿体 02.045

ore break down 落矿 02.596

ore charge 矿料 05.312

ore deposit dewatering 矿床疏干 02.795

ore deposit valuation 矿床评价 02.078

ore dilution ratio 矿石贫化率 02.037

ore drawing 放矿 02.598

ore drawing under caved rock 覆盖岩石下放矿 02.643

ore dumping chamber 卸矿硐室 02.453

ore fines 粉矿 05.236

ore grade 矿石品位 02.054

ore handling 矿石运搬 02.597

ore loading 装矿 02.599

ore loading chamber 装矿硐室 02.452

ore loss ratio 矿石损失率 02.036

ore mucking 矿石运搬 02.597

orepass 溜井 02.424

orepass transportation 溜井运输 02.508

ore pillar 矿柱 02.563

ore pillar recovery 矿柱回收 02.651

ore proportioning 配矿 05.238

ore reclaimer 匀矿取料机 05.243

ore recovery ratio 矿石回收率 02.035

ore reserve inside balance sheet 平衡表内储量 02.088

ore reserve outside balance sheet 平衡表外储量 02.089

ore sampling 取矿石样 02.090

ore size grading 矿石整粒 05.239

ore stocker 矿石堆料机 05.242

ore stockyard 储矿场 05.241

ore to coke ratio 焦炭负荷 05.355

Orford process 锍分层熔炼法 06.340

organic binder 有机黏结剂 05.247

organic burn 有机物污极[现象] 06.168

organic phase 有机相 06.176

orientation contrast 取向衬度 07.307

orientation of test specimen 试样取向 09.725

oriented nucleation 取向形核 07.150

Orowan equation 奥罗万方程 09.186

orthogonal design 正交设计 04.585

orthogonal table 正交表 04.586

oscillating feeder 摆式给矿机 03.471

oscillating viscometer 摆动黏度计 04.504

oscillation mark 振动波纹 05.728

O-shape forming machine O 形成型机 09.517

outcrop 露头 02.068

outcrop mapping 露头测绘 02.093

outgoing airflow 回风风流 02.712

outgoing gauge 轧后厚度 09.208

outlier 异常值 04.546

out-of-square 脱方度 09.700

Outokumpu flash smelting 奥托昆普闪速熔炼 06.265

Outokumpu flotation machine OK 型浮选机 03.425

Outokumpu H.C. flotation machine OK 型精选浮选机 03.426

outside combustion stove 外燃式热风炉 05.420

oven chamber 焦化室 05.013

overaging 过时效 07.182

overall output of ore and waste 采剥总量 02.033

overall reaction 总反应 04.233

overall resistance of mine airflow 矿井通风总阻力 02.708

overblow 过吹 05.538

overbreak of opening 巷道超挖 02.354

overcasting mining method 倒堆采矿法 02.480

overfill 过充满 09.261

overflow 溢流 03.437

overflowball mill 溢流型球磨机 03.221

overflow weir 溢流堰 06.112

overgauge rolling 正偏差轧制 09.141

overhand cut and fill stoping 上向分层充填法 02.611

overheated structure 过热组织 07.366

overheating 过烧 07.197

overlap 折叠 09.714

overloading 过载 06.234

overoxidation 过氧化 05.487

overpickling 过酸洗 09.691

oversize 筛上料 03.205

over voltage 超电压 04.432

overwinding 过卷 02.861

oxidation period 氧化期 05.613

oxidized paraffin wax soap 氧化石蜡皂 03.380

oxidizing and spontaneous combustion of rock and ore 矿岩氧化自燃 02.807

oxidizing roasting 氧化焙烧 06.003

oxidizing slag 氧化渣 05.476

oxidizing zone 氧化带，＊燃烧带 05.345

oxygen blow duration 吹氧时间 05.548

oxygen enriched blast 富氧鼓风 05.339

oxygen enrichment 富氧鼓风 05.339

oxygen free copper 无氧铜 08.202

oxygen-fuel burner 氧燃喷嘴 05.611

oxygen lance 氧枪 05.555

oxygen lime process 喷石灰粉顶吹氧气转炉法 05.528

oxygen probe 定氧测头 04.485

oxygen sensor 氧传感器 04.483

oxygen steelmaking 氧气炼钢 05.524

P

Pachuca tank 帕丘卡罐，＊帕储加罐 06.082

package steel strip 包装钢带 09.613

packed bed 填充床 04.362

pack-rolled sheet 叠轧薄板 09.584

pack rolling 叠轧 09.171

paint sheet 涂层板 09.586

PAN-based carbon fiber 聚丙烯腈基炭纤维 05.184

panel 盘区 02.560

paper chromatography 纸色谱法 06.243

PAR 等离子炉重熔 05.605

parallel holes 平行炮孔 02.306

parallel network 并联网路 02.718

parallel reaction 平行反应 04.230

parent phase 母相 07.111

Parkes process 加锌除银法 06.311

partial correlation coefficient 偏相关系数 04.584

partial dislocation 不全位错 07.065

partial molar quantity 偏摩尔量 04.049

partial stabilized zirconia 局部稳定的氧化锆 04.475

particle 颗粒 03.023

particle size 粒度 03.024

parting 金银分离法 06.387

partition function 配分函数 04.212

pass 道次 09.251

passivation 钝化 08.083

pass schedule 孔型设计图表 09.193

Pauli exclusion principle 泡利[不相容]原理 04.223

payable grade 可采品位 02.056

Pearce-Smith converter 卧式转炉 06.273

pearlitic transformation 珠光体相变 07.168

pebble mill 砾磨机 03.229

Peclet number 佩克莱数，＊培克雷特数，＊贝克来数 04.351

Pedersen process 彼德森法，＊佩德森法 06.441

peep hole 窥视孔 05.385

Peierls-Nabarro force 派－纳力 07.089

pellet 球团［矿］ 05.231

pendant drop method 垂滴法 04.507

penetration theory 渗透理论 04.334

pentlandite 镍黄铁矿 03.088

percent reduction 压下量 09.237

percolation leaching 渗滤浸出 06.075

percussion drilling 冲击式凿岩 02.225

periclase 方镁石 05.078

perimeter blasting 周边爆破 02.329

periodic rolling 周期轧制 09.150

periodic weighting 周期来压 02.207

peripheral discharge ball mill 周边排矿球磨机 03.222

peripheral traction thickener 周边传动浓缩机 03.441

periphery hole 周边孔 02.300

peritectic 包晶体 07.352

peritectic point 包晶点，＊转熔点 04.096

peritectic reaction 包晶反应 04.102

pentectoid 包析体 07.353

peritectoid point 包析点 04.099

peritectoid reaction 包析反应 04.105

perlite 珍珠岩 05.088

permalloy 坡莫合金 08.244

V-permandur alloy 铁钴钒合金 08.243

permanent cathode electrolysis 永久阴极电解法 06.158

permanent contact 持久接触 04.368

permanent deformation 永久变形 09.045

permanent magnetic alloy 永磁合金 08.247

permanent magnetic separator 永磁磁选机 03.303

permanent ramp 固定坑线 02.497

permanent support 永久支架 02.430

permeability 透气性 08.095

perovskite 钙钛矿 05.293

perrhenic acid 过铼酸 06.512

petroleum coke 石油焦炭 05.161

petroleum pitch 石油沥青 05.160

petroleum sulfonate 石油磺酸盐 03.379

phase contrast 相衬度，*相[位]衬 07.308

phase diagram 相图 04.087

phase equilibrium 相平衡 04.043

phase predominance area diagram *相优势区图 04.204

phase ratio 相比 06.177

phase rule 相律 04.086

phase stability area diagram 相稳定区图 04.204

phase transformation 相变 07.137

phosphate capacity 磷酸物容量 04.188

phosphor partition ratio 磷分配比 04.187

photoelasticity 光弹性[法] 09.111

photoelastic simulating 光弹模拟 02.181

photometric sorter 光照拣选机 03.333

photoplasticity 光塑性[法] 09.112

physical adsorption 物理吸附 04.386

physical chemistry of process metallurgy 冶金过程物理化学 01.016

physical-mechanical properties of rock 岩石物理力学性质 02.145

physical metallurgy 物理冶金[学] 01.014

physical process 物理过程 04.023

physical simulation 物理模拟 09.092

physical vapor deposition 物理气相沉积 04.201

physisorption 物理吸附 04.386

pickle acid 酸洗液 09.319

pickle brittleness 酸洗脆性 09.689

pickle house 酸洗间 09.320

pickle lag test 酸洗时滞性试验 09.744

pickle line processor 连续酸洗机组 09.551

pickle patch 酸洗斑点 09.690

pickle rinse spray tank 酸洗清洗喷射槽 09.549

pickle sheet 酸洗薄板 09.688

pickling 酸洗 09.318

pickling additive 酸洗添加剂 09.322

pickling agent 酸洗剂 09.321

pickling cycle 酸洗周期 09.323

pickling installation 酸洗设备 09.547

pickling medium 酸洗介质 09.324

pickling tank 酸洗槽 09.548

pick-up 黏结 09.087

Pidgeon process 皮金法 06.449

piercer 穿孔机 09.489

piercing 穿孔 09.280

piercing mill 穿孔机 09.489

pig-casting machine 铸铁机 05.429

pig iron 生铁块 05.450

pig mold 铸铁模 05.430

Pilger mill 周期式热轧管机 09.480

Pilger rolling 皮尔格周期式轧管 09.140

pilot shaft sinking 超前小井掘井法 02.377

PIM 等离子感应炉熔炼 05.607

pinched sluice 尖缩流槽 03.284

pincher 折皱 09.715

pinch roll 夹辊 05.735

pine camphor oil 松醇油，*二号油 03.388

pine oil 松油 03.387

pinhole 针孔 05.755

pinning point 钉扎点 07.085

pioneer cut 开段沟 02.475

pipe 管材 09.615

piped top 钢锭缩头 05.747

pipe line steel 管线钢 08.189

pipe-testing machine 管材试验机 09.569

pit casting 坑铸 05.670

pitch-based carbon fiber 沥青基炭纤维 05.185

pitch coke 沥青焦 05.050

pitch of stranding 绞线捻距 09.401

Pitot tube 皮托管 04.513

pitting 点蚀 08.058

pit working line 露天矿工作线 02.493

placer gold 砂金 06.359

placer mining 砂矿开采[学] 01.004

plain carbon steel 普通碳素钢 08.158

plain forging 平锻 09.336

plane defect 面缺陷 07.090

plane failure 平面型滑坡 02.189

plane landslide 平面型滑坡 02.189

plane strain 平面应变 09.044

planetary rolling 行星轧制 09.144

plan view of waste disposal site 排土场平面图 02.124

plasma-arc remelting　等离子炉重熔　05.605

plasma induction melting　等离子感应炉熔炼　05.607

plasma metallurgy　等离子冶金[学]　01.022

plasma progressive casting　等离子连续铸锭　05.608

plasma skull casting　等离子凝壳铸造　05.609

plastic deformation　塑性形变　07.235

plastic equation of rolled piece　轧件塑性方程　09.188

plastic forming of metals　金属塑性加工　09.001

plastic instability　塑性失稳　09.056

plasticity　塑性　08.003

plastic mechanism of coke formation　塑性成焦机理　05.003

plastic potential　塑性势　09.055

plastic strain　塑性应变　09.054

plastic strain ratio　塑性应变比　09.053

plastic working　塑性加工　07.236

plastic working of metals　金属塑性加工　09.001

plate　中厚板　09.600

plate crown　钢板凸度　09.217

plate electrostatic separator　板式电选机　03.330

plate heat exchanger　板式换热器　06.143

plate martensite　片状马氏体　07.379

plate mill　中厚板轧机　09.441

plating coat　镀层　09.311

plug drawing　短芯棒拉拔　09.369

plug flow reactor　塞流反应器　04.359

plug mill　自动轧管机　09.479

plume　气泡柱区　04.268

plume height　烟气冲出高度　06.058

PM　脉冲搅拌法，＊PM法　05.660

pneumatic drill　气动凿岩机　02.909

pneumatic filling　风力充填　02.623

pneumatic flotation machine　充气式浮选机　03.421

pneumatic forming　气压成形　09.379

pneumatic hammer　空气锤　09.524

pneumatic jig　风动跳汰机　03.262

pneumatic table　风力摇床　03.275

point defect　点缺陷　07.043

pointing rolling machine　轧尖机　09.516

Poisson's ratio　泊松比　08.017

polarization　极化　04.436

polarization curve　极化曲线　04.440

pole figure　极图　07.324

poling　插木还原　06.288

polishing　抛光　07.295

polygonization　多边形化　07.263

polymetallic nodule　多金属结核　02.678

polymetallic nodule mining　多金属结核开采　02.683

population　总体　04.547

population mean　总体[平]均值　04.549

porcelain enameling sheet　搪瓷薄板　09.591

pore　孔隙　08.093

pore-forming material　造孔剂　08.096

porosity　疏松　07.397，孔隙度　08.094

porous bearing　多孔轴承　08.135

porous brick　透气砖　05.140

porous plug　透气塞　05.622

porous solid model　多孔固体模型　04.332

positive hole conduction　空穴导电　04.479

positive segregation　正偏析　05.771

positron annihilation technique　正电子湮没技术　07.316

post　立柱　02.441

postcombustion　二次燃烧，＊后燃烧　05.547

post-pillar fill stoping　点柱充填法　02.615

post-reaction strength of coke　焦炭反应后强度　05.037

potassium fluoroborate　硼氟酸钾　06.531

potassium fluorotantalate　氟钽酸钾　06.494

potassium niobium oxyfluoride　氟氧化铌钾　06.491

potassium perrhenate　过铼酸钾　06.513

pot clay　陶土　05.061

potential step method　电位阶跃法　04.525

potentiometer　电位差计　04.527

potentiometric stripping analysis　电位溶出分析　04.528

potentiostat　恒电位仪　04.524

potentiostatic method　恒电位法　04.523

pot line　电解槽系列　06.433

pot patching　电解槽内衬小修　06.435

pot relining　电解槽内衬大修　06.434

Properzi process 连续液铝拉丝法 06.442

proportional limit 比例极限 08.013

proportioning pump 定量泵 06.221

prospective reserve 远景储量 02.087

protection of mine water source 矿山水源保护 02.832

protection potential 保护电位 08.088

protective coating 防护涂层，＊防护镀层 08.091

Protogyakonov's coefficient of rock strength 普氏岩石强度系数，＊普罗托季亚科诺夫岩石强度系数 02.167

proven reserve 探明储量 02.085

proximate analysis of coke 焦炭工业分析 05.031

PSC 等离子凝壳铸造 05.609

pseudo-eutectic 伪共晶体 07.345

pseudo-eutectoid 伪共析体 07.349

psilomelane 硬锰矿 03.129

Pt-Rh alloys 铂铑合金 08.232

public nuisance from blasting 爆破公害 02.839

pull crack 拉裂 09.705

pulp 矿浆 03.042

pulp distributor 矿浆分配器 03.480

pulp sprayer 料浆喷雾器 06.105

pulsating mixing process 脉冲搅拌法，＊PM法 05.660

pulse heating 脉冲加热 07.194

pulverizer 粉磨机 03.200

punch 冲孔 09.353

punching die 冲压模 09.420

pure bending 纯弯曲 09.390

pure substance standard 纯物质标准[态] 04.140

purification 提纯 06.254

purification treatment of graphite 石墨纯净化处理 05.164

pusher 推钢机 09.513

pushing machine 推焦机 05.024

pushing piercing 推轧穿孔 09.282

push-pull pickling line 推拉酸洗线 09.326

PVD 物理气相沉积 04.201

pycnometer 比重瓶 04.501

pyrite 黄铁矿 03.133

pyritic smelting 自热焙烧熔炼 06.258

pyrochlore 烧绿石 03.143

pyrolusite 软锰矿 03.130

pyrolytic carbon 热解炭 05.181

pyrometallurgy 火法冶金[学] 01.031

pyrometric cone 泽格测温锥，＊西格测温锥 04.493

pyrometry [测]高温学 04.488

pyrophoric alloy 发火合金 08.256

pyrophyllite 叶蜡石 05.063

pyroxene 辉石 03.168

pyrrhotite 磁黄铁矿 03.134

Q

QBOF 氧气底吹转炉 05.526

Q-S-L process Q-S-L法 06.282

quarry 采石场 02.457

quarrying 露天采石 02.456

quarternary phase diagram 四元相图 04.091

quartz 石英 03.157

quartzite sandstone 泡砂石 05.109

quasi-chemical model of solution 准化学溶液模型 04.133

quasicrystal 准晶[体] 07.028

quebracho extract 坚木栲胶，＊栲胶 03.393

quench bath 淬火槽 09.544

quenched and tempered steel 调质钢 08.168

quenching 淬火 07.204

quenching and tempering 调质 07.209

quenching car 熄焦车 05.026

quickened lime 活性石灰 05.246

quick sand 流沙 02.791

quiet basic oxygen furnace 氧气底吹转炉 05.526

R

raceway　风口循环区　05.346

radial extrusion　径向挤压　09.411

radial forging　径向锻造　09.339

radiation damage　辐照损伤，*辐射损伤　07.053

radiation hardening　辐照强化　07.288

radiation pyrometer　辐射高温计　04.492

radioactive decay　放射性衰变　04.253

radioactive deposit mining　放射性矿床开采　02.660

radioactive gas　放射性气体　02.694

radioactive waste disposal　放射性废物处理　02.836

radio frequency cold crucible method　射频感应冷坩埚法　06.584

radiometric sorter　放射性拣选机　03.334

radius of blasting action　爆破作用半径　02.325

raffinate　萃余液　06.181

rail　钢轨　09.662

rail-and-structural steel mill　轨梁轧机　09.449

rail rolling　轨梁轧制　09.134

rail steel　钢轨钢　08.187

railway development　铁路开拓　02.503

raise　天井　02.419

raise connecting survey　天井联系测量　02.113

raising borer　天井钻机　02.952

raising cage　吊罐　02.950

raising climber　爬罐　02.951

raising method of shafting　井筒反掘法　02.375

rake classifier　耙式分级机　03.248

rake thickener　耙式浓缩机　03.442

ramified flotation　分支浮选　03.407

ramming paste　扎缝用糊　06.427

ramming process　捣打成型　05.101

random error　随机误差　04.557

randomization　随机化　04.601

random sample　随机样本　09.724

Raoult's law　拉乌尔定律　04.138

Rapoport effect　拉波波特效应　06.440

rare earth ferrosilicomagnesium　稀土镁硅铁　05.211

rare earth ferrosilicon　稀土硅铁　05.210

rare earth halide　卤化稀土　06.587

rare metal　稀有金属　06.467

Rasching ring　拉席希环，*拉西环　06.130

rate controlling step　速率控制步骤，*速率控制环节　04.249

raw data　原始数据　04.602

rayon-based carbon fiber　粘胶基炭纤维　05.186

γ-ray radiographic inspection　γ射线探伤　07.336

reaction in situ　原位反应　04.199

reaction mechanism　反应机理　04.227

reaction order　反应级数　04.237

reaction path　反应途径　04.226

reaction rate　反应速率　04.234

reaction rate constant　反应速率常数　04.235

reaction rate equation　反应速率方程　04.236

reaction sintering　反应烧结　08.120

reactor　反应器　04.356

reagent desorption　药剂解附　03.365

reagent dosage　药方　03.350

reagent feeder　给药机　03.475

reagent removal　脱药　03.364

real solution　真实溶液　04.128

reaming bit　扩孔钻头　02.903

reblow　补吹　05.537

reboil　再沸腾　05.579

recalescence　复辉，*再辉　07.177

recarburization　增碳　05.481

recarburization practice　增碳操作　05.543

reciprocal lattice　倒易点阵，*倒[易]格　07.022

reciprocating screen　往复筛　03.210

recirculating air flow　循环风流　02.738

reclamation work　复田工作　02.042

re-coiling　重卷　09.289

recoverable reserve　工业储量　02.080

recovery　回收率　03.015，回复　07.260

recrystallization　再结晶　06.113

recrystallization texture　再结晶织构　07.391

rectification　精馏　06.137

recuperator 回流换热器 06.149

red mud 赤泥 06.406

redox electrode 氧化还原电极 04.426

redox reaction 还原氧化反应 04.034

reducing 减径 09.265

reducing mill 减径机 09.494

reducing roasting 还原焙烧 06.004

reducing slag 还原渣 05.477

reduction distillation 还原蒸馏 06.579

reduction of area 面缩率 08.030

reduction period 还原期 05.614

reduction ratio 破碎比 03.182

reduction with sodium amalgam 钠汞齐还原 06.536

reef drift 脉内巷道 02.548

reeling mill 均整机 09.501

reference electrode 参比电极 04.422

reference state of infinitely dilute solution 无限稀溶液参考态 04.142

refined anthracene 精蒽 05.048

refined magnesium 精镁 06.460

refined naphthalene 精萘 05.047

refining 精炼 06.253

refining period 精炼期 05.472

reflux 回流 06.132

refractoriness under load 荷重耐火性 05.152

refractory brick 耐火砖 05.107

refractory castable 耐火浇注料 05.150

refractory concrete 耐火混凝土 05.151

refractory fiber 耐火纤维 05.149

refractory materials 耐火材料 05.056

refractory metal 难熔金属 06.468

refractory mineral 难选矿物 03.017

refrigeration of underground mine 矿井制冷 02.759

regenerator 蓄热室，*回热器 05.587

regional appraisal 区域评价 02.075

regression analysis 回归分析 04.576

regression coefficient 回归系数 04.577

regular solution 正规溶液 04.129

regular solution model 正规溶液模型 04.132

regulator 调整剂 03.361

regulus lead 硬铅 06.319

reheating furnace 加热炉 09.536

reinforced bar steel 钢筋钢 08.186

reinforcing steel bar 钢筋 09.682

relative density 相对密度 08.097

relative error 相对误差 04.563

remelting refining 重熔精炼 06.582

removable bottom 活动炉底 05.562

reoxidation protection 防再氧化操作 05.680

repeatability 重复性 04.541

rephosphorization 回磷 05.483

replacement ratio 置换比 05.340

replica 复型 07.303

repressing 复压 08.123

reproducibility 再现性 04.542

research methods in metallurgical physical chemistry 冶金物理化学研究方法 04.487

residence time 停留时间 04.366

residual anode 残阳极 06.308

residual stress 残余应力 09.022

resin affinity 树脂亲合力 06.240

resin bed 树脂床 06.239

resin-in-pulp process 树脂矿浆法 06.368

resin regeneration 树脂再生 06.241

resin rock bolt 树脂胶结锚杆 02.449

resintering 复烧 08.119

resistance 电阻 04.412

resistance alloys for strain gauge 应变片合金 08.224

resistance of electric detonator 电雷管电阻 02.288

resistance sinter 自阻烧结 06.542

resistance to deformation 变形抗力 09.027

resistance welded pipe 电阻焊管 09.624

resistance weld mill 电阻焊管机 09.484

resonance screen 共振筛 03.208

resuing stoping 削壁充填法 02.614

resulfurization 回硫 05.485

retained austenite 残余奥氏体 07.368

retained reserve 保有储量 02.086

retaining column 延缓柱 06.231

retaining wall 挡土墙 02.523

retention time 停留时间 04.366

retreat mining 后退式开采 02.557

return fines 返矿 05.240

return slag　回炉渣　05.502

reverberatory furnace　反射炉　06.040

reverberatory furnace smelting　反射炉熔炼　06.263

reverse-drawing　反拉延　09.361

reverse extrusion　反挤压　09.406

reverse flattening test　反向压扁试验　09.739

reverse flotation　反浮选　03.406

reversible electrode　可逆电极　04.421

reversible process　可逆过程　04.020

reversible reaction　可逆反应　04.031

reversing installation for mine fan　矿井返风装置
　02.756

reversing mill　可逆式轧机　09.445

reversion　回归　07.184

rewind reel　重卷机　09.507

Reynolds number　雷诺数　04.342

RH　循环式真空脱气法，* RH 法　05.648

RH-Kawasaki top blowing　川崎顶吹氧 RH 操作
　05.651

RH-KTB　川崎顶吹氧 RH 操作　05.651

RH-OB　吹氧 RH 操作　05.650

rhomboidity　脱方　05.778

RH-oxygen blowing　吹氧 RH 操作　05.650

RH-PB　喷粉 RH 操作　05.652

RH-powder blowing　喷粉 RH 操作　05.652

ribbon steel　窄带钢　09.609

rib pillar　间柱　02.564

ridge　凸纹，* 波纹　09.701

riffle　床条　03.274

rigid dummy bar　刚性引锭杆　05.706

rigid equilibrium method　刚体平衡法　02.188

rigid-perfectly plastic body　理想刚塑性体　09.057

rigid support　刚性支架　02.434

rimmed steel　沸腾钢　05.458

rimming steel　沸腾钢　05.458

ring　竹节　09.712

ring hole gradient　炮孔排面斜角　02.358

ring holes　环形炮孔　02.307

ring matrix　环形聚磁介质　03.315

ring rolling　环轧，* 环锻　09.152

ring rolling mill　环件轧机　09.457

RIP process　树脂矿浆法　06.368

riser bus bar　立柱母线　06.173

Rist's diagram　里斯特图　04.202

RMR　岩体指标　02.154

road scraper　平路机　02.933

roadway　巷道　02.359

roasting　焙烧　06.002

rock abrasiveness　岩石磨蚀性　02.219

rock anisotropy　岩石各向异性　02.147

rock blastability　岩石可爆性　02.220

rock bolting　锚杆支护　02.445

rock bolting jumbo　锚杆台车　02.958

rock breaking　岩石破碎　02.216

rockburst　岩爆　02.168

rock discontinuity　岩石非连续性　02.146

rock drift　脉外巷道　02.549

rock drill　凿岩机　02.907

rock drillability　岩石可钻性　02.218

rock drilling　凿岩　02.215

rock dynamic modulus of elasticity　岩石动态弹模
　02.222

rock dynamic strength　岩石动态强度　02.223

rock fragmentation　岩石破碎　02.216

rocking-shaking sluice　振摆流槽　03.287

rock isotropy　岩石各向同性　02.148

rock loader　装岩机　02.934

rock mass deformation　岩体变形　02.151

rock mass mechanics　岩体力学　02.144

rock mass rating　岩体指标　02.154

rock mass strength　岩体强度　02.152

rock mass structure　岩体结构　02.150

rock mechanics　岩石力学　02.143

rock quality designation　岩石质量指标　02.153

Rockwell hardness　洛氏硬度　08.032

rodding　阳极导杆组装　06.171

rod mill　棒磨机　03.228

rod rolling　线材轧制　09.154

roll　轧辊　09.552

roll bending　滚弯　09.299

roll breakage　断辊　09.201

roll changing　换辊　09.197

roll crown　辊凸度　09.199

roll crusher　对辊破碎机　03.199

roll deflection　轧辊挠度　09.189

roller apron　导向辊装置　05.738

roller bit　压轮钻头　02.898

roller drill　牙轮钻机　02.897

roll extruding　滚挤　09.413

roll flattening　轧辊压扁　09.203

roll forming　冷弯　09.298

roll gap　辊缝　09.198

roll gap control　辊缝控制　09.200

roll grinder　轧辊磨床　09.531

rolling　轧制　09.117

rolling direction　轧制方向　09.121

rolling elastic-plastic curve　轧制弹塑性曲线　09.122

rolling line　轧制线　09.125

rolling load　轧制力　09.118

rolling mill　轧机　09.426

rolling model　轧制模型　09.123

rolling piece　轧件　09.207

rolling power　轧制功率　09.120

rolling stock　轧件　09.207

rolling tolerance　轧制公差　09.124

rolling torque　轧制力矩　09.119

rolling with grooved roll　有槽轧制　09.135

rolling with negative stretching　负展宽轧制　09.146

rolling with negative tolerance　负公差轧制　09.145

rolling with varying section　变断面轧制　09.153

roll lathe　轧辊车床　09.532

roll pass　轧辊孔型　09.205

roll pass design　孔型设计　09.192

roll straightening　辊式矫直　09.294

roll table　辊道　09.554

roof collapse　冒顶　02.209

roof weighting　顶板来压　02.206

room-and-pillar stoping　房柱采矿法　02.602

rope　绳　09.687

rotameter　转子流量计　04.512

rotary drill　旋转钻机　02.900

rotary forming　回转加工　09.395

rotary hearth iron making　转底炉炼铁　05.443

rotary kiln　回转窑　05.105

rotary-percussive drill　冲击旋转凿岩机　02.914

rotary shears　回转式剪切机　09.504

rotary swaging　旋转锻造　09.340

rotating-crystal method　周转晶体法　07.323

rotational viscometer　旋转粘度计　04.503

rotor electrostatic separator　筒型电选机　03.328

rough concentrate　粗精矿　03.034

roughing　粗选　03.056

roughing mill　粗轧机　09.469

roughness　粗糙度　09.694

rough rolling　粗轧　09.165

round billet　圆坯　09.226

round steel　圆钢　09.666

route survey of surface mine　露天矿线路测量　02.123

RQD　岩石质量指标　02.153

rubber padding　橡皮模成形　09.381

rubble chimney　碎石竖筒　02.671

Ruhstahl-Hausen vacuum degassing process　循环式真空脱气法，＊RH法　05.648

run-around ramp　回返坑线　02.502

run of mine　原矿　03.031

rust mark　锈斑，＊锈印　09.711

rust spot　锈斑，＊锈印　09.711

rutile　金红石　03.136

S

sacrificed anode　牺牲阳极　08.089

safety clearance　安全间隙　02.386

safety device for breaking of hoist rope　提升钢绳保险器　02.819

safety distance for blasting　爆破安全距离　02.838

safety fuse　导火线　02.291

safety pillar　保安矿柱　02.567

sagging zone　弯曲带　02.131

Sala flotation machine　萨拉浮选机　03.430

salamander　积铁　05.370

salt bath furnace　盐浴炉　09.541

salting-out effect　盐析效应　06.201

samarskite　铌钇矿　06.559

sample　样本　04.548，试样　09.726

sample mean 样本[平]均值 04.550

sampling 采样 09.727

sand inclusion 夹砂 07.401

sand pump 砂泵 02.967

sand seal 沙封 06.053

sandstone 砂岩 05.067

sandy alumina 砂状氧化铝 06.418

saponification 皂化 06.250

saponification number 皂化值 06.251

sash bar 窗框钢 09.659

satellite hole 辅助孔 02.299

saturated loading capacity 饱和负载容量 06.183

saturated solid solution 饱和固溶体 07.115

sawtooth pulsation jig 锯齿波跳汰机 03.263

SBT 侧面炉底出钢 05.627

scab 结疤 09.710

scaffolding 结瘤 05.366

scaled particle theory 定标粒子理论 04.219

scaling 撬毛 02.314

scaling jumbo 撬毛台车 02.960

Scandinavian Lancer process 瑞典喷粉法, * SL法 05.656

scanning electron microscope 扫描电子显微镜 07.301

scanning tunnelling microscopy 扫描隧道显微术 07.314

scavenging 扫选 03.058

schedule of extraction and development 采掘计划 02.028

schedule of ore drawing 放矿制度 02.644

scheelite 白钨矿 03.105

Schmidt number 施密特数 04.347

Schottky vacancy 肖特基空位 07.048

scorification assay 渣化试金法 06.376

scorifier 渣化皿 06.379

scrap 废钢 05.495

scraper 电耙 02.932

scraper loader 耙斗装载机 02.937

screen cloth 筛网 03.202

screening 筛分 03.049

screening analysis 筛分分析 03.482

screen opening 筛孔 03.203

screw dislocation 螺型位错 07.060

screw rolling 螺旋轧制 09.182

scrubber 擦洗机 03.296

sealed dust-exhaust system 密闭抽尘系统 02.768

seamless tube 无缝管 09.632

seamless-tube rolling mill 无缝管轧机 09.482

secondary aluminium 再生铝 06.444

secondary blasting 二次爆破 02.338

secondary blasting level 二次破碎巷道 02.580

secondary cooling zone 二次冷却区 05.722

secondary crushing 中碎 03.179

secondary delimitation of orebody 矿体二次圈定 02.091

secondary hardening 二次硬化 07.219

secondary magnesium 再生镁 06.463

secondary metallurgy 二次冶金[学] 01.026

secondary refining 二次精炼, * 炉外精炼 05.633

secondary slime 次生矿泥 03.041

secondary solid solution 二次固溶体 07.118

secondary stress 附加应力 09.026

second order reaction 二级反应 04.240

section mill 型钢轧机 09.464

section modulus 截面模量 09.252

section rolling 型钢轧制 09.159

section steel 型材, * 型钢 09.643

sedimentation 沉积 03.261

seed precipitation 晶种析出 06.109

seed ratio 晶种比 06.110

Seger cone 泽格测温锥, * 西格测温锥 04.493

segregation 偏析 07.164

segregation process 离析法 03.071

selective flocculation flotation 选择性絮凝浮选 03.415

selective flotation 选择性浮选 03.403

selective mining system 选别开采法 02.481

selective oxidation 选择性氧化 04.165

selectivity coefficient 选择系数 06.217

self aeration mechanical agitation flotation machine 自充气机械搅拌型浮选机 03.423

self coated lining 自凝炉衬 06.050

self-diffusion 自扩散 07.133

self diffusion coefficient 自扩散系数 04.315

self-fluxed iron ore 自熔性铁矿 05.233

self interaction coefficient 自身相互作用系数

shearing work 剪切功 09.043

shear modulus 剪切模量 08.015

shears 剪切机 09.503

shear strength 抗剪强度 08.024

shear stress 剪应力 09.016

shear test 剪切试验 09.753

shear test of discontinuity 不连续剪切试验 02.185

sheet 薄板 09.571

sheet coil 薄板卷，＊板卷 09.579

sheet gauge 板厚 09.215

sheet metal forming 板成型 09.091

sheet piling 钢板桩 09.670

sheet rolling 薄板轧制 09.176

sheet thickness 板厚 09.215

shell 凝壳 05.718

sherardizing 渗锌 07.232

Sherwood number 舍伍德数，＊舍沃德数 04.353

shield drifting 平巷掩护法掘进 02.416

shielded casting practice 钢流保护浇注 05.740

shiftable ramp 移动坑线 02.498

ship building plate 造船板 09.597

shock airflow due to caving 冒落冲击气流 02.841

shock wave 冲击波 02.254

shock wave from mine air 矿山空气冲击波 02.840

Shore hardness 肖氏硬度 08.034

short-cone hydrocyclone 短锥水力旋流器 03.251

short head cone crusher 短头圆锥破碎机 03.196

short-range order 短程有序 07.172

short rotary furnace smelting 短旋转炉熔炼 06.277

short-stressed mill housing 短应力线机架 09.471

shotcrete lining 喷射混凝土支架 02.444

shotcrete-rock bolt-wire mesh support 喷锚网支护 02.447

shotcreting machine 混凝土喷射机 02.961

shothole dewatering wagon 炮孔排水车 02.946

shothole stemming machine 炮孔填塞机 02.947

shovel 电铲 02.928

shrinkage cavity 缩孔 05.750

shrinkage crack 收缩裂纹，＊网裂 05.764

shrinkage hole 缩孔 07.399

shrinkage stoping 留矿采矿法 02.606

shrinking core model 缩核模型 04.331

SHS 自蔓延高温合成 08.129

shuttle car 梭车 02.875

shuttle conveyer belt 烧结梭式布料机 05.257

SiC-based carbon block 碳化硅基炭块 05.167

side bend test 侧向弯曲试验 09.750

side-blown converter 侧吹转炉 05.522

side bottom tapping 侧面炉底出钢 05.627

side-dumping loader 侧卸式装载机 02.931

siderite 菱铁矿 03.127

sideward flue 侧向烟道 06.062

Siemens-Martin furnace ＊西门子－马丁炉 05.572

sieve bend 弧形筛 03.212

Sievert's law 西韦特定律，＊西沃特定律，＊西华特定律 04.197

sieve series 筛序 03.484

sieve shaker 摇筛器 03.485

sieving 筛分 03.049

significance level 显著性水平 04.572

significant figure 有效数字 04.573

significant structure theory 显著结构理论 04.217

silencer of rock drill 凿岩机消声器，＊凿岩机消音器 02.834

silica 二氧化硅 06.382

silica brick 硅砖 05.112

silicate sludge 硅酸盐渣 06.413

siliceous modulus 硅量指数 06.411

siliceous refractory [material] 硅质耐火材料 05.111

silicochromium 硅铬 05.199

silicomanganese 硅锰 05.194

silicon carbide 碳化硅 05.089

silicon metal 金属硅 05.191

silicon nitride 氮化硅 05.090

silicon probe 定硅测头 04.486

silicon sensor 硅传感器 04.484

silicon steel 硅钢 09.654

silicosis 硅肺病，＊矽肺病 02.762

silicothermic process 硅热法 06.455

silicozirconium 硅锆 05.209

silky fracture 丝状断口 07.278

sillimanite 硅线石 05.076

sillimanite brick 硅线石砖 05.119

sill pillar 底柱 02.566

silumin alloy 铝硅铸造合金 08.198

silver base brazing alloy 银基硬钎焊合金 08.219

silver-zinc crust 银锌壳 06.312

simplex optimization 单纯形优化 04.590

single annular tuyere 单环缝喷嘴 05.566

single-belt caster 单带式连铸机 05.694

single-component phase diagram 一元相图 04.088

single-component system 单元系 04.009

single crystal growing 单晶生长 07.141

single development system 单一开拓 02.536

single-drum winder 单卷筒提升机 02.849

single face galvanizing 单面镀锌 09.309

single layer caving method 单层崩落法 02.631

single-roll caster 单辊式连铸机 05.693

single-slag operation 单渣操作 05.544

sink and float test 浮沉试验 03.491

sinking bucket 吊桶 02.390

sinking drawing 无芯棒拉拔 09.364

sinking mill 减径机 09.494

sinking platform 吊盘 02.389

sinter 烧结矿 05.229

sinter cooler 烧结冷却机 05.261

sintered alumina 烧结氧化铝 05.071

sintered dolomite clinker 烧结白云石砂 05.082

sintered filter 烧结过滤器 08.133

sintered iron 烧结铁 08.127

sintered steel 烧结钢 08.128

sintering 烧结 05.250

sintering ignition furnace 烧结点火炉 05.258

sintering pan 烧结盘 05.259

sintering pot 烧结锅 05.260

sinter mixture 烧结混合料 05.248

sinusoidal jig 正弦跳汰机 03.265

siphon tapping 虹吸出钢 05.624

six-high mill 六辊轧机 09.435

size effect of rock strength 岩石强度尺寸效应 02.149

sizing 定径 09.267

sizing mill 定径机 09.493

sizing tube 定径管 09.635

skelp mill 焊管坯轧机 09.486

skew rolling 斜轧 09.166

skim-air flotation machine 闪速空气浮选机 03.431

skimmer 撇渣器 05.401

skimming 撇渣 06.057

skimming gate 扒渣口 06.054

skin flotation 表层浮选 03.401

skip shaft 箕斗井 02.397

SL 瑞典喷粉法，＊SL 法 05.656

slab 大板坯 09.224

slabbing mill 板坯初轧机 09.428

slab caster 板坯连铸机 05.689

slag ［炉］渣，＊熔渣 04.124

slag bonding 渣相粘结 05.253

slag disposal pit 渣场 05.434

slag emulsion 渣乳化 05.546

slag forming period 造渣期 05.471

slag free refining 无渣精炼 05.665

slagging resistance 抗渣性 05.153

slag inclusion 夹渣 05.769

slag ladle 渣罐 05.400

slag line 渣线 05.511

slag making materials 造渣材料 05.497

slag-metal reaction 渣－金［属］反应 04.039

slag notch 渣口 05.383

slag notch cooler 渣口水套 05.387

slag pocket 沉渣室 05.588

slag rale 渣率 06.293

slag ratio 渣比 05.357

slag runner 渣沟 05.399

slag stopper 挡渣器 05.568

slag to iron ratio 渣比 05.357

slag weir 渣堰 06.056

slag wool 渣棉 06.255

slaked lime 消石灰，＊熟石灰 05.245

sleeve brick 袖砖 05.146

slice 片层 02.571

slide gate nozzle 滑动水口 05.141

slide gate tapping 滑动水口出钢 05.628

sliding friction 滑动摩擦 09.083

slime 矿泥 03.039

slime table 矿泥摇床 03.279

sliming 泥化 03.054

slip 崩料 05.364，滑移 07.247

slip band 滑移带 07.251

slip casting 粉浆浇铸 08.112

slip line 滑移线 07.250

sliver 裂片 09.702

slope covering 护坡 02.522

slope dewatering 边坡疏干 02.519

slope failure mode 边坡破坏模式 02.518

slope monitoring 边坡监测 02.524

slope reinforcement 边坡加固 02.520

slope sliding failure 滑坡 02.521

slope stability 边坡稳定性 02.517

slopping 喷渣，*溢渣 05.551

slot 切割槽 02.575

slot raise 切割天井 02.576

slotting 切割 02.587

sluice 流槽 03.283

sluicing 流槽分选 03.063

slurry explosive 浆状炸药 02.238

slusher drift 耙矿巷道 02.581

small section 小型钢材 09.648

small section mill 小型型材轧机 09.440

smelter grade alumina 冶炼级氧化铝 06.417

smelting 熔炼，*冶炼 06.035

smelting reduction 熔态还原 05.447

smithsonite 菱锌矿 03.101

smooth blasting 光面爆破 02.328

smooth running 顺行 05.354

snorting valve 放风阀 05.425

soaking 均热 09.259

soaking pit 均热炉 09.545

soaking time 保温时间 06.403

soda-lime sintering process 碱石灰烧结法 06.397

sodium beryllium fluoride 钠氟化铍 06.517

sodium diethyl dithiocarbamate 二乙基二硫代氨基甲酸钠，*乙硫氮 03.378

sodium-free lithium metal 无钠金属锂 06.528

sodiumizing-oxidizing roasting 钠化氧化焙烧 06.482

sodium molybdate 钼酸钠 06.506

sodium reduction 钠还原[法] 06.474

sodium silicate 硅酸钠 03.399

sodium slag 钠渣 06.317

sodium sulfide 硫化钠 03.398

sodium vanadate 正钒酸钠 06.483

soft blow 软吹 05.535

soft burning 轻烧 05.094

soft clay 软质粘土 05.060

softening zone 软熔带 05.356

soft magnetic alloys 软磁合金 08.242

soft solder 软钎焊合金 08.217

soil corrosion 土壤腐蚀 08.051

solar cell 太阳能电池 04.448

solar evaporation 暴晒蒸发 06.096

solenoid superconducting magnetic separator 螺旋管超导磁选机 03.319

sole plate 垫板 09.594

sol-gel method 溶胶－凝胶法 06.585

solid bowl centrifuger 沉降式离心机 03.446

solid electrolyte 固体电解质 04.473

solid electrolyte oxygen concentration cell 固体电解质定氧浓差电池 04.482

solidification 凝固 07.138

solid self-lubricant material 固体自润滑材料 08.134

solid solubility 固溶度 07.124

solid solution 固溶体 04.117

solid state ionics 固态离子学 04.394

solid state reaction 固态反应 04.037

solid state sintering 固相烧结 08.115

solidus 固相线 04.093

solubility product 溶度积 04.403

soluble electrode 可溶电极 04.420

solute 溶质 04.116

solution 溶液 04.114

solution mining 溶解采矿[学] 01.006

solution strengthening 固溶强化 07.282

solution treatment 固溶处理 07.189

solvent 溶剂 04.115

solvent effect 溶剂效应 06.200

solvent extraction 溶剂萃取 04.208

solvent extraction modifier 萃取变更剂 06.185

solvent-in-pulp-extraction 矿浆溶剂萃取 06.212

solvus 固溶线 07.125

sorter 拣选机 03.331

sorting 拣选 03.060

sorting machine 拣选机 03.331

source of mine air pollution 矿山大气污染源 02.827

source of mine water pollution 矿山水污染源 02.829

sow 主铁沟 05.396

space-filling factor 空间填充率 07.027

space lattice 空间点阵 07.004

specialized mining 特殊采矿 02.005

special mining 特殊采矿 02.652

special shaft sinking 特殊掘井法 02.370

specific energy for rock breaking 岩石破碎比能 02.221

specific roll pressure 单位压力 09.042

specific surface 比表面 08.101

specific volume of explosion 爆容 02.259

specimen 试样 09.726

specularite 镜铁矿 03.128

speed control 速度控制 09.247

speiss 黄渣 06.351

spent electrolyte 废电解液 06.159

sphalerite 闪锌矿 03.100

spherical charge blasting 球状药包爆破 02.310

spiegel iron 镜铁 05.452

spigot 沉砂口 03.254

spiling shaft sinking 插板掘井法 02.374

spill way 溢洪道 03.467

spinel 尖晶石 05.084

spinning 旋压 09.396

spinning machine 旋压机 09.522

spinodal decomposition 斯皮诺达分解，＊不稳态分解 07.163

spiral angular liner 角螺旋衬板 03.225

spiral classifier 螺旋分级机 03.242

spiral concentrator 螺旋分选机 03.281

spiral forming 螺旋成形 09.301

spiral plate heat exchanger 螺旋板式换热器 06.144

spiral ramp 螺旋坑线 02.501

spiral sluice 螺旋流槽 03.286

spiral welding 螺旋焊 09.424

spiral weld pipe 螺旋焊管 09.642

spiral weld-pipe mill 螺旋焊管机 09.488

spitting 喷溅 05.552

splash condenser 飞溅冷凝器 06.139

splash plate 防溅板 06.129

splitting rolling 切分轧制 09.139

spodumene 锂辉石 03.139

sponge iron 海绵铁 05.451

spontaneous explosion 自爆 02.775

spontaneous nucleation 自发形核 07.149

spontaneous process 自发过程 04.022

spray drying 喷雾干燥 06.121

spray quenching 喷液淬火 07.206

spray smelting 雾化熔炼 06.271

spray tower 喷淋塔 06.136

spread 宽展 09.229

spring back 回弹 08.111

springback angle 回弹角 09.277

spring steel 弹簧钢 08.178

spring steel wire 弹簧钢丝 09.677

sprung blasting 药壶爆破 02.332

square bar 方钢 09.649

square billet 方坯 09.219

square set and fill stoping 方框支架充填法 02.613

squeeze blasting 挤压爆破 02.312

stability of explosive 炸药稳定性 02.272

stabilized zirconia 稳定的氧化锆 04.474

stabilizer 稳杆器 02.899

stack 垛 09.696

stack 炉身 05.373

stack angle 炉身角 05.379

stacking fault 堆垛层错 07.091

stacking sequence 堆垛层序 07.030

stage crushing 阶段破碎 03.174

stage efficiency 级效率 06.213

stage grinding 阶段磨矿 03.215

stages of mining 开采步骤 02.027

staggered rolling mill 布棋式轧机 09.447

stagnant point flow 驻点流 04.293

stainless steel 不锈钢 08.170

stainless steel bars 不锈钢棒材 09.673

stainless steel sheet 不锈钢薄板 09.572

stainless steel tube 不锈钢管 09.619

stamp charging 捣固装煤 05.018

stamping 冲压 09.352

stand 机架 09.535

standard cell 标准电池 04.446

standard cone crusher 标准圆锥破碎机 03.195

standard deviation 标准偏差 04.567

standard error 标准误差 04.564

standard hydrogen electrode 标准氢电极 04.423

standard sieve 标准筛 03.483

standard size refractory brick 标准型耐火砖
05.108

standard state 标准态 04.052

stannite 黝锡矿，*黄锡矿 03.108

Stanton number 斯坦顿数 04.352

star antimony 精锑 06.355

starting sheet 始极片 06.166

start-up of mine production 矿山投产 02.023

starvation reagent feeding 饥饿给药 03.476

static breaking agent 静态破碎剂 02.249

static control 静态控制 05.553

static recovery 静态回复 07.261

stationary open-hearth furnace 固定式平炉 05.583

statistical thermodynamics 统计热力学 04.002

statistical weight 统计权重 04.213

STB 住友复合吹炼法，*STB法 05.530

steady creep 恒速蠕变 07.266

steady head tank 稳压罐 06.084

steady state treatment 稳态处理法 04.250

Steckel mill 炉卷轧机，*施特克尔轧机，*斯特
克尔轧机 09.458

steel 钢 05.454

steel ball rolling 钢球轧制 09.157

steel cleanness 钢洁净度 05.638

steel cord for tyre 钢丝帘线 09.684

steel level 结晶器内钢液顶面 05.715

steel level control technique 钢液面控制技术
05.716

steelmaking 炼钢 05.455

steel pipe 钢管 09.616

steel pipe piling 钢管桩 09.671

steel strand 钢绞线 09.683

steel strand rope 钢绞绳 09.686

steel tubes for drilling 地质钻探用钢管 09.621

steel tubes for petroleum cracking 石油裂化用钢管
09.620

steel tubing in different shapes 异型管 09.629

steel Ⅰ-beam 工字钢 09.644

steepest ascent method 最速上升法 04.595

steepest descent method 最速下降法 04.596

steep-wall mining 陡帮开采 02.477

stem 钎杆 02.230

stepped ventilation 阶梯式通风 02.731

stepwise regression 逐步回归 04.580

stepwise solvent extraction 分步萃取 06.210

stereogram 极射赤面投影图 02.074

stereographical view of development system 巷道系
统立体图 02.117

stereographic projection 极射赤面投影 07.326

stereography 极射赤面投影法 02.073

steric effect 空间效应 06.204

stibnite 辉锑矿 03.106

sticking 黏结 09.087

stiff mill 高刚度轧机 09.467

STM 扫描隧道显微术 07.314

stock line in the furnace 炉内料线 05.324

Stokes' law 斯托克斯定律 04.270

stope development 采场开拓 02.573

stoped-out area handling 采空区处理 02.166

stoper 上向凿岩机 02.918

stope raise 采场天井 02.574

stope room 矿房 02.562

stope space survey 采场空硐测量 02.112

stope survey 采场测量 02.110

stope ventilation 采场通风 02.736

stoping 回采 02.593

stoping face 回采工作面 02.594

stoping space 回采步距 02.595

stopper 塞头砖 05.143

stopper 堵渣机 05.390

stored energy 储能 07.245

stove changing 换炉 05.417

straightener 矫直机 09.496

straightening 矫直 09.291

straightening roll 矫直辊 05.736

straight forward ramp 直进坑线 02.500

straight-line cooler 带式冷却机 05.262

straight mold 直型结晶器 05.709

strain 应变 09.029

strain aging 应变时效 09.035

strain energy 应变能 09.032

strainer 粗滤器 06.115

strain-hardening index 应变硬化指数 09.034

strain hardening rate 应变硬化率 07.241

strain paths 应变路径 09.031

strain rate 应变率 09.030

strain-rate sensitivity 应变率敏感性 09.033

strand [连铸]流 05.697

strand distance 铸流间距 05.698

stranding 捻股 09.400

strata displacement 岩层移动 02.127

stratification 分层，＊层理 03.260

stray current 杂散电流 02.780

stray current corrosion 杂散电流腐蚀 08.048

stream centering control 注流对中控制 05.699

stream degassing 钢流脱气 05.646

stream function 流函数 04.296

stream line 流线 04.295

strengthening mining 强化开采 02.030

stress 应力 09.003

stress corrosion 应力腐蚀 08.067

stress corrosion cracking 应力腐蚀开裂 08.068

stress deviator 应力偏张量 09.007

stress envelope 应力包络线 02.195

stress field 应力场 09.004

stress field intensity factor 应力[场]强度因子 08.043

stress frozen method 应力冻结法 02.197

stress gradient 应力梯度 09.009

stress in rock mass 岩体应力 02.155

stress relaxation 应力松弛 07.259

stress relief blasting 卸载爆破 02.194

stress relief borehole 卸载钻孔 02.202

stress space 应力空间 09.008

stress state 应力状态 09.005

stress-strain curve 应力－应变曲线 09.010

stress tensor 应力张量 09.006

stretcher-straightening 拉伸矫直 09.295

stretch forming 拉伸成形 09.373

stretching 拉胀 09.382

stretching straightener 拉伸矫直机 09.500

stretching swaging 拔长 09.347

stretch-reducing mill 张力减径机 09.495

string discharge filter 绳带式过滤机 03.457

strip 分条 02.572

strip breakage 断带 09.202

strip caster 薄带连铸机 05.691

strip coil 带卷 09.608

strip mill 带材轧机 09.463

stripping 剥离 02.462，反萃取 04.209

stripping agent 反萃剂 06.186

stripping ratio 剥采比 02.032

strip steel 带钢 09.607

stroke 冲程 03.276

strong electrolyte 强电解质 04.399

structural steel mill 型钢轧机 09.464

stulled open stoping 横撑支柱采矿法 02.617

styryl phosphonic acid 苯乙烯膦酸 03.397

subgrain 亚晶[粒] 07.385

subgrain boundary 亚晶界 07.099

sublance 副枪 05.564

sublevel 分段 02.570

sublevel caving method 分段崩落法 02.635

sublevel caving method without sill pillar 无底柱分段崩落法 02.636

sublevel caving method with sill pillar 有底柱分段崩落法 02.637

sublevel stoping 分段采矿法 02.603

submerged arc furnace 埋弧炉 05.223

submerged lance 浸入式喷枪 05.504

submerged nozzle 浸入式水口 05.137

submerged spiral classifier 沉没式螺旋分级机 03.243

sub-shaft 盲井 02.401

subsidence factor 下沉系数 02.132

subsieve flotation 微细粒浮选 03.411

subskin blowhole 皮下气孔 05.754

substitutional atom 代位原子，＊置换原子 07.051

substitutional solid solution 代位固溶体，＊置换固溶体 07.119

substitutional solution 置换溶液，＊代位溶液 04.130

substrate 基底 07.145

subsurface inclusion 皮下夹杂 05.770

sub-zero treatment 深冷处理 07.210

successive approximate method 逐次近似法 04.600

successive ore drawing 依次放矿 02.646

sulfide capacity 硫化物容量 04.184

sulfidization 硫化 03.341

sulfidizer 硫化剂 03.357

sulfonated polystyrene ion exchange resin 磺化聚苯乙烯[离子交换]树脂 06.237

sulfurization roasting 硫酸化焙烧 06.005

sulfurizing 渗硫 07.229

sulfur partition ratio 硫分配比 04.183

sulfur print 硫印 07.330

Sumitomo top and bottom blowing process 住友复合吹炼法，*STB法 05.530

superalloy 高温合金 08.192

superconducting alloy 超导合金 08.227

superconducting magnetic separation 超导磁选 03.067

superconducting magnetic separator 超导磁选机 03.318

supercooling 过冷 07.155

superdislocation 超位错 07.066

super-hard aluminum alloys 超硬铝合金 08.194

superheating 过热 07.157

super Invar alloy 超因瓦合金 08.235

superlattice 超点阵 07.126

supernatant solution 上清液 06.081

superplastic forming 超塑性成形 09.417

superplasticity 超塑性 08.009

supersaturated solid solution 过饱和固溶体 07.116

supersaturation 过饱和 06.111

supersonic dust separation 超声波除尘 06.024

supersonic particle sizer 超声粒度计 03.494

support 支架 02.428

supporting 支护 02.427

surface-active substance 表面活性物质 04.381

surface blow 面吹 05.534

surface blowhole 表面气孔 05.753

surface boundary line 地表境界线 02.470

surface checking 表面龟裂 09.709

surface-conditioning 表面清理 09.313

surface damage 表面损伤 09.314

surface defect 表面缺陷 05.748

surface diffusion 表面扩散 07.128

surface energy 表面能 04.375

surface mine 露天矿山 02.010

surface mine survey 露天矿测量 02.118

surface mining 露天采矿[学] 01.003

surface mining method 露天矿采矿方法 02.479

surface potential 表面电位，*表面电势 04.429

surface relief 表面浮突 07.381

surface renewal theory 表面更新理论 04.333

surface tension 表面张力 04.376

surface thermodynamics 表面热力学 04.005

surface topography 表面形貌 09.085

surface treatment 表面处理 09.315

surface water 地表水 02.783

surgical alloy 手术用合金 08.262

Suzuki atmosphere 铃木气团 07.094

sweetening process 加矿增浓法 06.398

swing forging 摆动辗压 09.415

swinging hopper 吊斗 02.891

swing jaw 可动颚板 03.185

swirl heavy-medium cyclone 旋涡重介质旋流器 03.293

switch back ramp 折返坑线 02.499

switch-back shaft station 折返式井底车场 02.409

switching track for inclined shaft 斜井甩车道 02.555

swiveling tundish 回转式中间包 05.702

sylvanite 针碲金银矿 03.111

sympathetic detonation 殉爆 02.265

synergist 协萃剂 06.180

synergistic effect 协同效应 06.202

synergistic solvent extraction 协同萃取 06.209

synthetic magnesia chromite clinker 合成镁铬砂 05.083

synthetic scheelite 人造白钨矿 06.499

synthetic sintered magnesia 合成镁砂 05.080

synthetic slag 合成渣 05.635

system 系 04.008

systematic error 系统误差 04.558

Söderberg electrode 连续自焙电极 05.169

T

table flotation 台浮，＊床浮 03.070

tabling 摇床选矿 03.270

tabular alumina 片状氧化铝 06.419

tabular orebody 板状矿体 02.048

taconite 铁燧石 03.125

Tafel equation 塔费尔方程 04.433

tailings 尾矿 03.038

tailings area 尾矿场 03.465

tailings dam 尾矿坝 03.463

tailings disposal 尾矿处理 03.461

tailings impoundment 尾矿堆存 03.462

tailings pond 尾矿池 03.464

tailings recycling water 尾矿回水 03.468

tail rope 尾绳 02.855

talc 滑石 03.166

tandem rolling 连轧 09.129

tank reactor 槽型反应器 04.360

tantalite 钽铁矿 03.141

tantalum reduction 钽还原 06.575

tap density 摇实密度 08.100

taper rolling 楔轧 09.169

tap hole 铁口 05.382，出钢口 05.506，放出
口 06.055

tapping 出钢 05.488

tapping sample 出钢样 05.490

tap-to-tap time 出钢到出钢时间 05.623

TBM 蒂森复合吹炼法，＊TBM法 05.533

TBP 磷酸三丁酯 06.192

TBRC 顶吹旋转转炉 06.275

tear 撕裂 09.720

technological lubrication 工艺润滑 09.090

technological test 工艺试验 09.732

tectonic stress of rock mass 岩体构造应力 02.158

TEM 透射电子显微镜 07.302

temperability 回火软化性 07.218

temperature boundary layer 温度边界层 04.279

temperature-concentration section 变温截面
04.113

temperature sensitive electrical resistance alloy 温度
敏感电阻合金 08.226

tempered martensite 回火马氏体 07.383

tempering 回火 07.211

temper mill 平整机 09.502

temper rolling ［板带材的］平整 09.142

temporary support 临时支架 02.429

Teniente modified converter 特尼恩特转炉
06.276

tensile strength 抗拉强度，＊拉伸强度 08.020

tensile stress 抗拉应力，＊拉应力 09.020

tension 拉伸 09.060

tension coefficient of tandem rolling 连轧张力系数
09.271

tension coiling 张力卷取 09.290

tension control 张力控制 09.240

tension reducing 张力减径 09.266

tension-reducing mill 张力减径机 09.495

tension rolling 张力轧制 09.149

tension straightening 张力矫直 09.296

tension test 拉伸试验 09.747

ternary phase diagram 三元相图 04.090

terne plate 铅锡镀层板 09.603

terne sheet 铅锡镀层板 09.603

tertiary amine 叔胺 06.188

tertiary carboxylic acid 叔羧酸 06.191

test of products 产品试验 09.723

tetrad effect 四素组效应 06.205

tetraethyl lead 四乙铅 06.321

tetragonality 四方度 07.034

tetrahedral interstice 四面体间隙 07.032

tetrahedrite 黝铜矿 03.083

texture 织构 07.387

TGR 高炉煤气回收 05.436

The Chinese Society for Metals 中国金属学会
01.036

the law of minimum resistance 最小阻力定理
09.071

The Nonferrous Metals Society of China 中国有色金
属学会 01.037

thermal analysis 热分析 04.496

thermal compensation 热补偿 05.342

thermal conductivity 导热率 04.325

thermal decomposition by acid 酸热分解 06.563

thermal decomposition by acid with fluoride 加氟化物的酸热分解 06.564

thermal decomposition by alkali 碱热分解 06.565

thermal decomposition of ore 矿石热分解 06.562

thermal diffusion 热致扩散 07.134

thermal expansion test 热胀性试验 09.736

thermal hysteresis 热滞后 07.176

thermal modeling test 热模拟试验 09.752

thermal shock resistance 抗热震性 04.481

thermal stress 热应力 09.023

thermal stress of rock mass 岩体热应力 02.159

thermit process 铝热法 05.220

thermobalance 热天平 04.495

thermochemistry 热化学 04.070

thermocouple 热电偶 04.489

thermodynamic databank in metallurgy 冶金热力学数据库 04.007

thermodynamic equilibrium 热力学平衡 04.044

thermodynamic function 热力学函数 04.048

thermodynamics of alloys 合金热力学 04.006

thermodynamics of irreversible processes 不可逆过程热力学 04.003

thermodynamics of metallurgical processes 冶金过程热力学 04.001

thermo-elastic martensite 热弹性马氏体 07.382

thermogravimetry 热重法 04.498

thermomagnetic treatment 磁场热处理 07.188

thermomechanical treatment 形变热处理 07.187

thickener 浓密机 03.440

thickening 浓密 03.439

thickening cone 浓缩斗 03.443

thickness control 壁厚控制 09.210

thickness gauge 测厚仪 09.566

thickness tester 测厚仪 09.566

thin layer leaching 薄层溶浸 02.672

thin slab 薄板坯 09.222

thin-slab caster 薄板坯连铸机 05.690

thin-wall pipe 薄壁管 09.617

thiobacillus ferrooxidant 氧化铁硫杆菌 02.670

thiobacillus thiooxidant 氧化硫杆菌 02.669

thiocarbamate 硫代氨基甲酸酯 03.375

thiocarbanilide 二苯硫脲，*白药 03.372

thionocarbamate 硫羰氨基甲酸酯 03.374

thiourea leaching process 硫脲浸出法 06.364

Thomas converter *托马斯炉 05.521

thorium pyrophosphate 焦磷酸钍 06.588

three-high cross piercing 三辊斜轧穿孔 09.286

three-high mill 三辊式轧机 09.434

three-quarter continuous rolling mill 3/4连续式轧机 09.454

throat 炉喉 05.372

through hardening 透硬淬火 07.207

throw blasting 抛掷爆破 02.334

Thyssen Blassen metallurgical process 蒂森复合吹炼法，*TBM法 05.533

Thyssen Niederhein process 蒂森钢包喷粉法，*TN法 05.655

tie line 结线 04.109

tight bottom 根底 02.356

tiltable tundish 倾动式中间包 05.703

tilt boundary 倾斜晶界 07.096

tilting open-hearth furnace 倾动式平炉 05.584

timbering machine 架棚机 02.962

time quenching 控时淬火 07.205

tin free steel sheet 无锡钢板 09.573

tin pest 锡疫 06.350

tin plate 镀锡板 09.604

titanaugite 钛辉石 05.301

titanium pigment 钛白 06.477

titanium-rich slag 高钛渣 06.471

titanium sand 钛砂 06.469

titanium sponge 海绵钛 06.476

titanium tetrachloride 四氯化钛 06.473

titanizing 渗钛 07.233

TMC 特尼恩特转炉 06.276

TN 蒂森钢包喷粉法，*TN法 05.655

toe burden 底盘抵抗线 02.348

toggle 肘板 03.186

tolerance error 容许误差 04.565

toluene 甲苯 05.044

toluene arsonic acid 甲苯胂酸 03.381

tool steel 工具钢 08.181

top and bottom combined blown converter 顶底复吹转炉 05.527

top-blown oxygen converter 氧气顶吹转炉 05.525

top-blown rotary converter 顶吹旋转转炉 06.275

top blow oxygen lance 顶吹氧枪 05.563

top casting 上铸 05.675

top combustion stove 顶燃式热风炉 05.421

top gas 高炉煤气 05.435

top gas recovery 高炉煤气回收 05.436

toppling failure 倾覆型滑坡 02.192

toppling landslide 倾覆型滑坡 02.192

top slicing caving method 分层崩落法 02.633

top tight filling 接顶充填 02.620

TORCO process 难处理铜矿离析炼铜法 06.286

torpedo car 鱼雷车 05.395

torpedo dephosphorization 鱼雷车铁水脱磷 05.632

torpedo desulfurization 鱼雷车铁水脱硫 05.631

torsion 扭转 09.425

torsional strength 抗扭强度 08.025

torsion test 扭转试验 09.746

total correlation coefficient 全相关系数 04.583

total elongation 总延伸 09.235

total reduction 总压下量 09.238

total strain theory 全量理论 09.074

touchstone 试金石 06.390

toughening 韧化 07.289

toughness 韧性 08.006

tower mill 塔式磨机 03.234

tower-mounted multi-rope winder 塔式多绳提升机 02.848

tower pickler 塔式酸洗机 09.550

tower pickling 塔式酸洗 09.327

tow rope 牵引索 02.890

tracer atom 示踪原子 04.521

track gauge 轨距 02.873

track haulage 轨道运输 02.872

track shifter 移道机 02.921

track switch 道岔 02.874

transfer belt conveyor 转载胶带运输机 02.887

transference number of ions 离子迁移数 04.414

transfer platform 转载平台 02.510

transgranular fracture 穿晶断裂 07.269

transient creep 过渡蠕变 07.265

transition phase 过渡相 07.107

transition state theory 过渡态理论 04.243

transition temperature of oxidation 氧化转化温度 04.166

transitory contact 短暂接触 04.367

transmission electron microscope 透射电子显微镜 07.302

transmission shaft tube 传动轴管 09.626

transpassivation 过钝化 08.085

transpiring material 发汗材料 08.251

transport number of ions 离子迁移数 04.414

transport phenomena 传输现象 04.257

transport reaction 迁移反应 04.035

transverse corner crack 角部横向裂纹 05.762

transverse crack 横裂 05.761

trapezoid jig 梯形跳汰机 03.266

traveling grate for pellet firing 带式机焙烧球团 05.276

tray high intensity magnetic separator 盘式强磁场磁选机 03.310

treatment of refractory copper ores process 难处理铜矿离析炼铜法 06.286

trenching 掘沟 02.525

trench-shape sill pillar 堑沟底柱结构 02.591

trialkylamine 三烷基胺 06.189

triboelectric separator 摩擦电选机 03.327

tributyl phosphate 磷酸三丁酯 06.192

tricalcium silicate 硅酸三钙 05.296

tridymite 鳞石英 05.065

tri-flow heavy-medium separator 三流重介质选矿机 03.295

tri-flow hydrocyclone 三流水力旋流器 03.253

trimming 成分微调 05.637

trio-mill 三辊式轧机 09.434

triple point 三相点 04.094

triplet mill 三联轧机 09.437

trommel 圆筒筛 03.211

trough 溜槽 02.509

troy ounce 金两单位 06.392

truck charging 装药车装药 02.303

truck to shovel ratio 车铲比 02.485

true fracture strength 真实断裂强度 08.036

true stress 真应力 09.013

true value 真值 04.543

tube 管材 09.615

tube and shell heat exchanger 管壳式换热器 06.141

tube diameter expansion 扩径 09.264

tube end expansion 扩口 09.263

tube mill 管磨机 03.230

tube rolling 管材轧制 09.155

tube rolling mill 管材轧机 09.476

tube upsetting press 管端镦厚机 09.527

tubing 油管 09.638

tubular filter 管式过滤机 03.455

tubular reactor *管型反应器 04.359

tumbler test 转鼓试验 05.305

tundish 中间包 05.701

tungsten dioxide 棕色氧化钨 06.504

tungsten hexacarbonyl 六羰基钨 06.505

tunnel 隧道 02.413

tunnel and ore pass development 平硐溜井开拓 02.507

tunnel kiln 隧道窑 05.104

turbine drill 涡轮钻机 02.913

turbulent flow 湍流 04.262

turbulent viscosity 湍流粘度 04.273

turning down 倒炉 05.550

turn table 转盘 02.879

tuyere 风口 05.384

tuyere cooler 风口水套 05.386

tuyere puncher 捅风口机 06.298

tuyere stock 风口弯头 05.388

twelve-high mill 十二辊轧机 09.433

twenty-high rolling mill 二十辊轧机 09.432

twin 孪晶 07.029

twin-belt caster 双带式连铸机 05.695

twin-hearth furnace 双床平炉 05.585

twinning 孪生 07.254

twin vortex hydrocyclone 母子水力旋流器 03.252

twist 扭曲 09.703

twist boundary 扭转晶界 07.097

two-bells system charging 双料钟式装料 05.321

two-film model 双膜模型 04.329

two-high rolling mill 二辊式轧机 09.431

two-step copper segregation process 二步离析炼铜法 06.285

type metal 铅字合金 08.215

tyre steel 轮箍钢 08.188

tyre steel cord 轮胎钢丝绳 09.680

U

ultimate analysis of coke 焦炭元素分析 05.032

ultimate pit slope 露天采场最终边帮 02.466

ultimate pit slope angle 最终边坡角 02.472

ultrafine particle 超微颗粒 03.027

ultra-high power electric arc furnace 超高功率电弧炉 05.591

ultra-high power graphite electrode 超高功率石墨电极 05.171

ultra-high strength steel 超高强度钢 08.169

ultrasonic particle sizer 超声粒度计 03.494

ultrasonic testing 超声检测，*超声探伤 07.332

uncoiling 开卷 09.389

under blowing 慢风 05.334

underbreak of opening 巷道欠挖 02.353

undercutting 拉底 02.588

underflow 底流 03.438

underground airflow velocity 井巷风速 02.699

underground atmosphere 矿井大气，*矿井空气 02.691

underground chamber 硐室 02.426

underground conveyor haulage 地下胶带运输 02.886

underground crusher station 井下破碎站 02.454

underground mine 地下矿山 02.011

underground mining 地下采矿[学] 01.002

underground mining method 地下矿采矿方法 02.558

underground ramp 井下斜坡道 02.411

underground ramp development system 地下斜坡道开拓 02.541

underground section electric station 地下采区变电所 02.977

underground survey 井下测量 02.106

underground trackless transportation 地下无轨运输 02.885

underground trolley haulage 井下电机车运输 02.880

underhand cut and fill stoping 下向分层充填法 02.612

undersize 筛下料 03.206

unevenness 不平度 09.698

uniaxial tension 单向拉伸 09.061

uniform corrosion 均匀腐蚀 08.056

uniform elongation 均匀伸长率 08.028

uniform ore drawing 均匀放矿 02.645

unit cell 晶胞 07.016

unit flotation cell 单槽浮选机 03.418

unit process 单元过程 06.001

universal mill 万能轧机 09.439

universal wide flange H-beam 万能宽边 H 型钢 09.647

unreacted core model 未反应核模型 04.330

unsymmetrical rolling 不对称轧制 09.177

unwinding coiler 开卷机 09.506

upcast air 上行风流 02.701

uphill diffusion 上坡扩散 07.132

upper bound method 上界法 09.063

upper cone 炉帽 05.559

U-press U 形成型机 09.518

upsetting 镦粗 09.346

upsetting test 镦粗试验 09.757

uptake flue 上向烟道 06.061

U-shaped support 马蹄形支架 02.433

U-shape forming machine U 形成型机 09.518

utilization coefficient 利用系数 05.326

V

vacancy 空位 07.044

vacancy cluster 空位团 07.046

vacancy condensation 空位凝聚 07.050

vacancy diffusion 空位扩散 07.130

vacancy sink 空位阱 07.049

vacuum annealing furnace 真空退火炉 09.540

vacuum arc degassing 真空电弧脱气 05.643

vacuum arc remelting 真空电弧炉重熔 05.602

vacuum casting 真空浇铸 05.649

vacuum decarburization 真空脱碳 04.190

vacuum degassing 真空脱气 05.642

vacuum degassing furnace 真空脱气炉 05.644

vacuum dehydration method 真空脱水法 06.572

vacuum distillation 真空蒸馏 06.125

vacuum evaporation 真空蒸发 06.097

vacuum filter 真空过滤机 03.449

vacuum forming 真空成形 09.380

vacuum gauge 真空规 04.514

vacuum induction melting 真空感应炉熔炼 05.603

vacuum Kimitsu injection process 君津真空喷粉法, *V-KIP 法 05.657

vacuum ladle 真空抬包 06.457

vacuum metallurgy 真空冶金[学] 01.021

vacuum oxygen decarburization process 真空吹氧脱碳法, *VOD 法 05.662

vacuum refining 真空精炼 05.645

vacuum rolling 真空轧制 09.164

VAD 真空电弧脱气 05.643

valuable mineral 有用矿物 02.002

vanadium-bearing hot metal 含钒铁水 06.478

vanadium extraction by converter blowing 转炉提钒 06.480

vanadium extraction by spray blowing 雾化提钒 06.479

vanadium pentoxide 五氧化钒 06.484

vanadium-rich slag 高钒渣 06.481

vanadium titano-magnetite 钒钛磁铁矿 03.124

van Arkel process 范阿克尔法, *碘化提纯法, *万阿克鲁法 06.498

vaporization cooling 汽化冷却 05.404

VAR 真空电弧炉重熔 05.602

variable crown mill 可变凸度轧机 09.446

variance 方差 04.568

VC mill 可变凸度轧机 09.446

VCR stoping VCR 采矿法 02.605

VDF 真空脱气炉 05.644

vein 矿脉 02.049

vein gold 脉金 06.360

velocity boundary layer 速度边界层 04.280

velocity field 速度场 09.051

velocity gradient 速度梯度 09.052

velocity potential 速度势 04.297

vent 放气口 06.064

ventilation efficiency 风量有效率 02.740

ventilation resistance 通风阻力 02.703

ventilation shaft 风井 02.400

ventilation with comb-shape entries 梳式通风 02.735

ventilation with top-and-bottom spaced entries 上下间隔式通风 02.734

ventilation with two-parallel-tower entries 平行双塔式通风 02.733

Venturi scrubber 文丘里洗涤器 06.029

Vergüten(德) 调质 07.209

vermicular cast iron 蠕墨铸铁 08.148

vermiculite 蛭石 05.087

vermiculizer 蠕化剂 05.215

Verneuil method *维纽尔法 06.591

vertical-bending caster 立弯式连铸机 05.684

vertical caster 立式连铸机 05.685

vertical crater retreat stoping VCR采矿法 02.605

vertical cut and fill stoping 垂直分条充填法 02.609

vertical grab loader 立爪装载机 02.936

vertical guide roll 立式导辊 05.733

vertical mill 立辊轧机 09.448

vertical retort 竖罐蒸馏炉 06.325

vertical shaft 竖井 02.366

vertical shaft development system 竖井开拓 02.539

vibrating feeder 振动给矿机 03.474

vibrating loader 振动装载机 02.940

vibrating mill 振动磨机 03.232

vibrating ore drawing 振动放矿 02.647

vibrating screen 振动筛 03.201

vibrating tray method 振动盘法 06.128

vibration-absorption alloy 消振合金 08.241

Vickers hardness 维氏硬度 08.033

VIM 真空感应炉熔炼 05.603

violarite 紫硫镍矿 03.087

violent explosive 猛炸药 02.246

viscosity 黏度 04.271

viscous-perfectly plastic body 理想黏塑性体 09.059

viscous slag 黏性渣 04.173

visioplasticity 视塑性法 09.115

VOD 真空吹氧脱碳法，*VOD法 05.662

volatilization 挥发 06.014

volatilizing 挥发 06.014

voltammetry 伏安法 04.462

voltammogram 伏安图 04.463

volume compressibility 体压缩系数 08.022

volumetric flow rate 体积流率，*流量 04.283

vorticity 涡量 04.299

V-shaped segregation V形偏析 05.773

W

walking excavator 迈步式挖掘机 02.926

wall crib 井框 02.388

wall effect 壁面效应 04.300

wall fill stoping 壁式充填法 02.610

wall rock 围岩 02.062

wall rock alteration 围岩蚀变 02.063

wall rock reinforcement 围岩加固 02.165

Warman flotation machine 沃曼浮选机，*瓦曼浮选机 03.427

warm drawing 温拔 09.370

warm rolling 温轧 09.167

warm working 温加工 07.238

waste disposal 排土 02.511

waste disposal site 排土场 02.512

waste disposal with belt conveyor 胶带输送机排土 02.516

waste disposal with bulldozer 推土机排土 02.513

waste disposal with plough 排土犁排土 02.515

waste disposal with shovel 电铲排土 02.514

waste gas 废气 06.065

waste rock pile 废石场 02.365

water-bearing explosive 含水炸药 02.244

waterbearing stratum 含水层 02.784

water dam 防水墙 02.798

water gel explosive 水胶炸药 02.239

water glass ＊水玻璃 03.399

water infusion blasting 水封爆破 02.340

water jacket cooling 水套冷却 06.049

water jet by hydraulic monitor 水枪射流 02.526

water plugged by grouting 灌浆堵水 02.803

waterproof and drainage system map 防排水系统图 02.125

water protecting curtain 防水帷幕 02.799

water protecting gate 防水闸门 02.797

water protecting pillar 防水矿柱 02.569

water resistance of explosive 炸药抗水性 02.274

water-resistant explosive 抗水炸药 02.243

water scrubber 水洗涤器 06.028

water seal 水封 06.051

water seepage 渗水 02.789

water spray 喷雾 02.765

water stemming 水封填塞 02.323

wave impedance of rock 岩石波阻抗 02.224

wavy edge 波浪边 09.716

weak electrolyte 弱电解质 04.400

weakness plane 弱面 02.066

wear 磨损 09.080

Weber number 韦伯数 04.354

wedge rolling 楔横轧 09.170

wedge-shaped failure 楔型滑坡 02.191

wedge-shaped landslide 楔型滑坡 02.191

weighted mean 加权[平]均值 04.551

weight strength 重量威力 02.263

weir and dam in tundish 中间包挡墙 05.704

weldability test 可焊性试验 09.730

weld decay test 焊缝腐蚀试验 09.731

welding metallurgy 焊接冶金[学] 01.028

welding test 焊接试验 09.729

Wemco flotation machine 韦姆科浮选机，＊维姆科浮选机 03.424

Wemco-Remen jig 复振跳汰机 03.264

wet cleaning 湿法净化 06.022

wet drilling 湿式凿岩 02.766

wettability 润湿性 08.122

wetting 润湿 04.379

wheel and tyre mill 车轮轮箍轧机 09.444

white arsenic 砒霜 06.352

white cast iron 白口铸铁 08.141

white metal 白锍，＊白冰铜 06.291

white mud 硅渣 06.412

white slag 白渣 05.617

wide strip 宽带材 09.610

wide-strip mill 宽带轧机 09.466

Widmanstätten structure 维氏组织，＊维德曼施泰滕组织，＊魏氏组织 07.361

width gauge 测宽仪 09.565

wire 钢丝 09.674

wire drawing bench 拉丝机 09.511

wire pressure meter 钢弦压力计 02.172

wire reel 线材卷线机 09.509

wire rod 线材 09.679

wire rod mill 线材轧机 09.456

wire rod rolling 线材轧制 09.154

wire rope 钢丝绳 09.681

withdrawal roll 拉辊 05.732

wolframite 黑钨矿 03.104

wollastonite 硅灰石 05.294

wooden crib 木垛 02.618

wooden support 木支架 02.437

Wood's metal 伍德合金 08.218

WORCRA process 沃克拉法 06.280

workability 可加工性 09.105

workable grade 可采品位 02.056

workable reserve 工业储量 02.080

work hardening 加工硬化 09.088

working electrode 工作电极 04.424

working hardening 形变强化 07.283

working slope 工作帮 02.492

working slope angle 工作帮坡角 02.473

working softening 加工软化 07.242

working volume 工作容积 05.381

W-Re alloys 钨铼合金 08.233

wrinkling 起皱 09.722

wrought iron 熟铁 08.139

wrought magnesium alloys 变形镁合金 08.196

wüstite 维氏体 05.280

X

Y

Z

汉 英 索 引

A

B

白云母　muscovite　03.164

白云石　dolomite　03.161

白渣　white slag　05.617

*柏金罕π定理　Buckingham's π-theorem　04.340

*百田法　Momoda process　06.262

摆动黏度计　oscillating viscometer　04.504

摆动辗压　swing forging　09.415

摆式给矿机　oscillating feeder　03.471

拜耳法　Bayer process　06.396

斑铜矿　bornite　03.081

板成型　sheet metal forming　09.091

[板带材的]平整　temper rolling　09.142

板厚　sheet thickness, sheet gauge　09.215

*板卷　sheet coil　09.579

板坯初轧机　slabbing mill　09.428

板坯连铸机　slab caster　05.689

板式电选机　plate electrostatic separator　03.330

板式换热器　plate heat exchanger　06.143

板条马氏体　lath martensite　07.378

板型　profile　09.213

板型控制　profile control　09.214

板形　profile shape　09.212

板状矿体　tabular orebody　02.048

半导体材料　semiconductor material　08.264

半电池　half cell　04.445

半封闭炉　semiclosed furnace　05.224

半钢　semisteel　05.457

半共格界面　semicoherent interface　07.102

半硅砖　semisilica brick　05.115

半结晶水氯化镁　semi-hydrate of magnesium chloride　06.448

半可锻铸铁　semi-malleable cast iron　08.150

半连续式轧机　semicontinuous mill　09.436

半连续轧制　semicontinuous rolling　09.143

半衰期　half-life　04.254

半透膜　semi-permeable membrane　06.233

半镇静钢　semikilled steel　05.460

半自磨机　semi-autogenous mill　03.236

半自热焙烧熔炼　semi-pyritic smelting　06.259

邦德磨矿功指数　Bond grinding work index　03.239

邦德破碎功指数　Bond crushing work index　03.177

棒材轧机　merchant bar mill　09.472

棒磨机　rod mill　03.228

胞状组织　cellular structure　07.365

包覆　cladding　09.255

包覆挤压　cladding extrusion　09.407

包裹体　inclusion　03.020

包晶点　peritectic point　04.096

包晶反应　peritectic reaction　04.102

包晶体　peritectic　07.352

包析点　peritectoid point　04.099

包析反应　peritectoid reaction　04.105

包析体　peritectoid　07.353

包辛格效应　Bauschinger effect　07.258

包装钢带　package steel strip　09.613

剥采比　stripping ratio　02.032

剥离　stripping　02.462

剥蚀　exfoliation corrosion　08.064

薄板　sheet　09.571

薄板卷　sheet coil　09.579

薄板坯　thin slab　09.222

薄板坯连铸机　thin-slab caster　05.690

薄板轧制　sheet rolling　09.176

薄壁管　thin-wall pipe　09.617

薄层溶浸　thin layer leaching　02.672

薄带连铸机　strip caster　05.691

*薄片　lamination　05.758

保安矿柱　safety pillar　02.567

保护电位　protection potential　08.088

保护渣　casting powder, mold powder　05.717

保温　holding　07.196

保温帽　hot top　05.673

保温时间　soaking time　06.403

保有储量　retained reserve　02.086

饱和负载容量　saturated loading capacity　06.183

饱和固溶体　saturated solid solution　07.115

报废矿床开采　abandoned deposit mining　02.661

暴晒蒸发　solar evaporation　06.096

爆堆　blasted muckpile　02.355

爆堆通风　blasted pile ventilation　02.737

爆轰　detonation　02.252

爆轰波　detonation wave　02.253

爆力　explosion strength　02.261

爆破　blasting　02.232

爆破安全距离　safety distance for blasting　02.838

爆破补偿空间　compensating space in blasting　02.641

爆破地震防治　control of ground vibration from blasting　02.837

爆破飞石　blasting flyrock　02.779

爆破公害　public nuisance from blasting　02.839

爆破力学　blasting mechanics　02.251

爆破漏斗　blasting crater　02.326

爆破炮孔组　blasting round　02.344

爆破顺序　blasting sequence　02.345

爆破作用半径　radius of blasting action　02.325

爆破作用指数　blasting action index　02.324

爆燃　deflagration　02.255

爆热　explosion heat　02.257

爆容　specific volume of explosion　02.259

爆速　detonation velocity　02.258

爆锑　explosive antimony　06.356

爆温　explosion temperature　02.256

爆压　detonation pressure　02.260

爆炸　explosion　02.250

爆炸成形　explosive forming　09.376

爆炸性气体　explosion gas　02.693

杯式给药机　cup reagent feeder　03.477

杯突试验　bulge test　09.748

杯锥断口　cup-cone fracture　07.277

背板　lagging plank　02.436

贝壳状断口　conchoidal fracture　07.281

*贝克来数　Peclet number　04.351

*贝塞麦炉　Bessemer converter　05.520

贝氏体　bainite　07.376

贝氏体等温淬火　austempering　07.215

贝氏体相变　bainitic transformation　07.169

贝氏体铸铁　bainitic cast iron　08.152

备采矿量　blocked-out ore reserve　02.084

焙烧　roasting　06.002

被爆药　acceptor charge　02.268

苯　benzene　05.043

苯并呋喃-茚树脂　coumarone-indene resin　05.046

苯乙烯膦酸　styryl phosphonic acid　03.397

本构方程　constitutive equation　09.064

本征扩散系数　intrinsic diffusion coefficient 04.314

崩料　slip　05.364

崩落［采矿］法　caving method　02.630

崩落矿岩接触面　contact face between caved ore and waste　02.649

泵举式采矿船　hydraulic lift mining-vessel　02.685

比表面　specific surface　08.101

比例极限　proportional limit　08.013

比重瓶　pycnometer　04.501

彼德森法　Pedersen process　06.441

毕奥数　Biot number　04.349

铋渣　bismuth dross　06.315

闭环控制　closed-loop control　09.243

闭路　closed circuit　03.010

闭路单元试验　locked cyclic batch test　03.489

壁厚不均　inhomogeneity of wall thickness　09.211

壁厚控制　thickness control　09.210

壁面效应　wall effect　04.300

壁式充填法　wall fill stoping　02.610

边界层　boundary layer　04.277

边界摩擦　boundary friction　09.082

边界品位　cut-off grade　02.058

边裂　edge crack　09.707

边坡加固　slope reinforcement　02.520

边坡监测　slope monitoring　02.524

边坡破坏模式　slope failure mode　02.518

边坡疏干　slope dewatering　02.519

边坡稳定性　slope stability　02.517

编码数据　coded data　04.603

扁钢　flat steel　09.664

变薄拉延　ironing　09.360

变薄旋压　flow turning　09.399

变断面轧制　rolling with varying section　09.153

变温截面　temperature-concentration section　04.113

变形程度　deformation extent　09.038

变形功　deformation work　09.040

变形抗力　resistance to deformation　09.027

变形理想功　ideal work of deformation　09.113

变形力　deformation load　09.039

变形镁合金　wrought magnesium alloys　08.196

变形区　deformed zone　09.041

变性铸铁　modified cast iron　08.144

method 06.590

布料器 distributor 05.323

布棋式轧机 staggered rolling mill 09.447

布氏硬度 Brinell hardness 08.031

C

擦洗机 scrubber 03.296

采剥剖面图 cross section view of mining and stripping 02.120

采剥验收测量 check and acceptance by survey on mining and stripping 02.119

采剥总量 overall output of ore and waste 02.033

采场测量 stope survey 02.110

采场开拓 stope development 02.573

采场空硐测量 stope space survey 02.112

采场天井 stope raise 02.574

采场通风 stope ventilation 02.736

采出矿石 extracted ore 02.039

采掘比 development ratio 02.031

采掘工作面配电箱 electric distribution box of working face 02.978

采掘计划 schedule of extraction and development 02.028

采空区处理 stoped-out area handling 02.166

VCR采矿法 vertical crater retreat stoping, VCR stoping 02.605

采矿工程 mining engineering 01.007

采矿工艺 mining technology 02.001

采矿[学] mining 01.001

采前应力 premining stress 02.205

采砂船 dredge 02.965

采砂船开采 dredging 02.532

采石场 quarry 02.457

采样 sampling 09.727

采准矿量 prepared ore reserve 02.083

彩色涂层钢板 color-painted steel strip 09.612

*彩色涂层钢带 color-painted steel strip 09.612

菜花头 cauliflower top 05.746

参比电极 reference electrode 04.422

残孔 incomplete hole 02.349

残阳极 residual anode 06.308

残余奥氏体 retained austenite 07.368

残余应力 residual stress 09.022

槽电流 cell current 06.152

槽电压 cell voltage 06.151

槽钢 beam channel, channel beam 09.669

槽式选矿机 log washer 03.297

槽型反应器 tank reactor 04.360

侧吹转炉 side-blown converter 05.522

侧面炉底出钢 side bottom tapping, SBT 05.627

侧向弯曲试验 side bend test 09.750

侧向烟道 sideward flue 06.062

侧卸式装载机 side-dumping loader 02.931

测风站 air velocity measuring station 02.746

[测]高温学 pyrometry 04.488

测厚仪 thickness tester, thickness gauge 09.566

测宽仪 width gauge 09.565

测视井 monitoring well 02.677

测压仪 load cell 09.567

层间腐蚀 layer corrosion 08.062

*层理 stratification 03.260

层流 laminar flow 04.261

层状断口 lamination fracture 07.280

层状共晶体 lamellar eutectic 07.344

层状组织 lamellar structure 07.357

插板掘井法 spiling shaft sinking 02.374

插木还原 poling 06.288

插入型层错 extrinsic stacking fault 07.092

差厚镀锌 differential zinc coating 09.310

差热分析 differential thermal analysis, DTA 04.497

差热重法 differential thermogravimetry 04.499

柴油铲 diesel shovel 02.929

柴油铲运机 diesel LHD 02.942

柴油废气净化 diesel gas purification 02.773

掺杂 doping 06.539

铲斗装载机 bucket loader 02.938

铲运机 load-haul-dump machine, LHD 02.941

产率 yield 03.014

产品精确度 product accuracy 09.692

产品缺陷 product defects 09.708

产品试验 test of products 09.723

充填材料　filling material　02.619

充填采矿法　cut and fill stoping　02.607

充填井　filling raise　02.396

充填系统　filling system　02.625

冲裁　blanking　09.385

冲裁模　blanking die, notching die　09.421

冲程　stroke　03.276

冲击波　shock wave　02.254

冲击腐蚀　impingement corrosion　08.078

冲击韧性　impact toughness　08.041

冲击式破碎机　impact crusher　03.191

冲击式凿岩　percussion drilling　02.225

冲击旋转凿岩机　rotary-percussive drill　02.914

冲积矿床　alluvial deposit　02.050

冲积砂金　alluvial gold placer　02.051

冲孔　punch　09.353

冲天炉　cupola　05.431

冲压　stamping　09.352

冲压薄板　drawing quality steel sheet　09.577

冲压模　punching die　09.420

重复性　repeatability　04.541

重卷　re-coiling　09.289

重卷机　rewind reel　09.507

重熔精炼　remelting refinging　06.582

抽出式通风　exhaust ventilation　02.725

抽出型层错　intrinsic stacking fault　07.093

抽气水喷射器　air-sucking water ejector　04.517

初轧　blooming　09.126

初轧机　blooming mill　09.427

初轧坯　bloom　09.218

出车台　shaft landing　02.402

出钢　tapping　05.488

出钢槽　pouring spout　05.507

出钢到出钢时间　tap-to-tap time　05.623

出钢机　extractor　09.512

出钢口　tap hole　05.506

出钢样　tapping sample　05.490

出料孔　discharge hole　06.047

出入沟　main access　02.474

出铁场　casting house　05.397

除尘器　dust collector　06.025

除鳞　descaling　09.718

除雾器　demister　06.104

除锡钢板　detinning sheet　09.590

除油　deoiling　09.719

除渣锅　drossing kettle　06.332

储矿场　ore stockyard　05.241

储料漏斗　hopper　05.320

储能　stored energy　07.245

储气罐　gas holder　06.256

储氢材料　hydrogen storage material　08.250

触头材料　contact material　08.137

川崎顶吹氧 RH 操作　RH-Kawasaki top blowing, RH-KTB　05.651

穿晶断裂　transgranular fracture　07.269

穿孔　piercing　09.280

穿孔机　piercing mill, piercer　09.489

穿脉平巷　crosscut　02.546

传动轴管　transmission shaft tube　09.626

传热　heat transfer　04.259

传热系数　heat transfer coefficient　04.326

传输现象　transport phenomena　04.257

传质　mass transfer　04.258

传质系数　mass transfer coefficient　04.317

串车提升　car train hoisting　02.878

串联网路　series network　02.717

窗框钢　sash bar　09.659

床层　bed　03.272

* 床浮　table flotation　03.070

床面　deck　03.273

床条　riffle　03.274

吹炼终点　blow end point　05.549

吹氧 RH 操作　RH-oxygen blowing, RH-OB　05.650

吹氧时间　oxygen blow duration　05.548

吹氧提温 CAS 法　CAS-OB process　05.659

锤碎机　hammer crusher　03.192

垂滴法　pendant drop method　04.507

垂直分条充填法　vertical cut and fill stoping　02.609

纯弯曲　pure bending　09.390

纯物质标准［态］　pure substance standard　04.140

磁场热处理　thermomagnetic treatment　07.188

磁畴　magnetic domain　07.395

磁轭　magnetic yoke　03.323

磁粉检测　magnetic-particle inspection　07.333

磁粉探伤　magnetic particle test　09.741
磁滑轮　magnetic pulley　03.305
磁化焙烧　magnetizing roasting　06.008
磁黄铁矿　pyrrhotite　03.134
磁力探伤仪　magnetic flaw detector　09.570
磁力脱水槽　magnetic dewater cone　03.306
磁流体分离　magnetofluid separation　03.077
磁流体分选机　magnetofluid separator　03.320
磁铁矿　magnetite　03.121
磁团聚　magnetic coagulation, magnetic agglomeration　03.324
磁系　magnetic system　03.321
磁性氧化铁层层积　magnetite coating　06.295
磁选　magnetic separation　03.066
磁选机　magnetic separator　03.298
磁致伸缩合金　magnetostriction alloy　08.246
*瓷土　china clay　05.058
次生矿泥　secondary slime　03.041
粗苯　crude benzol　05.042
粗糙度　roughness　09.694
粗金属锭　bullion　06.252
粗精矿　rough concentrate　03.034
粗颗粒　coarse particle　03.025
粗粒磁选　magnetic cobbing　03.307
粗粒级　coarse fraction　03.028
粗滤器　strainer　06.115
粗镁　crude magnesium　06.459

粗磨　coarse grinding　03.216
粗碎　primary crushing　03.178
粗铜　blister copper　06.297
粗选　roughing　03.056
粗液　green liquor　06.405
粗轧　rough rolling　09.165
粗轧机　roughing mill　09.469
醋酸铍　beryllium acetate　06.520
催化　catalysis　04.371
催化剂　catalyst　04.372
催化剂中毒　catalyst poisoning　04.374
催渗剂　energizer　07.224
脆硫锑铅矿　jamesonite　03.099
脆性　brittleness　08.007
淬火　quenching　07.204
淬火槽　quench bath　09.544
淬火炉　hardening furnace　09.543
淬透性　hardenability　07.208
萃合物　extracted species　06.184
萃取变更剂　solvent extraction modifier　06.185
萃取剂　extractant　06.178
萃取容量　extraction capacity　06.214
萃洗树脂　extraction eluting resin　06.238
萃余液　raffinate　06.181
措施井　service shaft　02.395
错流萃取　cross current solvent extraction　06.207

D

搭焊管机　lap-welded mill　09.487
达夫克拉浮选机　Davcra flotation machine　03.428
打壳　crust breaking　06.432
大板坯　slab　09.224
大爆破　bulk blasting　02.341
大方坯连铸机　bloom caster　05.688
大陆架矿床开采　mining of continental shelf deposit　02.687
大气腐蚀　atmospheric corrosion　08.050
大水矿床开采　mining of heavy-water deposit　02.656
大型钢材　heavy sections　09.646
大型型材轧机　heavy section mill　09.438

带材轧机　strip mill　09.463
带钢　strip steel　09.607
带卷　strip coil　09.608
带卷输送机　coil conveyor　09.508
带卷箱　coil box　09.559
带式过滤机　belt filter　03.453
带式机焙烧球团　traveling grate for pellet firing　05.276
带式给药机　belt reagent feeder　03.478
带式冷却机　straight-line cooler　05.262
带式烧结机　Dwight-Lloyd sintering machine　05.255
带状组织　banded structure　07.363

代位固溶体 substitutional solid solution 07.119

＊代位溶液 substitutional solution 04.130

代位原子 substitutional atom 07.051

单槽浮选机 unit flotation cell 03.418

单层崩落法 single layer caving method 02.631

单纯形优化 simplex optimization 04.590

单带式连铸机 single-belt caster 05.694

单辊式连铸机 single-roll caster 05.693

单环缝喷嘴 single annular tuyere 05.566

单晶生长 single crystal growing 07.141

单卷筒提升机 single-drum winder 02.849

单面镀锌 one side zinc coating, single face galvanizing 09.309

单位压力 specific roll pressure 09.042

单向拉伸 uniaxial tension 09.061

单一开拓 single development system 02.536

单元过程 unit process 06.001

单元系 single-component system 04.009

单渣操作 single-slag operation 05.544

胆矾 copper vitriol 06.309

＊氮化 nitriding 07.225

氮化硅 silicon nitride 05.090

氮化硼 boron nitride 05.091

氮碳共渗 nitrocarburizing 07.227

挡土墙 retaining wall 02.523

挡渣器 slag stopper 05.568

挡渣塞 floating plug 05.569

刀口腐蚀 knife-line corrosion 08.061

捣打成型 ramming process 05.101

捣固装煤 stamp charging 05.018

倒 V 形偏析 Λ-shaped segregation 05.774

倒堆采矿法 overcasting mining method 02.480

倒炉 turning down 05.550

倒焰窑 down draught kiln 05.106

倒易点阵 reciprocal lattice 07.022

＊倒[易]格 reciprocal lattice 07.022

倒锥式铜沉淀器 inverted cone copper precipitator 06.304

导板 guide 09.558

导爆索 detonating cord 02.292

导电母线 bus bar 06.172

导风板 air deflector 02.745

导火线 safety fuse 02.291

导热率 thermal conductivity 04.325

导向辊装置 roller apron 05.738

导向轮 guide deflection sheave 02.852

道岔 track switch 02.874

道次 pass 09.251

道氏法 Dow process 06.450

＊道屋法 Dow process 06.450

德拜－昂萨格电导理论 Debye-Onsager theory of electrolytic conductance 04.413

德拜－休克尔强电解质溶液理论 Debye-Hüeckel theory of strong electrolyte solution 04.401

＊德银 nickel silver 08.212

等活度线 isoactivity line 04.151

等静压 isostatic pressing 08.107

等静压成型 isostatic pressing 05.098

等静压力 isostatic pressure 09.028

等可浮浮选 iso-flotability flotation 03.408

等可浮性 iso-flotability 03.347

等离子感应炉熔炼 plasma induction melting, PIM 05.607

等离子连续铸锭 plasma progressive casting, PPC 05.608

等离子炉重熔 plasma-arc remelting, PAR 05.605

等离子凝壳铸造 plasma skull casting, PSC 05.609

等离子冶金[学] plasma metallurgy 01.022

等容过程 isochoric process 04.018

等容热容 heat capacity at constant volume 04.074

等温淬火 austempering 07.214

等温锻造 isothermal forging 09.343

等温过程 isothermal process 04.016

等温挤压 isothermal extrusion 09.414

等温截面 isothermal section 04.112

等压过程 isobaric process 04.017

等压热容 heat capacity at constant pressure 04.073

等蒸汽压平衡 isopiestic equilibrium 04.046

低钠氧化铝 low sodium alumina 06.422

＊低熔点 eutectic point 04.095

低碳钢板 low carbon steel plate 09.611

＊低碳钢带 low carbon steel plate 09.611

低碳铬铁 low carbon ferrochromium 05.197

低碳锰铁 low carbon ferromanganese 05.193

滴熔　drip melting　06.543

迪舍轧机　Diescher mill　09.452

*狄塞尔轧机　Diescher mill　09.452

底部境界线　floor boundary line　02.471

底吹煤氧的复合吹炼法　Klockner-Maxhütte steelmaking process, KMS　05.529

底吹转炉　bottom-blown converter　05.519

底拱　inverted arch　02.442

底鼓　ground heave　02.214

底流　underflow　03.438

底盘抵抗线　toe burden　02.348

底箱　hutch　03.259

底柱　sill pillar　02.566

底柱结构　construction of sill pillar　02.589

地表沉陷防治　control of surface subsidence　02.842

地表境界线　surface boundary line　02.470

地表临界变形值　critical value of surface deformation　02.133

地表水　surface water　02.783

地表移动曲线　curve line of surface displacement　02.126

地下采矿[学]　underground mining　01.002

地下采区变电所　underground section electric station　02.977

地下胶带运输　underground conveyor haulage　02.886

地下矿采矿方法　underground mining method　02.558

地下矿开拓方法　development method of underground mine　02.535

地下矿山　underground mine　02.011

地下水　ground water　02.782

地下水位　ground water table　02.785

地下无轨运输　underground trackless transportation　02.885

地下斜坡道开拓　underground ramp development system　02.541

地压　ground pressure　02.163

地压控制　ground pressure control　02.164

地音仪　geophone　02.175

地质编录　geological logging　02.092

地质储量　geological reserve　02.079

地质地形图　geologic-topographic map　02.094

地质断面图　geological section　02.098

地质平面图　geological map　02.097

地质柱状图　geologic column　02.099

地质钻探用钢管　steel tubes for drilling　09.621

碲金矿　calaverite　03.110

碲铜　free machining copper with 0.5% Te　08.203

碲银矿　hessite　03.113

蒂森复合吹炼法　Thyssen Blassen metallurgical process, TBM　05.533

蒂森钢包喷粉法　Thyssen Niederhein process, TN　05.655

帝国熔炼法　Imperial smelting process　06.323

碘化[法]　iodination　06.496

*碘化提纯法　van Arkel process　06.498

点缺陷　point defect　07.043

点蚀　pitting　08.058

点阵　lattice　07.002

点阵参数　lattice parameter　07.014

点阵常数　lattice constant　07.015

点柱充填法　post-pillar fill stoping　02.615

垫板　sole plate　09.594

电耙　scraper　02.932

电爆网路　electric detonating circuit　02.294

电铲　shovel　02.928

电铲排土　waste disposal with shovel　02.514

电场凝固[法]　electric field freezing method　06.583

电沉积　electrodeposition　04.468

电池电动势　electromotive force of a cell　04.449

电传输法　electrotransport process　06.541

电磁测渣器　electromagnetic slag detector　05.570

电磁成形　electromagnetic forming　09.375

电磁磁选机　electromagnetic separator　03.304

电磁搅拌　electromagnetic stirring, EMS　05.742

电导　conductance　04.410

电导率　conductivity　04.411

电动铲运机　electric LHD　02.943

电动轮汽车　electric-wheel truck　02.884

电动凿岩机　electric drill　02.912

电镀　electroplating　04.469

电镀锡　electrolytic tin plating　09.306

电镀锡板　electrolytic tin plate　09.601

电镀锌　electrolytic zinc plating　09.305

电镀锌板　electrolytic galvanized sheet　09.587

电负性　electronegativity　04.222

电感应焊管　induction welded pipe　09.625

电工钢　electrical steel　08.191

电工钢板　electric steel sheets and strips　09.575

*电工钢带　electric steel sheets and strips　09.575

电共沉积　electro-codeposition　06.157

电硅热法　electro-silicothermic process　05.219

电焊管　electric-welded pipe　09.623

电合成　electrosynthesis　04.470

电弧加热电磁搅拌钢包精炼法　ASEA-SKF process
　05.661

电弧炉　electric arc furnace　05.590

电化学当量　electrochemical equivalent　04.467

电化学反应　electrochemical reaction　04.033

电化学平衡　electrochemical equilibrium　04.047

电极　electrode　04.416

*电极电势　electrode potential　04.428

电极电位　electrode potential　04.428

电极过程动力学　kinetics of electrode process
　04.427

电极糊　electrode paste　05.174

电极极化　electrode polarization　04.437

电解　electrolysis　04.465

电解槽　electrolytic cell　06.150

[电解槽]隔板　divider [of the electrolytic cell]
　06.456

电解槽集气罩　gas collecting skirt　06.437

电解槽内衬大修　pot relining　06.434

电解槽内衬小修　pot patching　06.435

电解槽上部结构　pot superstructure　06.436

电解槽系列　pot line　06.433

电解精炼　electrorefining　04.471

电解提取　electrowinning　04.472

电解铁　electrolytic iron　08.140

电解铜　electrolytic tough pitch copper　08.200

电解造液　electrolysis dissolution　06.306

电解质结壳　electrolyte crust　06.431

电解质溶液　electrolyte solution　04.395

电雷管　electric detonator　02.277

电雷管点火元件　firing element of electric detonator
　02.286

电雷管电阻　resistance of electric detonator　02.288

电雷管脚线　loading wire of electric detonator
　02.285

电雷管桥丝　bridge wire of electric detonator
　02.287

电离常数　ionization constant　04.402

电离平衡　ionization equilibrium　04.396

电离真空规　ionization gauge　04.515

电力消耗　power consumption　06.155

电流密度　current density　06.153

电流效率　current efficiency　06.154

电炉炼钢　electric steelmaking　05.589

电炉熔炼　electric furnace smelting　06.267

电铝热法　electro-aluminothermic process　05.221

电偶腐蚀　galvanic corrosion　08.047

电热合金　electrical heating alloys　08.225

电熔镁砂　fused magnesia　05.081

电熔氧化铝　fused alumina　05.072

电渗析　electrodialysis　06.249

电石渣　carbide slag　05.618

*电势－电流图　Evans diagram　04.455

电碳热法　electro-carbothermic process　05.218

电梯井　elevator raise　02.584

电位差计　potentiometer　04.527

电位阶跃法　potential step method　04.525

电位溶出分析　potentiometric stripping analysis
　04.528

电选　electrostatic separation　03.068

电冶金[学]　electrometallurgy　01.033

电液成形　electrohydraulic forming　09.374

电泳分离　electrophoretic separation　03.075

电晕电选机　corona separator　03.326

电晕遏止　corona suppression　06.033

电晕放电　corona discharge　06.031

电渣重熔　electroslag remelting, ESR　05.599

电渣浇注　Bohler electroslag tapping, BEST
　05.601

电渣熔铸　electroslag casting, ESC　05.600

电致扩散　electrodiffusion　07.135

电子导电　electronic conduction　04.478

电子轰击炉　electron bombardment furnace　06.544

电子化合物　electron compound　07.114

电子束炉重熔　electron beam remelting, EBR

05.604

电子束区域熔炼 electron beam zone melting 06.549

电子束熔炼炉 electron beam melting furnace 06.545

电子探针 electron microprobe 07.310

电子显微镜 electron microscope 07.300

电阻 resistance 04.412

电阻焊管 resistance welded pipe 09.624

电阻焊管机 resistance weld mill 09.484

电阻合金 electrical resistance alloys 08.221

电阻炉 electric resistance furnace 05.595

吊车 crane 09.534

吊斗 swinging hopper 02.891

吊罐 raising cage 02.950

吊罐上料 charge hoisting by bucket 05.316

吊架 hanger 02.892

吊盘 sinking platform 02.389

吊桶 sinking bucket 02.390

迭代法 iterative method 04.599

[叠板]分批酸洗 batch pickling 09.328

叠轧 pack rolling 09.171

叠轧薄板 pack-rolled sheet 09.584

*丁黄药 butyl xanthate 03.370

丁基黄原酸盐 butyl xanthate 03.370

钉扎点 pinning point 07.085

顶板来压 roof weighting 02.206

顶吹旋转转炉 top-blown rotary converter, TBRC 06.275

顶吹氧气平炉 open-hearth furnace with roof oxygen lance 05.586

顶吹氧枪 top blow oxygen lance 05.563

顶底复吹转炉 top and bottom combined blown converter 05.527

顶锻 heading upsetting 09.342

顶枪喷煤粉炼钢法 Arbed lance carbon injection process, ALCI 05.532

顶燃式热风炉 top combustion stove 05.421

顶柱 crown pillar 02.565

定标粒子理论 scaled particle theory 04.219

定硅测头 silicon probe 04.486

定径 sizing 09.267

定径管 sizing tube 09.635

定径机 sizing mill 09.493

定径水口 metering nozzle 05.138

定量泵 proportioning pump 06.221

定膨胀合金 alloys with controlled expansion 08.238

定向爆破 directional blasting 02.337

定向凝固 directional solidification 07.140

定心 centering 09.268

定氧测头 oxygen probe 04.485

动量传递 momentum transfer 04.260

动量衡算 momentum balance 04.305

动量流率 momentum flow rate 04.286

动量通量 momentum flux 04.292

动摩擦模型 dynamic friction model 02.182

动态回复 dynamic recovery 07.262

动态控制 dynamic control 05.554

动态溶浸 dynamic leaching 02.673

动态再结晶 dynamic recrystallization 09.075

冻结掘井法 freezing shaft sinking 02.371

硐室 underground chamber 02.426

硐室爆破 chamber blasting 02.333

陡帮开采 steep-wall mining 02.477

毒砂 arsenopyrite 03.092

独晶点 monotectic point 04.097

独晶反应 monotectic reaction 04.103

独晶组织 monotectic structure 07.354

独居石 monazite 03.148

独析点 monotectoid point 04.100

独析反应 monotectoid reaction 04.106

堵渣机 stopper 05.390

镀层 plating coat 09.311

镀层板 coated sheet 09.585

镀铝 aluminum plating 09.312

镀铝冷轧薄板 aluminium coated cold-rolled sheet 09.588

镀锡板 tin plate 09.604

端部增厚 end upsetting 09.253

短程有序 short-range order 07.172

短头圆锥破碎机 short head cone crusher 03.196

短芯棒拉拔 plug drawing 09.369

短旋转炉熔炼 short rotary furnace smelting 06.277

短应力线机架 short-stressed mill housing 09.471

短暂接触　transitory contact　04.367

短锥水力旋流器　short-cone hydrocyclone　03.251

锻焊　forge welding　09.334

锻烧　calcining, calcination　06.015

* 锻烧产物　calcine　06.016

锻烧砂　calcine　06.016

锻压　forging and stamping　09.331

锻造　forging　09.332

锻造比　forging ratio　09.333

断层角砾岩　fault breccia　02.065

断层泥　fault gouge　02.064

断带　strip breakage　09.202

断辊　roll breakage　09.201

断口　fracture surface　07.275

断口形貌学　fractography　07.276

断裂　fracture　07.268

断裂角　break angle, crack angle　02.137

断裂韧性　fracture toughness　08.042

堆焙烧　heap roasting　06.010

堆垛层错　stacking fault　07.091

堆垛层序　stacking sequence　07.030

堆浸　heap leaching　02.666

镦粗　upsetting　09.346

镦粗试验　dump test, upsetting test　09.757

对辊破碎机　roll crusher　03.199

对焊管机　butt weld pipe mill　09.483

对角式通风系统　diagonal ventilation system
02.728

对应电极　counter electrode　04.425

对峙反应　opposing reaction　04.229

钝化　passivation　08.083

多边形化　polygonization　07.263

多层沉降槽　multitray settling tank　06.404

多层摇床　multideck table　03.280

多床焙烧炉　multiple-hearth roaster　06.012

多点矫直　multipoint straightening　05.741

多点位移计　multipoint displacement meter　02.174

多辊矫直机　multi-roll straightener, multi-gauger
09.499

多辊轧制　multi-high rolling　09.136

多滑移　multiple slip　07.248

多级萃取　multi-stage solvent extraction　06.206

多级机站通风系统　multi-fan-station ventilation system　02.729

多级结晶器　multi-stage mold　05.712

多金属结核　polymetallic nodule　02.678

多金属结核开采　polymetallic nodule mining
02.683

多井系统　multiple well system　02.663

多孔固体模型　porous solid model　04.332

多孔喷枪　multi-nozzle lance　05.557

多孔轴承　porous bearing　08.135

多孔砖　nozzle brick　05.565

多炉连浇　sequence casting　05.744

多绳索道　multi-rope tramway　02.894

多梯度磁选机　multi-gradient magnetic separator
03.317

多相反应　multiphase reaction　04.036

多效真空蒸发器　multieffect vacuum evaporator
06.098

多元电解质　multicomponent electrolyte　06.424

多元系　multicomponent system　04.010

垛　stack　09.696

惰性电极　inert electrode　04.419

惰性气体灭火法　fire extinguishing with inert gas
02.809

E

俄歇电子能谱术　Auger electron spectroscopy
07.311

颚式破碎机　jaw crusher　03.184

颚旋式破碎机　jaw-gyratory crusher　03.190

二苯硫脲　thiocarbanilide　03.372

二步离析炼铜法　two-step copper segregation process
06.285

二次爆破　secondary blasting　02.338

二次固溶体　secondary solid solution　07.118

二次精炼　secondary refining　05.633

二次冷却区　secondary cooling zone　05.722

二次破碎巷道　secondary blasting level　02.580

二次燃烧　postcombustion　05.547

二次冶金[学]　secondary metallurgy　01.026

二次硬化 secondary hardening 07.219

二丁基卡必醇 dibutyl carbitol, DBC 06.194

二辊式轧机 two-high rolling mill 09.431

二辊斜轧穿孔 Mannesmann piercing 09.285

* 二号油 pine camphor oil 03.388

二黄原酸盐 dixanthate 03.368

二级反应 second order reaction 04.240

二级交叉作用系数 cross interaction coefficient of
2nd order 04.148

二级相互作用系数 interaction coefficient of 2nd
order 04.147

二甲苯 xylene 05.045

二硫代氨基甲酸酯捕收剂 dithiocarbamate collector
03.384

二硼烷 diborane 06.530

二十辊轧机 twenty-high rolling mill 09.432

二烃基二硫代磷酸盐 dialkyl dithiophosphate,
aerofloat 03.373

二氧化硅 silica 06.382

二氧化钼 molybdenum dioxide 06.511

二氧化铌 niobium dioxide 06.490

二乙基二硫代氨基酸钠 sodium diethyl dithiocar-
bamate 03.378

二乙基二硫代氨基甲酸氰乙酯 cyanoethyl diethyl
dithiocarbamate 03.377

二乙基二硫代磷酸盐 diethyl dithiophosphate
03.396

二(2 - 乙基己基)膦酸 di-2-ethylhexyl phosphonic
acid 06.190

二元相图 binary phase diagram 04.089

F

发光拣选 luminescence sorting 03.332

发汗材料 transpiring material 08.251

发火合金 pyrophoric alloy 08.256

发热渣 exoslag 05.679

发热值 calorific value 05.040

* ABS法 aluminium bullet shooting, ABS 05.667

* ALCI法 Arbed lance carbon injection process,
ALCI 05.532

* AOD法 argon-oxygen decarburization process,
AOD 05.663

* CAS法 composition adjustment by sealed argon
bubbling, CAS 05.658

* CAS-OB法 CAS-OB process 05.659

* CLU法 Creusot-Loire Uddeholm process, CLU
05.664

* DH法 Dortmund Hörder vacuum degassing
process, DH 05.647

* KMS法 Klockner-Maxhütte steelmaking process,
KMS 05.529

* KR法 KR process 05.630

* LBE法 lance bubbling equilibrium process, LBE
05.531

* PM法 pulsating mixing process, PM 05.660

Q-S-L法 Q-S-L process 06.282

* RH法 Ruhstahl-Hausen vacuum degassing

process, RH 05.648

* SL法 Scandinavian Lancer process, SL 05.656

* STB法 Sumitomo top and bottom blowing
process, STB 05.530

* TBM法 Thyssen Blassen metallurgical process,
TBM 05.533

* TN法 Thyssen Niederhein process, TN
05.655

* V-KIP法 vacuum Kimitsu injection process
05.657

* VOD法 vacuum oxygen decarburization process,
VOD 05.662

法拉第电解定律 Faraday's law of electrolysis
04.466

法向应力 normal stress 09.012

发裂 flake, hair crack 05.759

发纹 capillary crack 09.706

翻边 flanging 09.388

翻边试验 flanging test 09.760

翻车机 car tipper 02.881

翻孔 hole flanging 09.387

钒钛磁铁矿 vanadium titano-magnetite 03.124

反铲挖掘机 hoe excavator 02.923

反常组织 abnormal structure 07.362

反萃剂 stripping agent 06.186

反萃取 stripping 04.209

反浮选 reverse flotation 03.406

反极图 inverse pole figure 07.325

反挤压 reverse extrusion 09.406

反馈控制 feedback control 09.241

反拉延 reverse-drawing 09.361

*反偏析 negative segregation, inverse segregation 05.772

反射炉 reverberatory furnace 06.040

反射炉熔炼 reverberatory furnace smelting 06.263

反相畴 antiphase domain 07.394

反向压扁试验 reverse flattening test 09.739

反协同效应 antagonistic effect 06.203

反旋 backward spinning 09.398

反应焓 enthalpy of reaction 04.056

反应机理 reaction mechanism 04.227

反应吉布斯能 Gibbs energy of reaction 04.065

反应级数 reaction order 04.237

反应进度 extent of reaction 04.040

反应器 reactor 04.356

反应烧结 reaction sintering 08.120

反应速率 reaction rate 04.234

反应速率常数 reaction rate constant 04.235

反应速率方程 reaction rate equation 04.236

反应途径 reaction path 04.226

返矿 return fines 05.240

范阿克尔法 van Arkel process 06.498

方板坯初轧机 blooming-slabbing mill 09.429

方差 variance 04.568

方差分析 analysis of variance 04.569

方钢 square bar 09.649

方解石 calcite 03.159

方框流程 block flowsheet 03.013

方框支架充填法 square set and fill stoping 02.613

方镁石 periclase 05.078

方坯 square billet 09.219

方铅矿 galena 03.096

方石英 cristobalite 05.066

房柱采矿法 room-and-pillar stoping 02.602

*防护镀层 protective coating 08.091

防护涂层 protective coating 08.091

防火门 fire door 02.805

防火墙 fire stopping 02.806

防溅板 splash plate 06.129

防排水系统图 waterproof and drainage system map 02.125

防水沟 dewatering ditch 02.802

防水矿柱 water protecting pillar 02.569

防水墙 water dam 02.798

防水帷幕 water protecting curtain 02.799

防水闸门 water protecting gate 02.797

防再氧化操作 reoxidation protection 05.680

放出口 tap hole 06.055

放出体 drawn-out body of ore 02.648

放风阀 snorting valve 05.425

放矿 ore drawing 02.598

放矿截止品位 cut-off grade of ore drawing 02.650

放矿制度 schedule of ore drawing 02.644

放气口 vent 06.064

放热反应 exothermic reaction 04.081

放散阀 blow off valve 05.418

放散管 bleeder 05.423

放射性废物处理 radioactive waste disposal 02.836

放射性拣选机 radiometric sorter 03.334

放射性矿床开采 radioactive deposit mining 02.660

放射性气体 radioactive gas 02.694

放射性衰变 radioactive decay 04.253

菲克第二扩散定律 Fick's 2nd law of diffusion 04.311

菲克第一扩散定律 Fick's 1st law of diffusion 04.310

非电导爆管 nonel tube 02.290

非共格界面 incoherent interface 07.103

非焦炭炼铁 non-coke iron making 05.437

非金属夹杂[物]变形 form modification of non-metallic inclusion 04.193

非晶态合金 amorphous metal 08.258

非均相系统 heterogeneous system 04.012

非均匀形核 heterogeneous nucleation 07.148

非牛顿流体 non-Newtonian fluid 04.276

非线性回归 non-linear regression 04.579

飞溅冷凝器 splash condenser 06.139

飞锯 flying saw 09.529

肥煤 fat coal 05.010

废电解液 spent electrolyte 06.159

废钢 scrap 05.495

废钢打包 baling of scrap 05.496

废气 off gas, waste gas 06.065

废气控制系统 off gas control system, OGCS
05.571

废石场 waste rock pile 02.365

废石堆浸出 dump leaching 02.668

*废液 barren solution 06.087

沸腾钢 rimming steel, rimmed steel 05.458

费米－狄拉克分布 Fermi-Dirac distribution
04.216

F分布 F-distribution 04.555

分步沉淀 fractional precipitation 06.578

分步结晶 fractional crystallization 06.114

分步萃取 stepwise solvent extraction 06.210

分层 stratification 03.260

分层崩落法 top slicing caving method 02.633

分段 sublevel 02.570

分段崩落法 sublevel caving method 02.635

分段采矿法 sublevel stoping 02.603

分级 classification 03.050

分级淬火 marquenching 07.216

分级机 classifier 03.241

分解电压 decomposition voltage 04.434

分解反应 decomposition reaction 04.028

分离共晶体 divorced eutectic 07.343

分离环 separating ring 05.731

分离系数 separation coefficient 06.218

分馏 fractional distillation 06.124

分馏柱 separation column 06.135

分配比 distribution ratio 06.215

分配平衡 distribution equilibrium 04.198

分配系数 distribution coefficient 06.216

分期开采 mining by stages 02.476

分区砌炉 zoned lining 05.513

分区通风 zoned ventilation 02.723

分散剂 dispersant 03.360

分条 strip 02.572

分选 separation 03.052

分选回路 separation circuit 03.008

分选机 separator 03.005

分支浮选 ramified flotation 03.407

分支天井 branch raise 02.423

分子筛 molecular sieve 04.520

粉尘采样器 dust sampler 02.770

粉尘测量 dust measurement 02.771

粉尘浓度 dust concentration 02.769

粉浆浇铸 slip casting 08.112

粉矿 ore fines 05.236

粉磨机 pulverizer 03.200

粉末锻造 powder forging 08.125

粉末法 powder method 07.322

粉末热挤压 powder hot extrusion 08.110

粉末冶金[学] powder metallurgy 01.029

粉碎 comminution 03.043

封闭炉 closed furnace 05.225

封闭圈 closed loop 02.461

风窗 air window 02.749

风动跳汰机 air jig, pneumatic jig 03.262

风镐 air pick 02.919

风井 ventilation shaft 02.400

风口 tuyere 05.384

风口水套 tuyere cooler 05.386

风口弯头 tuyere stock 05.388

风口循环区 raceway 05.346

风力充填 pneumatic filling 02.623

风力分级机 air classifier 03.246

风力摇床 air table, pneumatic table 03.275

风量 air quantity 02.709

风量分配 air distribution 02.710

风量调节 airflow regulating 02.721

风量有效率 ventilation efficiency 02.740

风流 airflow 02.697

风流局部阻力 local resistance of airflow 02.706

风流摩擦阻力 airflow frictional resistance 02.704

风流正面阻力 frontal resistance of airflow 02.707

风门 air door 02.741

风墙 air stopping 02.743

风桥 air bridge 02.742

风筒 air duct 02.748

风温 blast temperature 05.330

风压 blast pressure 05.329

风障 air brattice 02.744

缝隙腐蚀 crevice corrosion 08.059

辐射高温计 radiation pyrometer 04.492

*辐射损伤 radiation damage 07.053

辐照强化　radiation hardening　07.288

辐照损伤　radiation damage　07.053

氟化　fluorination　06.535

氟化硼－二甲基乙醚复盐　double salt of boron fluoride-dimethyl ether　06.532

氟化铍　beryllium fluoride　06.516

氟化氢铵熔融法　ammonium hydrofluoride fusion method　06.569

氟钽酸　fluorotantalic acid　06.493

氟钽酸钾　potassium fluorotantalate　06.494

氟碳铈矿　bastnaesite　03.149

氟氧化铌钾　potassium niobium oxyfluoride　06.491

伏安法　voltammetry　04.462

伏安图　voltammogram　04.463

浮沉试验　sink and float test　03.491

浮阀柱　float valve column　06.133

浮头式换热器　floating head heat exchanger　06.142

浮选　flotation　03.069

浮选槽　flotation cell　03.417

浮选机　flotation machine　03.416

浮选药剂　flotation reagent　03.353

浮选柱　flotation column　03.419

浮渣　dross　06.331

弗兰克－里德源　Frank-Read source　07.079

弗劳德数　Froude number　04.343

*弗鲁德数　Froude number　04.343

弗仑克尔空位　Frenkel vacancy　07.047

辅助孔　satellite hole　02.299

辅助提升　service hoisting　02.858

辅助通风机　auxiliary fan　02.971

辅助运输水平面　auxiliary haulage level　02.553

腐蚀　corrosion　08.045

腐蚀电流　corrosion current　08.082

腐蚀电位　corrosion potential　08.081

腐蚀疲劳　corrosion fatigue　08.069

副井　auxiliary shaft　02.394

副枪　sublance　05.564

覆盖岩石下放矿　ore drawing under caved rock　02.643

LBE 复吹法　lance bubbling equilibrium process, LBE　05.531

复二重式轧机　double duo mill　09.462

复合钢板　clad steel plate　09.599

复合挤压　compound extrusion　09.410

复合铁合金　complex ferroalloy　05.217

复合铁矿　complex iron ore　05.234

复合砖　composite brick　05.131

复辉　recalescence　07.177

复烧　resintering　08.119

复碳　carbon restoration　07.222

复田工作　reclamation work　02.042

复型　replica　07.303

复压　repressing　08.123

复杂网路　complex network　02.720

复振跳汰机　Wemco-Remen jig　03.264

傅里叶第二定律　Fourier's 2nd law　04.324

傅里叶第一定律　Fourier's 1st law　04.323

傅里叶数　Fourier number　04.348

负公差轧制　rolling with negative tolerance　09.145

负荷分配　load distribution　09.260

负偏析　negative segregation, inverse segregation　05.772

负效电晕　back corona　06.032

负载的有机相　loaded organic phase　06.182

负展宽轧制　rolling with negative stretching　09.146

富钴结壳　cobalt-bearing crust　02.680

富集　concentration　03.051

富集比　concentration ratio, enrichment ratio　03.004

富氧鼓风　oxygen enriched blast, oxygen enrichment　05.339

富液　pregnant solution　06.086

附加应力　additional stress, secondary stress　09.026

G

概率　probability　04.534

钙长石　anorthite　05.291

钙还原　calcium reduction　06.538

钙铝黄长石　gehlenite　05.300

钙镁除铋法　Kroll-Betterton process　06.313

钙镁橄榄石　monticellite　05.292

钙铁辉石　hedenbergite　05.289

钙铁榴石　andradite　05.290

钙铁橄榄石　kirschsteinite　05.288

钙钛矿　perovskite　05.293

盖格计数器　Geiger counter　04.522

干法净化　dry cleaning　06.021

干法熄焦　dry quenching of coke　05.021

干摩擦　dry friction　09.081

干涉沉降　hindered settling　03.255

干式充填　dry filling　02.626

干式凿岩捕尘　dry drilling with dust catching　02.767

干燥器　desiccator　04.510

干燥强度　drying intensity　06.122

坩埚炼钢法　crucible steelmaking　05.462

坩埚炉　crucible furnace　06.037

坩埚试金法　crucible assay　06.375

坩埚下降法　falling crucible method　06.590

感应辊式强磁场磁选机　induced roll high intensity magnetic separator　03.311

感应焊　induction welding　09.423

感应加热　induction heating　07.193

橄榄石　olivine　05.077

刚体平衡法　rigid equilibrium method　02.188

刚性引锭杆　rigid dummy bar　05.706

刚性支架　rigid support　02.434

刚玉　corundum　05.073

刚玉砖　corundum brick　05.121

钢　steel　05.454

钢板凸度　plate crown　09.217

钢板桩　sheet piling　09.670

钢包　ladle　05.505

钢包回转台　ladle turret　05.700

钢包精炼　ladle refining　05.634

钢包炉　ladle furnace, LF　05.639

钢包冶金[学]　ladle metallurgy　01.025

钢锭　ingot　05.668

钢锭模　ingot mold　05.672

钢锭缩头　piped top　05.747

钢管　steel pipe　09.616

钢管桩　steel pipe piling　09.671

钢轨　rail　09.662

钢轨钢　rail steel　08.187

钢绞绳　steel strand rope　09.686

钢绞线　steel strand　09.683

钢洁净度　steel cleanness　05.638

钢筋　reinforcing steel bar　09.682

钢筋钢　reinforced bar steel　08.186

钢缆线　guy wire　09.685

钢梁轧机　beam mill　09.460

钢流保护浇注　shielded casting practice　05.740

钢流脱气　stream degassing　05.646

钢坯轧机　billet mill　09.461

钢坯轧制　billet rolling　09.156

钢球轧机　ball rolling mill　09.459

钢球轧制　steel ball rolling　09.157

钢绳冲击钻机　churn drill　02.895

钢水　liquid steel, molten steel　05.456

钢丝　wire　09.674

钢丝帘线　steel cord for tyre　09.684

钢丝绳　wire rope　09.681

钢铁冶金[学]　ferrous metallurgy, metallurgy of iron and steel　01.019

钢弦压力计　wire pressure meter　02.172

钢液面控制技术　steel level control technique　05.716

杠杆规则　lever rule　04.110

高纯锂　high purity lithium　06.529

高纯石墨　high purity graphite　05.178

高钒渣　vanadium-rich slag　06.481

高刚度轧机　stiff mill　09.467

高寒地区矿床开采　mining in severe cold district　02.657

高拉碳操作　catch carbon practice　05.542

高岭石　kaolinite　03.152

高岭土　kaolin　05.058

高炉　blast furnace　05.309

高炉炼铁[法]　blast furnace process　05.308

高炉煤气　top gas, blast furnace gas　05.435

高炉煤气回收　top gas recovery, TGR　05.436

高炉寿命　blast furnace campaign　05.362

高炉作业率　operating rate of blast furnace　05.360

高铝砖　high alumina brick　05.118

高密度合金　heavy metal　08.132

高膨胀合金　alloys with high expansion　08.239

高频感应炉　high frequency induction furnace　05.598

高强度低合金钢　high-strength low-alloy steel　08.161

高速锤　high energy rate forging hammer, high energy rate forging machine　09.523

高速钢　high-speed steel　08.182

高钛渣　titanium-rich slag　06.471

高梯度磁选机　high gradient magnetic separator　03.316

高梯度电选机　high gradient electrostatic separator　03.329

高威力炸药　high strength explosive　02.247

高位罐　high head tank　06.085

高温合金　superalloy　08.192

高温拉伸试验　high temperature tension test　09.737

高温炭化　high temperature carbonization　05.002

高温显微镜　hot-stage microscope　07.299

高压釜　autoclave　06.077

高压管　pressure pipe　09.640

高压锅炉管　high pressure boiler tube　09.641

高压浸溶器组　autoclave line　06.402

高压调节阀　septum valve　05.427

高堰式螺旋分级机　high weir spiral classifier　03.244

高转电电法　blast furnace-converter-double electrical furnace process　06.488

锆石　zircon　03.145

锆炭砖　zirconia graphite brick　05.134

锆铁　ferrozirconium　05.208

戈斯织构　Goss texture　07.392

格拉斯霍夫数　Grashof number　04.344

*格拉晓夫数　Grashof number　04.344

格筛　grizzly　03.207

格筛巷道　grizzly level　02.579

格子型球磨机　grate discharge ball mill　03.220

格子砖　checker brick, chequer brick　05.147

隔膜电解　diaphragm electrolysis　06.156

*隔焰炉　muffle furnace　06.381

铬铁　ferrochromium　05.196

铬铁矿　chromite　03.132

各向异性　anisotropy　09.108

根底　tight bottom　02.356

工程塑性学　engineering plasticity　09.002

工程应变　engineering strain　09.036

工具钢　tool steel　08.181

工频感应炉　line frequency induction furnace　05.596

工业储量　recoverable reserve, workable reserve　02.080

工业矿石　industrial ore　02.038

工艺过程优化　process optimization　09.097

工艺矿物学　process mineralogy　03.002

工艺润滑　technological lubrication　09.090

工艺试验　technological test　09.732

工字钢　steel I -beam　09.644

工作帮　working slope　02.492

工作帮坡角　working slope angle　02.473

工作电极　working electrode　04.424

工作容积　working volume　05.381

功能材料　functional materials　08.220

公路开拓　highway development　02.504

汞齐　amalgam　06.361

汞齐电解提炼[法]　amalgam electrowinning process　06.576

汞齐化　amalgamation　06.362

汞齐精炼　amalgam refining　06.581

汞炱　mercurial soot　06.357

拱形支架　arch support　02.431

共萃取　co-solvent extraction　06.208

共轭相　conjugate phase　07.106

共格界面　coherent interface　07.101

共价键　covalent bond　07.039

共晶白口铸铁　eutectic white iron　08.153

共晶点　eutectic point　04.095

共晶反应　eutectic reaction　04.101

共晶凝固　eutectic solidification　07.139

共晶组织　eutectic structure　07.342

*共生铁矿　complex iron ore　05.234

共析点　eutectoid point　04.098

共析反应　eutectoid reaction　04.104

共析体　eutectoid　07.348

共析铁素体　eutectoid ferrite　07.370

共振筛　resonance screen　03.208

硅酸盐渣 silicate sludge 06.413

硅铁 ferrosilicon 05.189

硅线石 sillimanite 05.076

硅线石砖 sillimanite brick 05.119

硅藻土 diatomaceous earth, infusorial earth 05.086

硅渣 white mud 06.412

硅质耐火材料 siliceous refractory [material] 05.111

硅砖 silica brick, dinas brick 05.112

轨道运输 track haulage 02.872

轨距 track gauge 02.873

轨梁轧机 rail-and-structural steel mill 09.449

轨梁轧制 rail rolling 09.134

贵金属 noble metal 06.358

贵铅 noble lead 06.320

辊道 roll table 09.554

辊缝 roll gap 09.198

辊缝控制 roll gap control 09.200

辊式矫直 roll straightening 09.294

辊凸度 roll crown 09.199

滚挤 roll extruding 09.413

滚弯 roll bending 09.299

锅炉板 boiler plate 09.598

锅炉钢 boiler steel 08.190

国际镍公司闪速熔炼 INCO flash smelting 06.266

过饱和 supersaturation 06.111

过饱和固溶体 supersaturated solid solution 07.116

过程 process 04.015

过程控制 process control 09.110

过程冶金[学] process metallurgy 01.011

过充满 overfill 09.261

过吹 overblow 05.538

过渡蠕变 transient creep 07.265

过渡态理论 transition state theory 04.243

过渡相 transition phase 07.107

过钝化 transpassivation 08.085

过共晶白口铸铁 hypereutectic white iron 08.155

过共晶体 hypereutectic 07.347

过共析体 hypereutectoid 07.351

过卷 overwinding 02.861

过卷保护装置 hoisting overwinder 02.821

过铼酸 perrhenic acid 06.512

过铼酸铵 ammonium perrhenate 06.514

过铼酸钾 potassium perrhenate 06.513

过冷 supercooling 07.155

过氯酸锂 lithium perchlorate 06.525

过滤 filtration 03.447

过滤机 filter 03.448

过热 superheating 07.157

过热组织 overheated structure 07.366

过烧 burning, overheating 07.197

* 过剩摩尔量 excess molar quantity 04.051

过时效 overaging 07.182

过酸洗 overpickling 09.691

过氧化 overoxidation 05.487

过载 overloading 06.234

H

海军黄铜 naval brass 08.210

海绵铁 sponge iron 05.451

海绵钛 titanium sponge 06.476

海滩矿床开采 beach deposit mining 02.688

海洋采矿 oceanic mining, marine mining 02.006

海洋腐蚀 marine corrosion 08.052

海洋矿产资源 oceanic mineral resources 02.052

亥姆霍兹能 Helmholtz energy 04.061

* 亥氏能 Helmholtz energy 04.061

含钒铁水 vanadium-bearing hot metal 06.478

含铌铁水 niobium-bearing hot metal 06.485

含水层 waterbearing stratum, aquifer 02.784

含水炸药 water-bearing explosive 02.244

[含]碳[元]素材料 carbon materials 05.155

焓 enthalpy 04.053

焊缝腐蚀试验 weld decay test 09.731

焊管坯轧机 skelp mill 09.486

焊接试验 welding test 09.729

焊接冶金[学] welding metallurgy 01.028

巷道 roadway 02.359

巷道闭合 drift closure 02.204

巷道超挖 overbreak of opening 02.354

巷道勘探　drift exploration　02.077
巷道排水　drift dewatering　02.801
巷道欠挖　underbreak of opening　02.353
巷道施工测量　drifting survey　02.108
巷道系统立体图　stereographical view of development system　02.117
巷道验收测量　drift footage measurement　02.115
巷道腰线　half height line of drift　02.138
毫秒爆破　millisecond blasting　02.342
毫秒延期电雷管　millisecond delay electric detonator　02.280
荷重耐火性　refractoriness under load　05.152
核燃料　nuclear fuel　08.257
核石墨　nuclear graphite　05.180
合成镁铬砂　synthetic magnesia chromite clinker　05.083
合成镁砂　synthetic sintered magnesia　05.080
合成渣　synthetic slag　05.635
合金钢板　alloy steel plate　09.593
合金热力学　thermodynamics of alloys　04.006
合批　blending　08.103
赫斯定律　Hess's law　04.083
褐帘石　allanite　06.558
褐铁矿　limonite　03.126
褐钇铌矿　fergusonite　03.144
黑火药　black powder　02.248
黑钨矿　wolframite　03.104
黑锡　black tin　06.348
黑稀金矿　euxenite　03.147
*黑药　dialkyl dithiophosphate, aerofloat　03.373
黑云母　biotite　03.163
亨利定律　Henry's law　04.139
横撑支柱采矿法　stulled open stoping　02.617
横跨烟道　cross over flue　06.063
横裂　transverse crack　05.761
横向弯曲　cross bow　09.254
横轧　cross rolling　09.175
衡算　balance　04.302
恒电流仪　galvanostat, amperostat　04.526
恒电位法　potentiostatic method　04.523
恒电位仪　potentiostat　04.524
恒辊缝控制　constant roll gap control　09.206
恒速蠕变　steady creep　07.266

虹吸出钢　siphon tapping　05.624
虹吸式卧式转炉　Hoboken siphon converter　06.274
*宏观动理学　macrokinetics　04.255
宏观动力学　macrokinetics　04.255
*宏观结构　macrostructure　07.339
宏观组织　macrostructure　07.339
红砷镍矿　niccolite　03.090
红土矿　laterite　03.095
红土型铝土矿　lateritic bauxite　06.395
红柱石　andalusite　05.074
厚板　heavy plate　09.596
厚板轧机　heavy plate mill　09.442
厚板轧制　heavy plate rolling　09.161
厚壁管　heavy-wall pipe　09.618
厚度尺寸　gauge　09.250
厚度控制　gauge control　09.249
厚度自动控制　automatic gauge control, AGC　09.248
后冲　back break　02.357
后吹　after blow　05.539
后滑　backward slip　09.228
*后燃烧　postcombustion　05.547
后退式开采　retreat mining　02.557
弧长控制　arc length control　05.616
弧形结晶器　curved mold　05.710
弧形连铸机　bow-type continuous caster　05.683
弧形筛　sieve bend　03.212
护坡　slope covering　02.522
互扩散系数　interdiffusion coefficient, mutual diffusion coefficient　04.313
滑动摩擦　sliding friction　09.083
滑动水口　slide gate nozzle　05.141
滑动水口出钢　slide gate tapping　05.628
滑坡　slope sliding failure　02.521
滑石　talc　03.166
滑移　slip　07.247
滑移带　slip band　07.251
滑移线　slip line　07.250
化合反应　combination reaction　04.027
*化铁炉　cupola　05.431
化学动力学　chemical kinetics　04.225
化学反应　chemical reaction　04.026

化学反应等温式　chemical reaction isotherm 04.152

化学过程　chemical process　04.024

化学计量学　chemometrics　04.530

化学控制反应　chemical-controlled reaction　04.336

化学模式识别　chemical pattern recognition 04.531

化学平衡　chemical equilibrium　04.042

化学气相沉积　chemical vapor deposition, CVD 04.200

化学热力学　chemical thermodynamics　04.004

*化学势　chemical potential　04.069

化学位　chemical potential　04.069

化学吸附　chemical adsorption, chemisorption 04.387

化学选矿　chemical mineral processing　03.074

化学冶金[学]　chemical metallurgy　01.013

*环锻　ring rolling　09.152

环件轧机　ring rolling mill　09.457

环式机焙烧球团　circular grate for pellet firing 05.278

环式冷却机　circular cooler, annular cooler　05.263

环式强磁场磁选机　carousel type high intensity magnetic separator　03.309

环式烧结机　circular travelling sintering machine 05.256

环形聚磁介质　ring matrix　03.315

环形孔腔　circular bore　09.196

环形炉　circular rotating furnace　09.538

环形炮孔　ring holes　02.307

环形式井底车场　loop-type shaft station　02.408

环形运输巷道　loop haulageway　02.545

环轧　ring rolling　09.152

还原焙烧　reducing roasting　06.004

还原期　reduction period　05.614

还原脱磷　dephosphorization under reducing atmosphere　04.186

还原氧化反应　redox reaction　04.034

还原渣　reducing slag　05.477

还原蒸馏　reduction distillation　06.579

缓冲爆破　cushioned blasting　02.330

缓蚀剂　inhibitor　08.090

换辊　roll changing　09.197

换炉　stove changing　05.417

*换热器　heat exchanger　06.140

黄钾铁矾法　jarosite process　06.326

黄金分割法　golden cut method　04.597

黄泥灌浆灭火法　fire extinguishing with mud-grouting　02.808

黄铁矿　pyrite　03.133

黄铜　brass　08.205

黄铜矿　chalcopyrite　03.080

*黄锡矿　stannite　03.108

*黄药　xanthate, alkyl dithiocarbonate　03.367

黄原酸盐　xanthate, alkyl dithiocarbonate　03.367

黄渣　speiss　06.351

磺化聚苯乙烯[离子交换]树脂　sulfonated polystyrene ion exchange resin　06.237

灰吹法　cupellation　06.377

灰口铸铁　grey cast iron　08.142

灰锑　grey antimony　06.354

灰锡　grey tin　06.349

挥发　volatilizing, volatilization　06.014

辉铋矿　bismuthinite, bismuthine　03.093

辉钴矿　cobaltglance　03.094

辉石　pyroxene　03.168

辉锑矿　stibnite, antimonite　03.106

辉铜矿　chalcocite　03.079

辉银矿　argentite　03.115

回采　extracting, stoping　02.593

回采步距　stoping space　02.595

回采工作面　extracting face, stoping face　02.594

回采进路　extracting drift　02.582

回返坑线　run-around ramp　02.502

回风风流　outgoing airflow　02.712

回复　recovery　07.260

回归　reversion　07.184

回归分析　regression analysis　04.576

回归系数　regression coefficient　04.577

回火　tempering　07.211

回火马氏体　tempered martensite　07.383

回火软化性　temperability　07.218

回磷　rephosphorization　05.483

回硫　resulfurization　05.485

回流　reflux　06.132

回流换热器　recuperator　06.149

回炉渣　return slag　05.502

*回热器　regenerator　05.587

回收率　recovery　03.015

回弹　spring back　08.111

回弹角　springback angle　09.277

回转加工　rotary forming　09.395

回转破碎机　gyratory crusher　03.189

回转式剪切机　rotary shears　09.504

回转式中间包　swiveling tundish　05.702

回转窑　rotary kiln　05.105

回转窑直接炼铁　direct reduction in rotary kiln　05.441

混风阀　mixer selector valve　05.414

*混汞法　amalgamation　06.362

混合澄清萃取器　mixer-settler extractor　06.223

混合浮选　bulk flotation　03.404

混合焓　enthalpy of mixing　04.054

混合吉布斯能　Gibbs energy of mixing　04.063

混合精矿　bulk concentrate　03.035

混合井　combined shaft　02.399

混合控制反应　mixed-controlled reaction　04.337

混合捻　alternate lay of stranding　09.402

混合喷吹　mixed injection　05.348

混合时间　mixing time　04.365

混合位错　mixed dislocation　07.061

混合稀土金属　mischmetal　06.561

混合稀土金属还原　mischmetal reduction　06.573

混凝土喷射机　shotcreting machine　02.961

混铁炉　hot metal mixer　05.466

活动炉底　removable bottom　05.562

活动钻头　detachable bit　02.229

活度　activity　04.136

活度系数　activity coefficient　04.137

活化　activation　03.342

活化剂　activator　03.358

活化能　activation energy　04.245

活化烧结　activated sintering　08.117

活态－钝态电池　active-passive cell　08.084

活套　loop　09.560

活套控制　loop control　09.246

活套轧制　loop rolling　09.158

活性石灰　quickened lime　05.246

活性氧化硅　active silica　06.416

火法精炼　fire refining　06.287

火法精炼铜　fire-refining copper　06.300

火法冶金[学]　pyrometallurgy　01.031

火雷管　blasting cap detonator　02.276

火力钻机　jet piercing drill, fusion piercing drill　02.901

火区　fire zone　02.804

火区监测　fire area monitoring　02.812

火焰加热　flame heating　07.192

火焰炉　flame furnace　09.537

火焰喷补　flame gunning　05.517

火焰清理　flame cleaning　09.329

霍尔－埃鲁法　Hall-Heroult process　06.423

J

基底　substrate　07.145

基尔霍夫定律　Kirchhoff's law　04.075

基夫采特熔炼法　Kivcet smelting process　06.269

*基夫赛特溶炼法　Kivcet smelting process　06.269

基面　basal plane　07.035

基体　matrix　07.341

[基]元反应　elementary reaction　04.228

机架　stand　09.535

机械充填　mechanical filling　02.624

机械抽气泵　air-sucking mechanical pump　04.518

机械除鳞　mechanical descaling　09.330

机械管　mechanical tubes　09.630

机械夹杂　mechanical entrainment　03.007

机械搅拌分解槽　mechanically agitated precipitator　06.408

机械搅拌铁水脱硫法　KR process　05.630

机械落矿　machine breaking　02.313

机械通风　mechanical ventilation　02.715

*机械性能　mechanical property　08.001

机械冶金[学]　mechanical metallurgy　01.027

机械运输　mechanical transportation　02.870

机压成型　mechanical pressing　05.097

积铁　salamander　05.370

箕斗井　skip shaft　02.397

饥饿给药　starvation reagent feeding　03.476

激光导向仪　guiding laser　02.142

吉布斯－杜安方程　Gibbs-Duhem equation　04.150

吉布斯－亥姆霍兹方程　Gibbs-Helmholtz equation
　04.155

吉布斯能　Gibbs energy　04.062

吉布斯能函数　Gibbs energy function　04.068

吉布斯吸附方程　Gibbs adsorption equation
　04.390

*吉氏能　Gibbs energy　04.062

极化　polarization　04.436

极化曲线　polarization curve　04.440

极间距　interpole gap　03.322

极射赤面投影　stereographic projection　07.326

极射赤面投影法　stereography　02.073

极射赤面投影图　stereogram　02.074

极图　pole figure　07.324

极限拱顶高度试验　limit dome height test, LDH
　09.762

极限拉延比　limiting drawing ratio　09.359

极限拉延比试验　limit drawing ratio test, LDR
　09.761

极限冷却速度　critical cooling rate　05.723

集中装药　concentrated charging　02.315

n 级反应　nth order reaction　04.241

级效率　stage efficiency　06.213

挤列子　crowdion　07.055

挤压　extrusion　09.403

挤压爆破　squeeze blasting　02.312

挤压比　extrusion ratio　09.405

挤压辊　extrusion roll　09.553

挤压坯　extrusion billet　09.404

挤压破碎　attrition crushing　03.175

几何模拟　geometric simulation　09.096

给矿　feeding　03.469

给矿机　feeder　03.470

*给料　feeding　03.469

*给料机　feeder　03.470

给药机　reagent feeder　03.475

计时电流法　chronoamperometry　04.456

计时电流图　chronoamperogram　04.457

计时电位法　chronopotentiometry　04.458

计时电位图　chronopotentiogram　04.459

计时库仑法　chronocoulometry　04.460

计时库仑图　chronocoulogram　04.461

计算机辅助工程　CAE, computer-aided engineering
　09.102

计算机辅助过程仿真模型　computer-aided process
　simulation model　09.103

计算机辅助计划　CAP, computer-aided planning
　09.100

计算机辅助设计　CAD, computer-aided design
　09.098

计算机辅助制造　CAM, computer-aided manufac-
　turing　09.099

计算机辅助质量控制　CAQ, computer-aided quality
　control　09.101

计算机集成制造系统　computer integrated manufac-
　turing system, CIMS　09.104

计算冶金物理化学　computer-aided metallurgical
　physical chemistry　04.529

继爆管　detonating relay　02.289

夹辊　pinch roll　05.735

夹砂　sand inclusion　07.401

夹套式换热器　jacketed pipe heat exchanger
　06.146

夹杂　inclusion　07.400

夹渣　slag inclusion　05.769

加氟化物的酸热分解　thermal decomposition by acid
　with fluoride　06.564

加工软化　working softening　07.242

加工硬化　work hardening　09.088

加矿增浓法　sweetening process　06.398

加料孔　charging hole　06.046

加权[平]均值　weighted mean　04.551

加热　heating　09.257

加热炉　heating furnace, reheating furnace　09.536

加热期　heating period　05.469

加热蛇管　heating coil　06.147

加速蠕变　accelerating creep　07.267

加锌除银法　Parkes process　06.311

加压回火　press tempering　07.213

加压浸出　pressure leaching　06.072

加压浸溶　pressure digestion　06.079

加压烧结　pressure sintering　08.118

伽利略数　Galileo number　04.345

甲苯　toluene　05.044

甲苯胂酸　toluene arsonic acid　03.381

钾镁除铋法　Jollivet process　06.314

假顶　false roof　02.211

假象赤铁矿　martite　03.123

架空索道　aerial tramway　02.888

架棚机　timbering machine　02.962

坚木栲胶　quebracho extract　03.393

尖晶石　spinel　05.084

尖缩流槽　pinched sluice　03.284

间隔矿柱　barrier pillar　02.568

间隔装药　deck charging　02.317

间接还原　indirect reduction　04.160

间隙　interstice　07.031

间隙固溶体　interstitial solid solution　07.120

间隙化合物　interstitial compound　07.113

间隙扩散　interstitial diffusion　07.131

间隙溶液　interstitial solution　04.131

间隙原子　interstitial atom　07.052

间歇反应器　batch reactor　04.357

间柱　rib pillar　02.564

碱脆　caustic embrittlement　08.075

碱浸　alkaline leaching　06.068

碱热分解　thermal decomposition by alkali　06.565

碱石灰烧结法　soda-lime sintering process　06.397

碱性空气底吹转炉　air bottom-blown basic converter　05.521

碱性耐火材料　basic refractory [material]　05.124

碱性平炉　basic open-hearth furnace　05.582

碱性氧化物　basic oxide　04.171

碱性渣　basic slag　05.479

碱渣　caustic dross　06.333

拣选　sorting　03.060

拣选机　sorter, sorting machine　03.331

剪切　cutting, shearing　09.386

剪切断裂　shear fracture　07.272

剪切功　shearing work　09.043

剪切机　shears　09.503

剪切模量　shear modulus　08.015

剪切试验　shear test　09.753

剪应力　shear stress　09.016

减辉　decalescence　07.178

减径　reducing　09.265

减径机　reducing mill, sinking mill　09.494

键能　bonding energy　07.041

建筑物下矿床开采　mining under building　02.653

建筑型钢　construction section steel　09.661

浆状炸药　slurry explosive　02.238

降膜蒸发器　falling film evaporator　06.100

焦比　coke ratio, coke rate　05.343

焦饼　coke cake　05.014

焦化室　oven chamber　05.013

焦料　coke charge　05.313

焦磷酸钍　thorium pyrophosphate　06.588

焦炉煤气　coke oven gas　05.039

焦炉焖炉　banking for coke oven　05.027

焦台　coke wharf　05.022

焦炭　coke　05.028

焦炭反应后强度　post-reaction strength of coke　05.037

焦炭反应性　coke reactivity　05.036

焦炭负荷　coke load, ore to coke ratio　05.355

焦炭工业分析　proximate analysis of coke　05.031

焦炭落下指数　shatter index of coke　05.033

焦炭热强度　hot strength of coke　05.035

焦炭熄火　coke quenching　05.020

焦炭显微强度　microstrength of coke　05.038

焦炭元素分析　ultimate analysis of coke　05.032

焦炭转鼓指数　drum index of coke　05.034

胶带输送机排土　waste disposal with belt conveyor　02.516

胶带运输机开拓　belt conveyor development　02.505

胶结充填　cemented filling　02.628

胶质炸药　gelatine dynamite　02.245

交叉滑移　cross slip　07.249

交换电流　exchange current　04.450

交换反应　exchange reaction　06.227

浇灌混凝土支架　monolithic concrete support　02.443

浇铸半径　casting radius　05.724

浇铸样　casting sample　05.491

浇铸周期　casting cycle　05.743

浇注速度　pouring speed　05.677

矫平　levelling　09.292

矫直　straightening　09.291

矫直辊　straightening roll　05.736

矫直机　straightener　09.496

角部横向裂纹　transverse corner crack　05.762

角部纵向裂纹　longitudinal corner crack　05.763

角钢　angle steel　09.652

角联网路　diagonal network　02.719

角裂　cracked corner　09.713

角螺旋衬板　spiral angular liner　03.225

角银矿　cerargyrite　03.114

角轧　diagonal rolling　09.128

绞线捻距　pitch of stranding　09.401

*接触电势　contact potential　04.430

接触电位　contact potential　04.430

接触弧　contact arc　09.278

接触角　contact angle　04.380

接触面积　contact area　09.279

接顶充填　top tight filling　02.620

阶段　level　02.551

阶段矿房采矿法　block stoping　02.604

阶段磨矿　stage grinding　03.215

阶段破碎　stage crushing　03.174

阶段通风系统　level ventilation system　02.730

阶段运输巷道　level haulageway　02.544

阶梯式通风　stepped ventilation　02.731

截面模量　section modulus　09.252

截水沟　interception ditch　02.533

节理玫瑰图　joint rose　02.072

节热器　economizer　06.148

结疤　scab　09.710

结构钢　constructional steel　08.156

结核集矿机　nodule collector　02.681

结焦时间　coking time　05.015

结晶　crystallization　06.107

结晶器　mold　05.708

结晶器　crystallizer　06.106

结晶器内钢液顶面　meniscus, steel level　05.715

结晶器振动　mold oscillation　05.714

结瘤　scaffolding　05.366

结线　tie line　04.109

解离　liberation　03.046

解离度　liberation degree　03.181

解理断裂　cleavage fracture　07.271

界面　interface　07.100

界面能　interfacial energy　04.377

界面浓度　interface concentration　04.328

界面特性　interfacial characteristics　09.086

界面张力　interfacial tension　04.378

介电分离　dielectric separation　03.076

金的纯度　gold fineness　06.389

金锭　gold bullion　06.372

金刚石　diamond　05.157

金刚石薄模　diamond film　05.182

金刚石钻机　diamond drill　02.902

金红石　rutile　03.136

金两单位　troy ounce　06.392

金属铬　chromium metal　05.200

金属硅　silicon metal　05.191

金属化球团　metallized pellet　05.304

金属还原扩散　metal reduction diffusion, MRD　06.580

金属间化合物　intermetallic compound　07.112

金属键　metallic bond　07.038

金属锰　manganese metal　05.195

金属热还原　metallothermic reduction　04.163

金属熔体　metal melt　04.123

金属软管　metallic flexible hose　09.633

金属塑性加工　plastic forming of metals, plastic working of metals　09.001

金属陶瓷　cermet　08.131

金属学　Metallkunde(德)　01.015

金属有机气相沉积　metallo-organic chemical vapor deposition, MOCVD　06.586

金属支架　metal support　02.439

金相检查　metallographic examination　07.291

金相学　metallography　07.290

金银分离法　parting　06.387

金银合金锭　Doré bullion　06.373

金银双金属　Doré metal　06.371

金银珠　gold-silver bead　06.386

紧凑式轧机　compact mill　09.468

进风风流　intake airflow　02.711

近井点测量　nearby shaft point survey　02.103

近似稳态　approximation steady state　04.251

近终型浇铸　near-net-shape casting　05.692

浸出采矿　leaching mining　02.664

浸出槽　leaching vat　06.076

浸出率　leaching efficiency　06.066

浸没加热蒸发器　immersion heating evaporator
　06.095

浸溶性　digestibility　06.078

浸入式喷枪　submerged lance　05.504

浸入式水口　immersion nozzle, submerged nozzle
　05.137

浸蚀　etching　07.296

浸蚀剂　etchant　07.297

浸渍　impregnation　08.124

尽头式井底车场　end on shaft station　02.410

晶胞　unit cell　07.016

晶带　crystallographic zone　07.019

晶带轴　zone axis　07.021

*晶格常量　lattice constant　07.015

晶核　nucleus　07.143

晶间断裂　intergranular fracture　07.270

晶间腐蚀　intergranular corrosion　08.060

晶界　grain boundary　07.095

晶界滑动　grain boundary sliding　07.253

晶界扩散　grain boundary diffusion　07.129

晶界偏析　grain boundary segregation　07.165

晶界强化　grain-boundary strengthening　07.287

晶粒　grain　07.384

晶粒度　grain size　07.386

晶面　crystal face, crystallographic plane　07.010

晶面间距　interplanar spacing　07.011

晶面指数　indices of lattice plane　07.012

晶胚　embryo　07.142

晶体取向　crystallographic orientation　07.009

晶体缺陷　crystal defect　07.042

晶体生长　crystal growth　07.152

晶体生长熔盐法　flux-grown single crystal salt melt-
　ing　06.594

晶体塑性力学　crystal plasticity　09.072

晶体学　crystallography　07.001

晶向　crystallographic direction　07.018

晶向指数　indices of crystallographic direction
　07.020

晶须　crystal whisker　07.159

晶种　crystal seed　06.108

晶种比　seed ratio　06.110

晶种析出　seed precipitation　06.109

晶轴　crystallographic axis　07.017

精蒽　refined anthracene　05.048

精矿　concentrate　03.033

精矿成球指数　balling index for iron ore concentrates
　05.268

精炼　refining　06.253

精炼期　refining period　05.472

精馏　rectification　06.137

精镁　refined magnesium　06.460

精密锻造　precision forging　09.335

精密轧制　precision rolling　09.174

精萘　refined naphthalene　05.047

精确度　precision　04.539

精锑　star antimony　06.355

精选　cleaning　03.057

精轧　finish rolling　09.173

精轧机　finishing mill, finisher　09.475

精整　finishing　09.297

精整度　finish　09.693

井壁　shaft wall　02.380

井底车场　shaft station　02.407

井底水窝　shaft sump　02.392

井格　shaft compartment　02.387

井巷风速　underground airflow velocity　02.699

井巷贯通测量　mine workings link-up survey
　02.109

井架　headgear　02.361

井框　wall crib　02.388

井塔　hoist tower　02.362

井田　shaft area, шахтное поле(俄)　02.012

井筒　shaft body　02.367

井筒壁座　shaft curbing　02.381

井筒布置　shaft layout　02.382

井筒衬砌　shaft lining　02.379

井筒反掘法　raising method of shafting　02.375

井筒马头门　shaft inset　02.425

井筒锁口盘　shaft collar　02.391

井筒位置　shaft location　02.368

井筒延深　shaft deepening　02.378

井筒装备　shaft installation　02.369

井下测量　underground survey　02.106

井下电机车运输　underground trolley haulage

02.880

井下破碎站　underground crusher station　02.454

井下斜坡道　underground ramp　02.411

颈缩　necking　08.029

静电防护　electrostatic protection　02.814

＊静电分离　electrostatic separation　03.068

静电泄漏　electrostatic leakage　02.815

[静]电选机　electrostatic separator　03.325

静水应力场　hydrostatic stress field　02.198

静态回复　static recovery　07.261

静态控制　static control　05.553

静态破碎剂　static breaking agent　02.249

静液挤压　hydraulic extrusion　09.412

镜铁　spiegel iron　05.452

镜铁矿　specularite　03.128

径向锻造　radial forging　09.339

径向挤压　radial extrusion　09.411

局部腐蚀　localized corrosion　08.057

局部通风　local ventilation　02.747

局部稳定的氧化锆　partial stabilized zirconia　04.475

局部优化　local optimization　04.591

矩阵　matrix　04.535

聚丙烯腈基炭纤维　PAN-based carbon fiber　05.184

聚磁介质　magnetic matrix　03.312

聚能效应　cavity effect　02.269

拒爆　misfire　02.778

锯齿波跳汰机　sawtooth pulsation jig　03.263

卷　coil　09.287

＊卷边试验　flanging test　09.760

卷取　coiling　09.288

卷取机　coiler　09.505

卷筒　drum　02.862

卷筒式提升机　drum type winder　02.845

掘沟　trenching, ditching　02.525

绝对反应速率理论　absolute rate theory　04.244

绝对熵　absolute entropy　04.059

绝对误差　absolute error　04.562

绝热过程　adiabatic process　04.019

绝热耐火材料　insulating refractory　05.144

均热　soaking　09.259

均热炉　soaking pit　09.545

均相间断区　miscibility gap　04.107

均相系统　homogeneous system　04.011

均压阀　equalizing valve　05.426

均压灭火法　fire extinguishing with pressure balancing　02.811

均匀放矿　uniform ore drawing　02.645

均匀腐蚀　uniform corrosion　08.056

均匀化处理　homogenizing　07.199

均匀伸长率　uniform elongation　08.028

均匀形核　homogeneous nucleation　07.147

均整机　reeling mill　09.501

君津真空喷粉法　vacuum Kimitsu injection process　05.657

K

喀斯特型铝土矿　karstic bauxite　06.394

卡尺测径　caliper, caliber　09.743

卡尔多转炉　Kaldo converter　05.523

卡尔曼方程　Karman equation　09.185

卡他度　Kata degree　02.696

开采步骤　stages of mining　02.027

开采沉陷　mining subsidence　02.128

开采强度　mining intensity　02.029

开采顺序　mining sequence　02.026

开段沟　pioneer cut　02.475

开弧炉　open arc furnace　05.222

开金　carat　06.391

开卷　uncoiling　09.389

开卷机　unwinding coiler, decoiler　09.506

开炉　blow on　05.368

开路　open circuit　03.009

开路电位　open circuit potential　08.080

开坯　breakdown　09.220

开坯机　breakdown mill, cogging mill, primary mill　09.430

开铁口机　iron notch drill　05.392

开拓矿量　developed ore reserve　02.082

开拓巷道　development openings　02.542

勘探线剖面图　exploratory grid cross section

02.095

康铜合金　constantan alloy　08.223
抗凹坑性　dent resistance　09.697
抗剪强度　shear strength　08.024
抗拉强度　tensile strength　08.020
抗拉应力　tensile stress　09.020
抗扭强度　torsional strength　08.025
抗热震性　thermal shock resistance　04.481
抗水炸药　water-resistant explosive　02.243
抗弯强度　bending strength　08.026
抗压强度　compressive strength　08.021
抗压应力　compressive stress　09.021
抗杂散电流电雷管　anti-stray-current electric detonator　02.281
抗渣性　slagging resistance　05.153
*考萃尔静电除尘器　Cottrell electrostatic precipitator　06.030
*栲胶　quebracho extract　03.393
烤漆硬化　bake hardening　09.089
柯伐合金　Covar　08.237
柯肯德尔效应　Kirkendall effect　07.136
颗粒　particle　03.023
*科肯达尔效应　Kirkendall effect　07.136
科雷克斯法　COREX process　05.449
科氏气团　Cottrell atmosphere　07.086
科特雷尔静电除尘器　Cottrell electrostatic precipitator　06.030
可变凸度轧机　variable crown mill, VC mill　09.446
可采品位　payable grade, workable grade　02.056
可动位错　glissile dislocation　07.063
可动颚板　swing jaw　03.185
可锻化退火　malleablizing　07.201
可锻性试验　forgeability test　09.745
可锻铸铁　malleable cast iron　08.149
可浮性　flotability　03.346
可浮性检验　flotability verification　03.490
可焊性试验　weldability test　09.730
可加工性　workability　09.105
可逆电极　reversible electrode　04.421
可逆反应　reversible reaction　04.031
可逆过程　reversible process　04.020
可逆式轧机　reversing mill　09.445

可溶电极　soluble electrode　04.420
可缩性支架　yielding support　02.435
克劳修斯－克拉珀龙方程　Clausius-Clapeyron equation　04.080
克虏伯回转窑炼铁［法］　Krupp rotary kiln iron-making process　05.446
*克罗尔法　Kroll process　06.475
克努森扩散　Knudsen diffusion　04.316
坑铸　pit casting　05.670
空场采矿法　open stoping　02.600
空间点阵　space lattice　07.004
空间填充率　space-filling factor　07.027
空间效应　steric effect　06.204
空气锤　pneumatic hammer, air hammer　09.524
空气搅拌分解槽　air agitated precipitator　06.407
空气隙　air gap　05.720
空气压缩机　air compressor　02.973
空蚀　cavitation corrosion　08.077
空位　vacancy　07.044
空位阱　vacancy sink　07.049
空位扩散　vacancy diffusion　07.130
空位凝聚　vacancy condensation　07.050
空位团　vacancy cluster　07.046
空心坯　hollow billet　09.225
空穴导电　positive hole conduction, electronic hole conduction　04.479
空穴理论　hole theory　04.220
孔喉　bore throat　09.195
孔腔　cavity bore　09.194
孔雀石　malachite　03.084
孔隙　pore　08.093
孔隙度　porosity　08.094
孔型设计　roll pass design　09.192
孔型设计图表　pass schedule　09.193
孔型轧制　groove rolling　09.183
控时淬火　time quenching　07.205
控制爆破　control blasting　02.343
控制分级　controlling classification　03.240
控制轧制　controlled rolling　09.168
库仑滴定　coulometric titration　04.480
块矿　lump ore　05.235
块型相变　massive transformation　07.167
宽带材　wide strip　09.610

宽带轧机　wide-strip mill　09.466

宽展　spread　09.229

矿仓　ore bin　02.363

矿产资源保护　conservation of mineral resources　02.041

矿车　mine car　02.876

矿尘　mine dust　02.761

矿床　mineral deposit　02.004

矿床工业指标　deposit industrial index　02.057

矿床勘探　mineral deposit exploration　02.014

矿床品位　deposit grade　02.055

矿床评价　ore deposit valuation　02.078

矿床疏干　ore deposit dewatering　02.795

矿房　stope room　02.562

矿浆　pulp　03.042

矿浆分配器　pulp distributor　03.480

矿浆溶剂萃取　solvent-in-pulp-extraction　06.212

矿井　shaft, шахта(俄)　02.013

矿井报废　mine abandonment　02.043

矿井大气　underground atmosphere　02.691

矿井等积孔　mine equivalent orifice　02.713

矿井定向测量　shaft orientation survey　02.105

矿井返风装置　reversing installation for mine fan　02.756

矿井防冻　antifreezing of underground mine　02.760

*矿井空气　underground atmosphere　02.691

矿井空气调节　mine air conditioning　02.750

矿井联系测量　shaft connection survey　02.104

矿井漏风　mine air leakage　02.739

矿井热源　heat source of underground mine　02.758

矿井水处理　mine water treatment　02.831

矿井提升机　mine winder　02.844

矿井通风网路　mine ventilation network　02.716

矿井通风系统　mine ventilation system　02.722

矿井通风总阻力　overall resistance of mine airflow　02.708

矿井延深测量　shaft deepening survey　02.114

矿井涌水量　inflow rate of mine water　02.781

矿井制冷　refrigeration of underground mine　02.759

矿块　block　02.559

矿块崩落法　block caving method　02.638

矿块结构要素　constructional elements of ore block　02.561

矿块强制崩落法　forced block caving method　02.640

矿块自然崩落法　natural block caving method　02.639

矿粒　mineral grain　03.021

矿料　ore charge　05.312

矿脉　vein　02.049

矿泥　slime　03.039

矿泥摇床　slime table　03.279

矿区控制测量　control survey of mine district　02.102

*矿热炉　low-shaft electric furnace　05.227

矿山　mine　02.009

矿山安全　mine safety　02.689

矿山测量图　mine survey map　02.116

矿山测量[学]　mine surveying　02.101

矿山场地布置　mine yard layout　02.015

矿山达产　arrival at mine full capacity　02.024

矿山大气污染　mine air pollution　02.826

矿山大气污染源　source of mine air pollution　02.827

矿山防尘　mine dust protection　02.763

矿山防水　mine water prevention　02.792

矿山放射性防护　mine radioactive protection　02.835

矿山服务年限　mine life　02.020

矿山供电　mine electric power supply　02.974

矿山构筑物　mine structure　02.360

矿山规模　mine capacity　02.017

矿山环境工程　mine environmental engineering　02.825

矿山基本建设　mine construction　02.021

矿山建设期限　mine construction period　02.022

矿山救护　mine rescue　02.813

矿山可行性研究　mine feasibility study　02.016

矿山空气冲击波　shock wave from mine air　02.840

矿山年产量　annual mine output　02.019

矿山排水　mine drainage　02.793

矿山配电　mine electric power distribution　02.975

矿山生产能力　mine production capacity　02.018

矿山水污染 mine water pollution 02.828

矿山水污染源 source of mine water pollution 02.829

矿山水源保护 protection of mine water source 02.832

矿山提升设备 mine hoisting equipment 02.843

矿山通风 mine ventilation 02.690

矿山投产 start-up of mine production 02.023

矿山维简工程 mine engineering of maintaining simple reproduction 02.034

矿山污水控制 mine sewage control 02.830

矿山运输 mine haulage 02.867

矿山噪声 mine noise 02.833

矿山照明 mine illumination 02.979

矿山装备水平 mine equipment level 02.025

矿石 ore 02.053

矿石堆料机 ore stocker 05.242

矿石回收率 ore recovery ratio 02.035

矿石混匀 ore blending 05.237

矿石贫化率 ore dilution ratio 02.037

矿石品位 ore grade 02.054

矿石热分解 thermal decomposition of ore, cracking of ore 06.562

矿石损失率 ore loss ratio 02.036

矿石运搬 ore handling, ore mucking 02.597

矿石整粒 ore size grading 05.239

矿体 orebody 02.045

矿体二次圈定 secondary delimitation of orebody 02.091

矿体几何形状 geometric configuration of orebody 02.046

矿体可崩性 capability of orebody 02.642

矿田 mine field 02.008

矿物 mineral 03.016

矿物工程 mineral engineering 01.009

矿物鉴定 mineral identification 03.003

矿物资源综合利用工程 engineering of comprehensive utilization of mineral resources 01.035

矿岩氧化自燃 oxidizing and spontaneous combustion of rock and ore 02.807

矿用挂罗盘 hanging compass 02.141

矿用经纬仪 mine theodolite, mine transit 02.140

矿用炸药 mining explosive 02.233

矿柱 ore pillar 02.563

矿柱回收 ore pillar recovery 02.651

窥视孔 peep hole 05.385

捆 bundle 09.695

扩径 tube diameter expansion 09.264

扩径管 expansion tube 09.628

扩孔 hole expansion 09.262

扩孔试验 hole expansion test 09.733

扩孔钻头 reaming bit 02.903

扩口 tube end expansion 09.263

扩口试验 flaring test 09.734

扩散 diffusion 04.309

扩散电流 diffusion current 04.451

*扩散电势 diffusion potential 04.431

扩散电位 diffusion potential 04.431

扩散镀铝板 diffused aluminum coated sheet 09.589

扩散控制反应 diffusion-controlled reaction 04.335

扩散黏结 diffusion bonding 05.254

扩散系数 diffusion coefficient 04.312

扩展位错 extended dislocation 07.062

扩展柱 development column 06.230

L

拉拔 drawing 09.363

拉拔机 cold drawing bench 09.510

拉波波特效应 Rapoport effect 06.440

拉底 undercutting 02.588

拉辊 withdrawal roll 05.732

拉裂 pull crack, drawing crack 09.705

拉漏 breaking out 05.727

拉模盒 die box 09.561

拉坯速度 casting speed 05.726

拉伸 tension 09.060

拉伸成形 stretch forming 09.373

拉伸矫直 stretcher-straightening 09.295

拉伸矫直机 stretching straightener 09.500

*拉伸强度 tensile strength 08.020

拉伸试验 tension test 09.747

拉丝机 wire drawing bench 09.511

拉乌尔定律 Raoult's law 04.138

*拉西环 Rasching ring 06.130

拉席希环 Rasching ring 06.130

拉延 drawing 09.355

拉延比 drawing ratio 09.357

拉延力 drawing load 09.356

拉延性能 drawability 09.358

*拉应力 tensile stress 09.020

拉胀 stretching 09.382

莱氏体 ledeburite 07.375

蓝粉 blue powder 06.338

蓝晶石 kyanite, cyanite 05.075

蓝铜矿 azurite 03.085

拦焦机 coke guide 05.025

朗缪尔吸附方程 Langmuir adsorption equation 04.391

劳厄法 Laue method 07.321

劳思轧机 Lauth mill 09.455

*劳特式轧机 Lauth mill 09.455

雷管 detonator 02.275

雷诺数 Reynolds number 04.342

棱柱面 prismatic plane 07.036

棱柱位错环 prismatic dislocation loop 07.067

冷拔 cold drawing 09.367

冷拔钢丝 cold-drawn wire 09.676

冷床 cooling bed 09.533

冷脆 cold shortness 05.767

冷镦 cold upsetting 09.345

冷镦钢 cold heading steel 09.658

冷风阀 cold blast valve 05.410

冷隔 cold shut 05.757

冷固结球团 cold bound pellet 05.279

冷挤压 cold extrusion 09.409

冷加工 cold working 07.237

冷剪切 cold shearing 09.392

冷矫直机 cold straightener 09.497

冷锯切 cold sawing 09.393

冷连轧 cold continuous rolling 09.132

冷裂 cold crack 05.766

冷凝器 condenser 06.138

冷却壁 cooling stave 05.403

冷却剂 coolant 05.501

冷却曲线 cooling curve 04.108

冷却水箱 cooling plate 05.402

冷却烟道 cooling duct 06.060

冷弯 roll forming 09.298

冷弯机 cold roll forming mill 09.451

冷压型焦 formcoke from cold briquetting 05.054

冷硬铸铁 chilled cast iron 08.146

冷轧 cold rolling 09.131

冷轧带钢 cold rolled steel strip 09.606

冷轧钢 cold rolled steel 08.163

冷轧钢筋 cold rolled reinforcing bar 09.660

冷轧管机 cold Pilger mill 09.478

冷轧机 cold-rolling mill 09.450

冷装法 cold charge practice 05.574

冷作模具钢 cold-work die steel 08.184

离层 bed separation 02.210

离位原子 displaced atom 07.054

离析法 segregation process 03.071

离心萃取器 centrifugal extractor 06.220

离心分级法 centrifugal classification 03.249

离心模型 centrifugal model 02.183

离心式通风机 centrifugal fan 02.969

离心选矿机 centrifugal separator 03.289

离子导电 ionic conduction 04.477

离子缔合 ionic association 04.407

离子分数 ionic fraction 04.178

离子浮选 ion flotation 03.414

离子活度系数 ionic activity coefficient 04.404

离子键 ionic bond 07.040

离子交换 ion exchange 04.206

离子交换剂 ion exchanger 06.224

离子交换膜 ion exchange membrane 06.232

离子交换色谱法 ion exchange chromatography 06.242

离子交换树脂 ion exchange resin 04.207

离子交换纤维 ion exchange fiber 06.235

离子交换柱 ion exchange column 06.229

离子络合物 ionic complex 04.408

离子迁移率 ionic mobility 04.415

离子迁移数 transference number of ions, transport number of ions 04.414

离子强度 ionic strength 04.409

炼焦　coking　05.001

〔炼〕焦炉　coke oven　05.012

〔炼〕焦煤　coking coal　05.008

炼铁　iron making　05.307

两帮收敛量　convergence of wall rock　02.201

两性捕收剂　amphoteric collector　03.385

两性离子交换树脂　amphoteric ion exchange resin　06.236

两性氧化物　amphoteric oxide　04.172

量热计　calorimeter　04.494

量热学　calorimetry　04.085

量纲分析　dimensional analysis　04.339

料封密闭鼓风炉熔炼　blast furnace of top charged wet concentrate　06.262

料浆喷雾器　pulp sprayer　06.105

料柱　charge column　06.045

裂片　sliver　09.702

裂纹　crack　07.396

裂隙带　fissured zone　02.130

裂隙含水层　fissured waterbearing stratum　02.788

裂隙间距　fracture spacing　02.067

裂隙角　fracture angle, fissure angle　02.136

裂隙水　fissure water　02.787

磷分配比　phosphor partition ratio　04.187

磷灰石　apatite　03.173

磷酸锂钠　lithium sodium phosphate　06.524

磷酸镁　magnesium phosphate　06.466

磷酸三丁酯　tributyl phosphate, TBP　06.192

磷酸物容量　phosphate capacity　04.188

磷铁　ferrophosphorus　05.206

磷钇矿　xenotime　06.556

临界分切应力　critical resolved shear stress　07.246

临界分选粒度　critical separation size　03.006

临界晶核尺寸　critical nucleus size　07.144

临界切应力　critical shear stress　09.017

临界始发电晕电压　critical corona onset voltage　06.034

临界应变　critical strain　07.240

临界直径　critical diameter　02.271

临时支架　temporary support　02.429

鳞石英　tridymite　05.065

淋积型稀土矿　ion-adsorption type rare earth ore　06.554

菱镁矿　magnesite　03.153

菱铁矿　siderite　03.127

菱锌矿　smithsonite　03.101

菱形钢　diamond bar steel　09.668

零级反应　zero order reaction　04.238

铃木气团　Suzuki atmosphere　07.094

灵敏度　sensitivity　04.540

溜槽　trough　02.509

溜井　orepass　02.424

溜井运输　orepass transportation　02.508

*硫氨捕收剂　dithiocarbamate collector　03.384

硫代氨基甲酸酯　thiocarbamate　03.375

硫代钼酸铵　ammonium thiomolybdate　06.508

*硫氮氰酯　cyanoethyl diethyl dithiocarbamate　03.377

硫分配比　sulfur partition ratio　04.183

硫化　sulfidization　03.341

硫化剂　sulfidizer　03.357

硫化钠　sodium sulfide　03.398

硫化物容量　sulfide capacity　04.184

硫脲浸出法　thiourea leaching process　06.364

硫酸化焙烧　sulfurization roasting　06.005

硫酸铍　beryllium sulfate　06.519

硫羰氨基甲酸酯　thionocarbamate　03.374

硫印　sulfur print　07.330

锍　matte　04.125

锍分层熔炼法　Orford process　06.340

锍率　matte rale　06.292

留矿采矿法　shrinkage stoping　02.606

流变曲线　flow curve　07.244

流变应力　flow stress　09.024

流槽　sluice　03.283

流槽分选　sluicing　03.063

流程　flowsheet　03.012

流出物　effluent　06.245

*流动应力　flow stress　09.024

流函数　stream function　04.296

*流量　volumetric flow rate　04.283

流率　flow rate　04.282

流膜分选　film concentration　03.064

流沙　quick sand　02.791

流态化焙烧炉　fluidized roaster　06.011

流态化床　fluidized bed　04.364

流态化炼铁 fluidized-bed iron making 05.442

流体摩擦 fluid friction 09.084

流体压强计 manometer 04.511

流线 stream line 04.295

流型图 flow pattern 04.298

六八碳醇 C$_6$-C$_8$ mixed base alcohol 03.390

六辊轧机 six-high mill 09.435

六角钢 hexagonal bar 09.650

六偏磷酸盐 hexametaphosphate 03.394

六羰基钨 tungsten hexacarbonyl 06.505

漏斗 draw cone 02.586

漏斗采矿法 glory-hole mining system 02.482

漏斗底柱结构 cone-shape sill pillar 02.592

漏风系数 air leakage coefficient 02.752

炉壁热点 hot spots on the furnace wall 05.620

炉衬 furnace lining 05.509

炉衬侵蚀 lining erosion 05.510

炉衬寿命 lining life 05.512

炉床 hearth 06.041

炉底 bottom 05.377

炉底沸腾 bottom boil 05.578

炉顶 furnace roof 05.508

炉顶放散阀 bleeding valve 05.422

炉顶高压 elevated top pressure 05.428

炉腹 bosh 05.375

炉腹角 bosh angle 05.378

炉缸 hearth 05.376

炉缸冻结 hearth freeze-up 05.367

炉焊管 furnace butt-weld pipe 09.634

炉喉 throat 05.372

炉结 accretion 06.294

炉卷轧机 Steckel mill 09.458

炉口 mouth, lip ring 05.560

炉况 furnace condition 05.353

炉料 charge, burden 05.311

炉料提升 charge hoisting 05.314

炉帽 upper cone 05.559

炉内料线 stock line in the furnace 05.324

炉内压差 pressure drop in furnace 05.350

炉身 shaft, stack 05.373

炉身角 stack angle 05.379

*炉膛 hearth 06.041

*炉外精炼 secondary refining 05.633

炉型 profile, furnace lines 05.371

炉腰 belly 05.374

[炉]渣 slag 04.124

炉子烟囱 furnace stack 06.059

卤化 halogenation 06.534

卤化稀土 rare earth halide 06.587

卤水 brine 06.445

露天采场 open pit 02.464

露天采场边帮 open pit slope 02.465

露天采场底盘 open pit footwall 02.469

露天采场防雷 lightning protection in open pit 02.816

露天采场扩帮 open pit slope enlarging 02.468

露天采场最终边帮 ultimate pit slope 02.466

露天采矿 open pit mining 02.455

露天采矿[学] open cut mining, open pit mining, surface mining 01.003

露天采石 quarrying 02.456

露天地下联合开采 combined surface and underground mining 02.044

露天开采境界 open pit boundary 02.463

露天矿爆破测量 blasting survey of surface mine 02.121

露天矿采掘带 cutting zone of open pit 02.494

露天矿采矿方法 surface mining method 02.479

露天矿测量 surface mine survey 02.118

露天矿工作线 pit working line 02.493

露天矿境界圈定 boundary demarcation of surface mine 02.122

露天矿开拓方法 development method of surface mine 02.496

露天矿山 surface mine 02.010

露天矿线路测量 route survey of surface mine 02.123

露天矿延伸 open pit deepening 02.467

露头 outcrop 02.068

露头测绘 outcrop mapping 02.093

吕德斯带 Lüders bands 07.252

铝弹脱氧法 aluminium bullet shooting, ABS 05.667

铝铬砖 alumina chrome brick 05.122

铝硅比 alumina silica ratio 06.415

铝硅铸造合金 silumin alloy 08.198

铝碱比　alumina soda ratio　06.414

铝镁炭砖　alumina magnesia carbon brick　05.133

铝镍钴合金　alnico alloy　08.248

铝青铜　aluminum bronze　08.208

铝热法　aluminothermic process, thermit process　05.220

铝炭砖　alumina carbon brick　05.132

铝土矿　bauxite　03.116

氯化铵法　ammonium chloride method　06.568

氯化焙烧　chloridizing roasting　06.007

氯化[法]　chlorination　06.472

氯化浸出　chloridizing leaching　06.071

氯气脱汞法　Odda process　06.329

氯[气]冶金[学]　chlorine metallurgy　01.034

滤饼　filter cake　03.460

滤液　filtrate　03.459

绿矾　green vitriol　06.310

绿泥石　chlorite　03.171

绿柱石　beryl　03.138

孪晶　twin　07.029

孪生　twinning　07.254

轮斗挖掘机　bucket-wheel excavator　02.925

轮箍钢　tyre steel　08.188

轮胎钢丝绳　tyre steel cord　09.680

螺型位错　screw dislocation　07.060

螺旋板式换热器　spiral plate heat exchanger　06.144

螺旋成形　spiral forming　09.301

螺旋分级机　spiral classifier　03.242

螺旋分选机　spiral concentrator　03.281

螺旋管超导磁选机　solenoid superconducting magnetic separator　03.319

螺旋焊　spiral welding　09.424

螺旋焊管　spiral weld pipe　09.642

螺旋焊管机　spiral weld-pipe mill　09.488

螺旋坑线　spiral ramp　02.501

螺旋流槽　spiral sluice　03.286

螺旋轧制　screw rolling　09.182

裸露爆破　adobe blasting　02.339

落锤试验　drop test　09.755

落地式多绳提升机　ground-mounted multi-rope winder　02.847

落矿　ore break down　02.596

落下试验　shatter test　05.306

洛氏硬度　Rockwell hardness　08.032

络合离子交换　complexation ion exchange　06.228

M

麻口铸铁　mottled cast iron　08.143

马弗炉　muffle furnace　06.381

马赫数　Mach number　04.355

马森模型　Masson model　04.177

马氏体　martensite　07.377

马氏体不锈钢　martensitic stainless steel　08.173

马氏体等温淬火　martempering　07.217

马氏体时效处理　maraging　07.220

马氏体时效钢　maraging steel　08.175

马氏体相变　martensitic transformation　07.170

马蹄形支架　U-shaped support　02.433

埋弧炉　submerged arc furnace　05.223

麦克劳德真空规　McLeod gauge　04.516

迈步式挖掘机　walking excavator　02.926

脉冲加热　pulse heating　07.194

脉冲搅拌法　pulsating mixing process, PM　05.660

脉金　vein gold　06.360

脉内巷道　reef drift　02.548

脉外巷道　rock drift　02.549

*曼内斯曼穿孔　Mannesmann piercing　09.285

曼内斯曼穿孔机　Mannesmann piercing mill　09.491

慢风　under blowing　05.334

盲井　sub-shaft　02.401

盲矿体　blind orebody　02.047

锚杆台车　rock bolting jumbo　02.958

锚杆支护　rock bolting　02.445

锚链钢　anchor steel　09.672

锚索支护　cable bolting　02.446

毛刺　burr fin　09.721

毛细管黏度计　capillary viscometer　04.502

毛细管上升法　capillary rise method　04.505

铆锻　mushroom upsetting　09.344

冒顶　roof collapse　02.209

莫兹利多层重选机　Mozley multi-gravity separator　03.290

默比乌斯银电解槽　Moebius cell　06.370

母相　parent phase　07.111

母子水力旋流器　twin vortex hydrocyclone　03.252

木垛　wooden crib　02.618

木素磺酸盐　lignosulfonate　03.392

木支架　wooden support　02.437

目标碳　aim carbon　05.540

钼酸铵　ammonium molybdate　06.507

钼酸钙　calcium molybdate　06.509

钼酸钠　sodium molybdate　06.506

钼铁　ferromolybdenum　05.202

穆斯堡尔谱术　Mössbauer spectroscopy　07.315

N

钠氟化铍　sodium beryllium fluoride　06.517

钠汞齐还原　reduction with sodium amalgam　06.536

钠化氧化焙烧　sodiumizing-oxidizing roasting　06.482

钠还原[法]　sodium reduction　06.474

钠盐精炼法　Harris process　06.316

钠渣　sodium slag　06.317

*纳嘎姆浮选机　Nagahm flotation machine　03.429

纳加姆浮选机　Nagahm flotation machine　03.429

纳塞特数　Nusselt number　04.350

纳维－斯托克斯方程　Navier-Stokes equation　04.307

耐冻炸药　low-freezing explosive　02.242

耐火材料　refractory materials　05.056

耐火混凝土　refractory concrete　05.151

耐火浇注料　refractory castable　05.150

耐火黏土　fireclay　05.057

耐火黏土坩埚　fireclay crucible　06.378

耐火石　firestone　05.068

耐火纤维　refractory fiber　05.149

耐火砖　refractory brick　05.107

耐磨钢　abrasion-resistant steel　08.180

耐磨损性　abrasion resistance　05.154

耐热钢　heat-resisting steel　08.177

耐蚀钢　corrosion-resisting steel　08.176

难处理铜矿离析炼铜法　TORCO process, treatment of refractory copper ores process　06.286

难熔金属　refractory metal　06.468

难选矿物　refractory mineral　03.017

挠度　deflection　09.273

挠性引锭杆　flexible dummy bar　05.707

内部缺陷　internal defect　05.749

内裂　internal crack　09.704

内燃式热风炉　Cowper stove　05.419

内燃凿岩机　diesel drill　02.911

内应力　internal stress　09.025

能耗　energy consumption　09.274

能耗曲线　energy consumption curve　09.275

能量法　energy method　09.070

能量优化炼钢炉　energy optimizing furnace, EOF　05.610

能斯特方程　Nernst equation　04.454

铌铁　ferroniobium　05.205

铌铁矿　niobite, columbite　03.142

铌钇矿　samarskite　06.559

铌渣　niobium-bearing slag　06.487

泥化　sliming　03.054

泥炮　mud gun, clay gun　05.391

逆流干燥　countercurrent drying　06.120

逆流接触　countercurrent contact　04.370

逆流浸出　countercurrent leaching　06.074

逆流型圆筒磁选机　countercurrent drum magnetic separator　03.299

黏度　viscosity　04.271

黏胶基炭纤维　rayon-based carbon fiber　05.186

黏结　sticking, pick-up　09.087

黏结相　binder phase　08.092

黏土熟料　chamotte　05.092

黏土砖　fireclay brick, chamotte brick　05.116

黏性渣　viscous slag　04.173

碾磨机　attrition mill　03.231

捻股　stranding　09.400

镍矾　nickel vitriol　06.344

镍铬电偶合金　chromel alloy　08.229

镍铬硅电偶合金　nicrosil alloy　08.230
镍黄铁矿　pentlandite　03.088
镍锍　nickel matte　06.290
镍铝硅锰电偶合金　alumel alloy　08.231
镍铁　ferronickel　05.207
凝并器　coalescer　06.222
凝固　solidification　07.138
凝壳　shell　05.718
牛顿流体　Newtonian fluid　04.275
牛顿黏度定律　Newton's law of viscosity　04.274
扭曲　twist　09.703
扭折　kinking　07.257
扭转　torsion　09.425

扭转晶界　twist boundary　07.097
扭转试验　torsion test　09.746
*纽曼带　Neumann bands　07.256
浓差电池　concentration cell　04.444
浓差极化　concentration polarization　04.441
浓度边界层　concentration boundary layer　04.278
浓密　thickening　03.439
浓密机　thickener　03.440
浓缩斗　thickening cone　03.443
钕铁硼合金　Nd-Fe-B alloys　08.249
诺尔斯克·希德罗法　Norsk Hydro process　06.452
诺兰达法　Noranda process　06.279
诺依曼带　Neumann bands　07.256

O

耦合装药　coupling charging　02.318

偶然误差　accidental error　04.560

P

爬罐　raising climber　02.951
*帕储加罐　Pachuca tank　06.082
帕丘卡罐　Pachuca tank　06.082
排尘风速　airflow velocity for eliminating dust　02.700
排出气　exhaust gas　02.695
排矿口　gape　03.188
排水　drainage　06.116
排水井　decanting well　03.466
排土　waste disposal　02.511
排土场　waste disposal site　02.512
排土场平面图　plan view of waste disposal site　02.124
排土机　dumping plough　02.920
排土犁排土　waste disposal with plough　02.515
牌坊挠度　housing deflection　09.269
派－纳力　Peierls-Nabarro force　07.089
盘区　panel　02.560
盘式过滤机　disk filter　03.452
盘式强磁场磁选机　tray high intensity magnetic separator　03.310
旁通阀　by-pass valve　05.413

抛光　polishing　07.295
抛掷爆破　throw blasting　02.334
抛掷充填机　backfilling thrower　02.964
炮孔　blast hole　02.296
炮孔布置　drilling hole pattern　02.297
炮孔利用率　blast hole utilizing factor　02.350
炮孔排面斜角　ring hole gradient　02.358
炮孔排水车　shothole dewatering wagon　02.946
炮孔深度　blast hole depth　02.346
炮孔填塞　blast hole stemming　02.322
炮孔填塞机　shothole stemming machine　02.947
炮孔预装药　blast hole precharging　02.304
泡利[不相容]原理　Pauli exclusion principle　04.223
泡沫　froth　03.337
泡沫层　froth layer　03.338
泡沫产品　froth product　03.340
泡沫浮选　froth flotation　03.402
泡沫刮板　froth paddle　03.420
泡沫金属　foamed metal　08.252
泡沫渣　foaming slag　04.174
泡砂石　quartzite sandstone　05.109

泡罩柱　bubble cap column　06.134

*培克雷特数　Peclet number　04.351

配分函数　partition function　04.212

配矿　ore proportioning　05.238

配煤　coal blending　05.006

配煤试验　coal blending test　05.007

配位层　coordination shell　07.025

配位数　coordination number　07.024

*佩德森法　Pedersen process　06.441

佩克莱数　Peclet number　04.351

喷补　gunning　05.516

喷吹燃料　fuel injection　05.336

喷粉 RH 操作　RH-powder blowing, RH-PB　05.652

喷粉法　powder injection process　05.653

喷粉精炼　injection refining　05.654

喷溅　spitting　05.552

喷淋塔　spray tower　06.136

喷锚网支护　shotcrete-rock bolt-wire mesh support　02.447

喷煤　coal injection　05.337

喷枪　lance　05.503

喷射　jetting　04.267

喷射浮选机　ejector flotation machine　03.433

喷射混凝土支架　shotcrete lining　02.444

喷射磨机　jet mill　03.233

喷射器　injector　05.341

喷射旋流式浮选机　cyclo cell flotation machine　03.432

喷射冶金［学］　injection metallurgy　01.024

喷石灰粉顶吹氧气转炉法　oxygen lime process　05.528

喷丸除鳞机　blast descaler　09.526

喷雾　water spray　02.765

喷雾干燥　spray drying　06.121

喷液淬火　spray quenching　07.206

喷油　oil injection　05.338

喷渣　slopping　05.551

硼氟酸钾　potassium fluoroborate　06.531

硼砂　borax　03.167

硼铁　ferroboron　05.204

膨润土　bentonite　05.064

膨胀测量术　dilatometry　07.328

膨胀计　dilatometer　04.509

碰撞理论　collision theory　04.242

砒霜　white arsenic　06.352

疲劳断裂　fatigue fracture　07.273

疲劳极限　endurance limit　08.037

疲劳试验　fatigue test　09.728

疲劳寿命　fatigue life　08.038

皮带流槽　belt sluice　03.288

皮带上料　charge hoisting by belt conveyer　05.317

皮尔格周期式轧管　Pilger rolling　09.140

皮金法　Pidgeon process　06.449

皮托管　Pitot tube　04.513

皮下夹杂　subsurface inclusion　05.770

皮下气孔　subskin blowhole　05.754

铍毒性　beryllium toxicity　06.521

铍氟化铵　beryllium ammonium fluoride　06.518

铍青铜　beryllium copper　08.209

铍中毒　berylliosis　06.522

偏八辊式轧机　MKW mill　09.470

偏差　deviation　04.566

偏弧　arc bias　05.621

偏聚　clustering　07.166

偏摩尔量　partial molar quantity　04.049

*偏熔点　monotectic point　04.097

偏析　segregation　07.164

偏相关系数　partial correlation coefficient　04.584

偏心炉底出钢　eccentric bottom tapping, EBT　05.625

片层　slice　02.571

片状马氏体　plate martensite　07.379

片状氧化铝　tabular alumina　06.419

瓢曲　buckling　09.717

撇渣　skimming　06.057

撇渣器　skimmer　05.401

贫合金元素腐蚀　dealloying　08.065

贫液　barren solution　06.087

平底底柱结构　flat-bottom sill pillar　02.590

平硐开拓　adit development system　02.538

平硐溜井开拓　tunnel and ore pass development　02.507

平锻　plain forging　09.336

平锻机　horizontal forging machine　09.525

平罐蒸馏炉　horizontal retort　06.324

平巷　horizontal workings, drift　02.412
平巷掘进　drifting　02.415
平巷掘进机掘进　drifting by tunneling machine
　02.417
平巷掘进台车　drifting jumbo　02.955
平巷掩护法掘进　shield drifting　02.416
平衡　equilibrium　04.041
＊平衡　balance　04.302
平衡表内储量　ore reserve inside balance sheet
　02.088
平衡表外储量　ore reserve outside balance sheet
　02.089
平衡常数　equilibrium constant　04.157
平衡锤　balance weight　02.860
平衡值　equilibrium value　04.158
平窿　adit　02.414
平炉　open-hearth furnace　05.572
平炉炼钢　open-hearth steelmaking　05.573
平路机　road scraper　02.933
平面型滑坡　plane failure, plane landslide　02.189
平面应变　plane strain　09.044
平台　berm　02.495
平台水沟　berm ditch　02.534
平行反应　parallel reaction　04.230

平行炮孔　parallel holes　02.306
平行双塔式通风　ventilation with two-parallel-tower
　entries　02.733
平整度　flatness　09.256
平整机　temper mill　09.502
坡底线　bench toe rim　02.490
坡顶线　bench crest　02.489
坡莫合金　permalloy　08.244
破碎　crushing　03.044
破碎比　reduction ratio　03.182
破碎机　crusher　03.183
破碎室　crushing chamber　03.187
普贝图　Pourbaix diagram　04.205
＊普兰托数　Prandtl number　04.346
普朗特数　Prandtl number　04.346
＊普罗托季亚科诺夫岩石强度系数
　Protogyakonov's coefficient of rock strength
　02.167
普氏岩石强度系数　Protogyakonov's coefficient of
　rock strength　02.167
普碳薄板　carbon steel sheet　09.582
普通碳素钢　plain carbon steel　08.158
瀑落式自磨机　cascade mill　03.238

Q

期望值　expected value　04.544
棋盘式通风　checker-board ventilation　02.732
歧化反应　disproportionation reaction　04.030
起爆能力　detonating capability　02.295
起爆器　blasting machine　02.293
起爆药　primer charge　02.267
起泡　frothing　03.335
起泡剂　frother　03.355
起皱　wrinkling　09.722
气刀　air knife　09.563
气动凿岩机　pneumatic drill　02.909
气封　air seal　06.052
气焊管　gas-welded pipe　09.622
气－金[属]反应　gas-metal reaction　04.038
气孔　blowhole　05.752
气落式自磨机　aerofall mill　03.237

气煤　gas coal　05.009
气泡　gas bubble　04.264
气泡兼并　bubble merging, bubble coalescence
　03.339
气泡－颗粒脱离　bubble-particle detachment
　03.352
气泡－颗粒粘连　bubble-particle attachment
　03.351
气泡柱区　plume　04.268
气溶胶浮选　aerosol flotation　03.413
气升泵　air-lift pump　02.866
气升式采矿船　air lift mining-vessel　02.686
气水喷雾冷却　air mist spray cooling　05.730
气态脱硫　desulfurization in the gaseous state
　04.182
气腿　air leg　02.908

气腿凿岩机　air-leg drill　02.916

气压成形　pneumatic forming　09.379

汽车板　auto sheet　09.578

汽车半轴套管　automotive axle housing tube　09.631

汽车大梁板　auto truck beam　09.605

汽化冷却　vaporization cooling　05.404

汽化热　heat of vaporization　04.077

牵引索　tow rope　02.890

钎杆　stem　02.230

钎钢　drill steel　09.655

钎尾　drill shank　02.231

铅白　lead white　06.322

铅箔　lead foil　06.384

铅矾　anglesite　03.098

铅基巴比特合金　lead-base Babbitt metal　08.216

铅扣　lead button　06.385

铅铜　free machining copper with 1% Pb　08.204

铅锡镀层板　terne sheet, terne plate　09.603

铅雨冷凝　lead splash condensing　06.318

铅字合金　type metal　08.215

迁移电流　migration current　04.452

迁移反应　transport reaction　04.035

钱币合金　coinage metal　08.255

前床　forehearth　06.042

前端装载机　front-end loader　02.930

前滑　forward slip　09.227

前进式开采　advance mining　02.556

前馈控制　feed forward control　09.245

潜孔钻机　down-the-hole drill　02.896

堑沟底柱结构　trench-shape sill pillar　02.591

嵌布粒度　disseminated grain size　03.022

枪晶石　cuspidine　05.302

强磁场磁选机　high intensity magnetic separator　03.301

强电解质　strong electrolyte　04.399

强度性质　intensive property　04.014

强化开采　strengthening mining　02.030

强迫宽展　induced spread　09.231

强制对流　forced convection　04.321

2－羟基5－壬基－苯乙酮肟　2-hydroxy 5-nonyl acetophenone oxime　06.198

2－羟基4－仲辛基－二苯甲酮肟　2-hydroxy 4-sec·octyl benzophenone oxime　06.197

2－羟基5－仲辛基－二苯甲酮肟　2-hydroxy 5-sec·octyl benzophenone oxime　06.196

羟肟酸　hydroximic acid　03.382

*乔赫拉尔斯基法　Czochralski method　06.589

撬毛　scaling　02.314

撬毛台车　scaling jumbo　02.960

切断阀　burner shut-off valve　05.412

切分轧制　splitting rolling　09.139

切割　slotting　02.587

切割槽　slot　02.575

切割定尺装置　cut-to-length device　05.739

切割天井　slot raise　02.576

切头机　crop shears, end shears　09.515

亲水性　hydrophilicity　03.348

亲水性矿物　hydrophilic mineral　03.018

青铜　bronze　08.207

轻轨　light rail　09.665

轻金属　light metal　06.393

轻烧　light burning, soft burning　05.094

轻稀土　light rare earths　06.551

轻氧化钨　light tungsten oxide　06.503

轻质耐火材料　light weight refractory　05.145

氢脆　hydrogen embrittlement　08.070

氢氟酸沉淀法　hydrofluoric acid precipitation method　06.570

氢鼓泡　hydrogen blistering　08.073

氢化　hydrogenation　06.533

氢还原　hydrogen reduction　06.537

氢蚀　hydrogen attack　08.072

氢损伤　hydrogen damage　08.074

氢铁法　H-iron process　05.453

氢氧化铍　beryllium hydroxide　06.515

氢致开裂　hydrogen induced cracking　08.071

倾动式平炉　tilting open-hearth furnace　05.584

倾动式中间包　tiltable tundish　05.703

倾覆型滑坡　toppling failure, toppling landslide　02.192

倾析　decantation　06.092

倾斜板浓缩机　lamella thickener　03.444

倾斜带式连铸机　inclined conveyer type caster　05.696

倾斜分层充填法　inclined cut and fill stoping

02.616

倾斜晶界 tilt boundary 07.096

清洗 cleaning 09.317

氰化法 cyanidation 06.363

琼斯强磁场磁选机 Jones high intensity magnetic
separator 03.308

球化剂 nodulizer 05.214

球角钢 bulb angle 09.667

球磨机 ball mill 03.218

球墨铸铁 nodular cast iron 08.147

球团[矿] pellet 05.231

球状药包爆破 spherical charge blasting 02.310

球状组织 globular structure 07.359

巯基苯并噻唑 mercaptobenzothiazole, MBT
03.376

区域评价 regional appraisal 02.075

区域熔炼 zone melting 06.547

曲柄压力机 crank press 09.519

曲线拟合 curve fitting 04.575

屈服点 yield point 08.018

屈服面 yielding surface 09.066

屈服强度 yield strength 08.019

屈服曲线 yielding curve 09.069

屈服应变 yield strain 09.067

屈服应力 yield stress 09.068

屈服准则 yield criterion 09.065

驱动辊 driving roll 05.737

取矿石样 ore sampling 02.090

取向差 misorientation 07.098

取向衬度 orientation contrast 07.307

取向形核 oriented nucleation 07.150

去除非金属夹杂[物] elimination of nonmetallic
inclusion 04.192

去极化 depolarization 04.442

去极化剂 depolarizer 06.161

去气 degassing 04.191

全断面爆破 full face blasting 02.327

全风量操作 full blast 05.333

全冷连轧 completely cold continuous rolling
09.147

全量理论 total strain theory 09.074

全面采矿法 breast stoping 02.601

全面腐蚀 general corrosion 08.055

全相关系数 total correlation coefficient 04.583

全氧化焙烧 dead roasting 06.006

全油浮选 bulk-oil flotation 03.400

缺口敏感性 notch sensitivity 08.044

裙式给矿机 apron feeder 03.472

R

燃料比 fuel ratio, fuel rate 05.344

燃料电池 fuel cell 04.447

*燃烧带 oxidizing zone 05.345

燃烧期 on gas of stove, on gas 05.416

燃烧器 burner 05.407

燃烧室 combustion chamber 05.406

热补 hot patching 06.048

热补偿 thermal compensation 05.342

热处理 heat treatment 07.185

热传导 heat conduction 04.318

热脆 hot shortness 05.768

热带轧机 hot strip mill 09.465

热等静压 hot isostatic pressing, HIP 08.108

热等静压烧结 HIP sintering 08.121

热电偶 thermocouple 04.489

热电偶合金 alloys for thermocouple 08.228

热电偶校准 calibration of thermocouple 04.490

热锻 hot forging 09.341

热对流 heat convection 04.319

热分析 thermal analysis 04.496

热风阀 hot blast valve 05.408

热风炉 hot blast stove 05.405

热风围管 bustle pipe 05.389

热辐射 heat radiation 04.322

热腐蚀 hot corrosion 08.046

热化学 thermochemistry 04.070

热加工 hot working 07.239

热交换器 heat exchanger 06.140

热矫直 hot straightening 09.293

热解炭 pyrolytic carbon 05.181

热浸镀铝板 hot dipped aluminum coated plate
09.602

热浸镀锡　hot dip tinning　09.303

热浸镀锌　hot dip galvanizing　09.302

热力学函数　thermodynamic function　04.048

热力学平衡　thermodynamic equilibrium　04.044

热连轧　hot continuous rolling　09.163

热量衡算　heat balance　04.304

热量流率　heat flow rate　04.287

热裂　hot crack　05.765

热模拟试验　thermal modeling test　09.752

热扭转试验　hot twist test　09.751

热容　heat capacity　04.072

热弹性马氏体　thermo-elastic martensite　07.382

热天平　thermobalance　04.495

热通量　heat flux　04.291

热效应　heat effect　04.071

热修　hot repair　05.515

热压　hot pressing　08.106

热压型焦　formcoke from hot briquetting　05.055

热延性检验　hot ductility test　09.740

热应力　thermal stress　09.023

热轧　hot rolling　09.162

热轧钢　hot rolled steel　08.160

热胀性试验　thermal expansion test　09.736

热致扩散　thermal diffusion　07.134

热滞后　thermal hysteresis　07.176

热重法　thermogravimetry　04.498

热装法　hot charge practice　05.575

热作模具钢　hot-work die steel　08.185

5-壬基水杨醛肟　5-nonyl salicyl aldooxime　06.199

人车　man car　02.877

人工床层　artificial bed　03.268

人工顶板　mat　02.634

*人工假顶　mat　02.634

人工时效　artificial aging　07.181

人工装药　manual charging　02.302

人造白钨矿　synthetic scheelite　06.499

人造金红石　artificial rutile　06.470

人造块矿　ore agglomerates　05.228

韧化　toughening　07.289

韧性　toughness　08.006

刃型位错　edge dislocation　07.059

熔池　bath　06.044

熔化　melting　06.036

熔化期　melting period　05.470

熔化热　heat of fusion　04.076

熔剂　flux　05.244

熔炼　smelting　06.035

熔炼损耗　melting loss　05.493

熔清　melting down　05.473

熔融氯化镁　molten magnesium chloride　06.447

熔融石英制品　fused quartz product　05.113

熔态还原　smelting reduction　05.447

熔析锅　liquating kettle　06.346

熔析精炼　liquation refining　06.345

熔盐　molten salt, fused salt　04.126

熔盐电化学　electrochemistry of fused salts　04.393

熔盐腐蚀　fused salt corrosion　08.054

*熔渣　slag　04.124

熔渣导电半连续硅热法　magnetherm process　06.453

熔渣的分子理论　molecular theory of slag　04.175

熔渣的离子理论　ionization theory of slag　04.176

熔渣脱硫　desulfurization by slag　04.181

熔铸成型　fusion cast process　05.102

熔铸砖　fused cast brick　05.123

溶出残渣　digestion residue　06.080

溶度积　solubility product　04.403

溶剂　solvent　04.115

溶剂萃取　solvent extraction　04.208

溶剂效应　solvent effect　06.200

溶胶-凝胶法　sol-gel method　06.585

溶解采矿[学]　solution mining　01.006

溶解吉布斯能　Gibbs energy of solution　04.066

溶浸井　leaching well　02.674

溶液　solution　04.114

溶液浓度　concentration of solution　04.118

溶质　solute　04.116

容积摩尔数　molarity　04.120

容许误差　tolerance error　04.565

绒布流槽　blanket sluice　03.285

柔性轧制　flexible rolling　09.160

柔性制造系统　flexible manufacturing system　09.095

蠕变　creep　07.264

蠕变断裂强度　creep-rupture strength　08.040

蠕变强度　creep strength　08.039
蠕化剂　vermiculizer　05.215
蠕墨铸铁　vermicular cast iron　08.148
乳化炸药　emulsion explosive　02.240
入风净化　intake air cleaning　02.772
软吹　soft blow　05.535
软磁合金　soft magnetic alloys　08.242
软钢　mild steel　08.157
软锰矿　pyrolusite　03.130
软模成形　flexible die forming　09.377
软钎焊合金　soft solder　08.217
软熔带　cohesive zone, softening zone　05.356

软水铝石　boehmite　03.118
软质黏土　soft clay　05.060
瑞典喷粉法　Scandinavian Lancer process, SL　05.656
锐钛矿　anatase　03.137
润湿　wetting　04.379
润湿性　wettability　08.122
弱磁场磁选机　low intensity magnetic separator　03.302
弱电解质　weak electrolyte　04.400
弱面　weakness plane　02.066

S

萨拉浮选机　Sala flotation machine　03.430
塞流反应器　plug flow reactor　04.359
塞头砖　stopper　05.143
三辊式轧机　three-high mill, trio-mill　09.434
三辊斜轧穿孔　three-high cross piercing　09.286
三联轧机　triplet mill　09.437
三菱法　Mitsubishi process　06.281
三流水力旋流器　tri-flow hydrocyclone　03.253
三流重介质选矿机　tri-flow heavy-medium separator　03.295
三水铝石　gibbsite　03.119
三烷基胺　trialkylamine　06.189
三相点　triple point　04.094
三氧化钼　molybdenum trioxide　06.510
三元相图　ternary phase diagram　04.090
散装密度　bulk density　08.099
扫描电子显微镜　scanning electron microscope, SEM　07.301
扫描隧道显微术　scanning tunnelling microscopy, STM　07.314
扫选　scavenging　03.058
森吉米尔式轧机　Sendzimir mill　09.473
砂泵　sand pump　02.967
砂浆锚杆　grouting rock bolt　02.450
砂金　placer gold　06.359
砂矿开采[学]　placer mining　01.004
砂岩　sandstone　05.067
砂状氧化铝　sandy alumina　06.418

沙封　sand seal　06.053
筛分　screening, sieving　03.049
筛分分析　screening analysis　03.482
筛孔　screen opening　03.203
筛孔尺寸　aperture size　03.204
*筛目　mesh　03.030
筛上料　oversize　03.205
筛网　screen cloth　03.202
筛下料　undersize　03.206
筛序　sieve series　03.484
山坡露天矿　hillside open pit　02.458
闪烁炉　flash roaster　06.013
闪速浮选　flash flotation　03.410
闪速干燥　flash drying　06.118
闪速空气浮选机　skim-air flotation machine　03.431
闪速熔炼　flash smelting　06.264
闪锌矿　sphalerite　03.100
扇形炮孔　fan-pattern holes　02.308
商品矿石　commodity ore　02.040
熵　entropy　04.058
熵增原理　principle of entropy increase　04.154
上部[炉料]调节　burden conditioning　05.358
上界法　upper bound method　09.063
上盘　hanging wall　02.070
上坡扩散　uphill diffusion　07.132
上清液　supernatant solution　06.081
上升管　gas uptake　05.424

上下间隔式通风　ventilation with top-and-bottom spaced entries　02.734

上向分层充填法　overhand cut and fill stoping　02.611

上向烟道　uptake flue　06.061

上向凿岩机　stoper　02.918

上行风流　upcast air　02.701

上铸　top casting　05.675

烧结　sintering　05.250

烧结白云石砂　sintered dolomite clinker　05.082

烧结点火炉　sintering ignition furnace　05.258

烧结钢　sintered steel　08.128

烧结锅　sintering pot　05.260

烧结过滤器　sintered filter　08.133

烧结混合料　sinter mixture　05.248

烧结火焰前沿　flame front in sintering　05.252

烧结矿　sinter　05.229

烧结冷却机　sinter cooler　05.261

烧结盘　sintering pan　05.259

烧结铺底料　hearth layer for sintering　05.249

烧结热前沿　heat front in sintering　05.251

烧结梭式布料机　shuttle conveyer belt　05.257

烧结铁　sintered iron　08.127

烧结氧化铝　sintered alumina　05.071

烧绿石　pyrochlore　03.143

蛇纹石　serpentine　03.172

*舍沃德数　Sherwood number　04.353

舍伍德数　Sherwood number　04.353

射流　jet　04.266

射频感应冷坩埚法　radio frequency cold crucible method　06.584

X射线金相学　X-ray metallography　07.317

X射线探伤　X-ray radiographic inspection　07.335

γ射线探伤　γ-ray radiographic inspection　07.336

X射线形貌学　X-ray topography　07.319

X射线衍射分析　X-ray diffraction analysis　07.318

X射线衍射花样　X-ray diffraction pattern　07.320

设备井　equipment raise　02.585

砷酸镁　magnesium arsenate　06.465

伸长率　elongation　08.027

深部矿床开采　deep mining　02.659

深部露天矿　deep open pit　02.460

深冲钢　deep drawing steel　08.164

深冲钢板　deep drawing sheet steel, deep drawing plate　09.581

深冲试验　deep-drawing test　09.754

深孔爆破法天井掘进　longhole blasting raising　02.422

深孔测量　longhole survey　02.111

深拉　deep drawing　09.354

深冷处理　sub-zero treatment　07.210

渗氮　nitriding　07.225

渗氮钢　nitriding steel　08.167

渗铬　chromizing　07.230

渗硫　sulfurizing　07.229

渗漏　bleeding　05.725

渗铝　aluminizing, calorizing　07.231

渗滤浸出　percolation leaching　06.075

渗硼　boriding　07.228

渗水　water seepage　02.789

渗钛　titanizing　07.233

渗碳　carburizing　07.221

渗碳钢　carburizing steel　08.166

渗碳体　cementite　07.373

渗透理论　penetration theory　04.334

渗透系数　coefficient of permeability　02.790

渗锌　sherardizing　07.232

声发射监测　acoustic emission monitoring　02.176

生产井　production well　02.676

生产勘探　productive exploration　02.076

生产矿量　productive ore reserve　02.081

生产提升　production hoisting　02.857

生成焓　enthalpy of formation　04.055

生成吉布斯能　Gibbs energy of formation　04.064

生料浆　charge pulp　06.400

生坯　green compact　08.109

生球　green pellet, ball　05.264

生球爆裂温度　cracking temperature of green pellet　05.272

生球抗压强度　compression strength of green pellet　05.271

生球落下强度　shatter strength of green pellet　05.270

生球长大成层机理　ball growth by layering　05.266

生球长大聚合机理　ball growth by coalescence

05.265

生球长大同化机理 ball growth by assimilation
05.267

生球转鼓强度 drum strength of green pellet
05.269

生锑 antimony crude 06.353

生铁块 pig iron 05.450

生长台阶 growth step 07.158

升华热 heat of sublimation 04.078

升膜蒸发器 climbing-film evaporator 06.099

升速轧制 increasing speed rolling 09.138

绳 rope 09.687

绳带式过滤机 string discharge filter 03.457

失活 deactivation 03.343

失活剂 deactivator 03.359

施密特数 Schmidt number 04.347

*施特克尔轧机 Steckel mill 09.458

湿法净化 wet cleaning 06.022

湿法冶金[学] hydrometallurgy 01.032

湿式凿岩 wet drilling 02.766

十二辊轧机 twelve-high mill 09.433

十字钎头 cruciform bit, cross bit 02.228

石膏 gypsum 03.165

石灰 lime 03.366

石灰沸腾 lime boil 05.577

石灰石 limestone 03.160

石榴子石 garnet 03.169

石门 crosscut 02.543

石棉 asbestos 03.170

石墨 graphite 03.156

石墨纯净化处理 purification treatment of graphite
05.164

石墨电极 graphite electrode 05.170

石墨电极接头 graphite electrode nipple 05.172

石墨电极接头孔 graphite electrode socket plug
05.173

石墨电阻棒 graphite rod resistor 05.176

石墨坩埚 graphite crucible 05.175

石墨化 graphitization 05.162

石墨化电阻炉 electric resistance furnace for graphi-
tization 05.163

石墨化退火 graphitizing treatment 07.202

石墨黏土砖 graphite clay brick 05.117

石墨阳极块 graphite anode block 06.425

石墨阴极块 graphite cathode block 06.426

石英 quartz 03.157

石油磺酸盐 petroleum sulfonate 03.379

石油焦炭 petroleum coke 05.161

石油沥青 petroleum pitch 05.160

石油裂化用钢管 steel tubes for petroleum cracking
09.620

时效 aging 07.179

*蚀刻 etching 07.296

*蚀刻剂 etchant 07.297

蚀坑 etch pit 07.298

实验误差 experimental error 04.559

始极片 starting sheet 06.166

示差膨胀测量术 differential dilatometry 07.329

示差扫描量热法 differential scanning calorimetry,
DSC 04.500

示踪原子 tracer atom 04.521

事故溢流槽 emergency launder 05.745

铈硅石 cerite 06.555

铈土 ceria 06.560

铈铌钙钛矿 loparite 03.150

视塑性法 visioplasticity 09.115

试金石 touchstone 06.390

试金学 fire assaying 06.374

试样 specimen, sample 09.726

试样取向 orientation of test specimen 09.725

收敛测量 convergence measurement 02.169

收缩裂纹 shrinkage crack 05.764

手持凿岩机 jack hammer drill 02.915

手术用合金 surgical alloy 08.262

手选 hand sorting 03.061

瘦煤 lean coal 05.011

梳式通风 ventilation with comb-shape entries
02.735

叔胺 tertiary amine 06.188

叔羧酸 tertiary carboxylic acid 06.191

疏干巷道 dewatering drift 02.796

疏失误差 blunder error 04.561

疏水性 hydrophobicity 03.349

疏水性矿物 hydrophobic mineral 03.019

疏松 porosity 07.397

熟料 grog 05.093

水枪 monitor 02.966

水枪射流 water jet by hydraulic monitor 02.526

水热法 hydrothermal method 06.593

水砂充填 hydraulic sand filling 02.627

水套冷却 water jacket cooling 06.049

水体下矿床开采 mining under water body 02.655

水文地质图 hydrogeological map 02.096

水洗涤器 water scrubber 06.028

水相 aqueous phase 06.175

水压机 hydraulic press 09.520

水压试验 hydraulic test 09.758

水渣 granulating slag 05.432

水渣池 granulating pit 05.433

瞬发电雷管 instant electric detonator 02.278

顺流萃取器 concurrent flow extractor 06.219

顺流干燥 concurrent drying 06.119

顺流接触 co-current contact 04.369

顺流浸出 co-current leaching, concurrent leaching 06.073

顺流型圆筒磁选机 co-current drum magnetic separator 03.300

顺行 smooth running 05.354

斯皮诺达分解 spinodal decomposition 07.163

斯坦顿数 Stanton number 04.352

*斯特克尔轧机 Steckel mill 09.458

斯托克斯定律 Stokes' law 04.270

撕裂 tear 09.720

*司卓克拉斯基法 Czochralski method 06.589

丝状断口 silky fracture 07.278

丝状腐蚀 filiform corrosion 08.063

死区 dead region 04.301

死烧 dead burning, hard burning 05.095

四碘化锆 zirconium tetraiodide 06.497

四方度 tetragonality 07.034

四氯化锆 zirconium tetrachloride 06.495

四氯化钛 titanium tetrachloride 06.473

四面体间隙 tetrahedral interstice 07.032

四素组效应 tetrad effect 06.205

四乙铅 tetraethyl lead 06.321

四元相图 quarternary phase diagram 04.091

松醇油 pine camphor oil 03.388

松油 pine oil 03.387

松装密度 apparent density 08.098

送风期 on blast of stove, on blast 05.415

送风时率 blowing time ratio 06.299

速度边界层 velocity boundary layer 04.280

速度场 velocity field 09.051

速度控制 speed control 09.247

速度势 velocity potential 04.297

速度梯度 velocity gradient 09.052

速率控制步骤 rate controlling step 04.249

*速率控制环节 rate controlling step 04.249

塑性 plasticity 08.003

塑性成焦机理 plastic mechanism of coke formation 05.003

塑性加工 plastic working 07.236

塑性失稳 plastic instability 09.056

塑性势 plastic potential 09.055

塑性形变 plastic deformation 07.235

塑性应变 plastic strain 09.054

塑性应变比 plastic strain ratio 09.053

酸浸 acid leaching 06.067

酸热分解 thermal decomposition by acid 06.563

酸洗 pickling 09.318

酸洗斑点 pickle patch 09.690

酸洗薄板 pickle sheet 09.688

酸洗槽 pickling tank 09.548

酸洗脆性 pickle brittleness 09.689

酸洗剂 pickling agent 09.321

酸洗间 pickle house 09.320

酸洗介质 pickling medium 09.324

酸洗清洗喷射槽 pickle rinse spray tank 09.549

酸洗设备 pickling installation 09.547

酸洗时滞性试验 pickle lag test 09.744

酸洗添加剂 pickling additive 09.322

酸洗液 pickle acid 09.319

酸洗周期 pickling cycle 09.323

酸性空气底吹转炉 air bottom-blown acid converter 05.520

酸性耐火材料 acid refractory [material] 05.110

酸性平炉 acid open-hearth furnace 05.581

酸性氧化物 acid oxide 04.170

酸性渣 acid slag 05.478

算术平均值 arithmetic mean 04.552

随后充填 delayed filling 02.629

随机化 randomization 04.601

随机误差　random error　04.557
随机样本　random sample　09.724
碎石竖筒　rubble chimney　02.671
隧道　tunnel　02.413
隧道窑　tunnel kiln　05.104
梭车　shuttle car　02.875

缩核模型　shrinking core model　04.331
缩孔　shrinkage cavity　05.750, shrinkage hole　07.399
缩松　dispersed shrinkage　07.398
羧甲基纤维素　carboxymethyl cellulose　03.391
索斗挖掘机　dragline excavator　02.924

T

塔费尔方程　Tafel equation　04.433
塔式多绳提升机　tower-mounted multi-rope winder　02.848
塔式磨机　tower mill　03.234
塔式酸洗　tower pickling　09.327
塔式酸洗机　tower pickler　09.550
台浮　table flotation　03.070
台阶　bench　02.486
台阶爆破　bench blasting　02.336
台阶高度　bench height　02.491
台阶坡面　bench face　02.487
台阶坡面角　bench slope angle　02.488
太阳能电池　solar cell　04.448
钛白　titanium pigment　06.477
钛辉石　titanaugite　05.301
钛砂　titanium sand　06.469
钛铁　ferrotitanium　05.203
钛铁矿　ilmenite　03.135
弹簧钢　spring steel　08.178
弹簧钢丝　spring steel wire　09.677
弹跳分离　bouncing separation　03.072
弹性　elasticity　08.002
弹性常数　elastic constant　08.011
弹性后效　elastic after-effect　08.010
弹性极限　elastic limit　08.012
弹性模量　modulus of elasticity　08.014
弹性形变　elastic deformation　07.234
钽还原　tantalum reduction　06.575
*钽烧绿石　microlite　06.492
钽铁矿　ferrocolumbite, tantalite　03.141
碳氮共渗　carbonitriding　07.226
碳沸腾　carbon boil　05.576
碳化硅　silicon carbide　05.089
碳化硅基炭块　SiC-based carbon block　05.167

碳化物　carbide　07.372
ε碳化物　ε-carbide　07.374
碳热还原　carbothermic reduction　04.162
碳势　carbon potential　07.223
碳酸锂　lithium carbonate　06.523
碳－氧平衡　carbon-oxygen equilibrium　04.189
探料尺　gauge rod　05.325
探明储量　proven reserve, known reserve　02.085
炭电极　carbon electrode　05.168
炭黑　carbon black　05.159
炭浆法　carbon-in-pulp process, CIP process　06.366
炭浸法　carbon-in-leach process, CIL process　06.367
炭净耗　net carbon consumption　06.429
炭块　carbon block　05.166
炭毛耗　gross carbon consumption　06.428
炭刷　carbon brush　05.177
炭纤维　carbon fiber　05.183
炭纤维复合材料　carbon fiber composite　05.187
炭相[学]　carbon micrography　05.158
炭柱法　carbon-in-column process, CIC process　06.365
炭砖　carbon brick　05.165
羰基　carbonyl　06.341
羰基法　carbonyl process　06.343
羰基镍　nickel carbonyl　06.342
搪瓷薄板　porcelain enameling sheet　09.591
掏槽孔　cut hole　02.298
淘金　gold panning　02.531
淘析器　elutriator　03.487
陶瓷纤维　ceramic fiber　05.148
陶土　pot clay　05.061
套管式换热器　double pipe heat exchanger　06.145

特尼恩特转炉　Teniente modified converter, TMC　06.276

特殊采矿　specialized mining　02.005, special mining　02.652

特殊掘井法　special shaft sinking　02.370

特征角　characteristic angle　09.276

特征值　eigenvalue　04.604

梯度材料　gradient material　08.265

梯度寻优　gradient search　04.594

梯形跳汰机　trapezoid jig　03.266

梯子间　ladder compartment, ladder way　02.385

提纯　purification　06.254

提拉法　crystal pulling method　06.589

提取复型　extraction replica　07.304

提取冶金[学]　extractive metallurgy　01.012

提升安全卡　hoisting safety clamp　02.823

提升安全装置　hoisting safety installation　02.818

提升钢绳保险器　safety device for breaking of hoist rope　02.819

提升钢丝绳　hoisting rope　02.853

提升高度　hoisting height　02.859

提升机开拓　hoisting way development　02.506

提升能力　hoisting capacity　02.863

提升容器　hoisting conveyance　02.856

提升式真空脱气法　Dortmund Hörder vacuum degassing process, DH　05.647

提升限速器　hoisting speed limitator　02.820

*体积不变条件　incompressibility　09.049

体积成形　bulk forming　09.048

体积流率　volumetric flow rate　04.283

体积模量　bulk modulus　08.016

体积威力　bulk strength　02.262

体扩散　bulk diffusion　07.127

体内浓度　bulk concentration　04.327

体心立方点阵　body-centered cubic lattice　07.006

体压缩系数　volume compressibility　08.022

天井　raise　02.419

天井吊罐法掘进　cage raising　02.420

天井联系测量　raise connecting survey　02.113

天井爬罐法掘进　climber raising　02.421

天井钻机　raising borer　02.952

天轮　headgear sheave　02.851

天青石　celestite　03.155

添加剂　addition reagent　05.498

添加物　additive　06.566

填充床　packed bed　04.362

条钢　bar steel　09.653

调浆　conditioning　03.059

调宽结晶器　adjustable mold　05.713

调整剂　regulator　03.361

调质　quenching and tempering, Vergüten(德)　07.209

调质钢　quenched and tempered steel　08.168

跳汰机　jig　03.258

跳汰选矿　jigging　03.257

铁橄榄石　fayalite　05.281

铁沟　iron runner　05.398

铁钴钒合金　V-permandur alloy　08.243

铁硅铝合金　sendust　08.245

铁合金　ferroalloy　05.188

铁黄长石　ferrogehlenite　05.283

铁尖晶石　hercynite　05.282

铁口　iron notch, tap hole　05.382

铁路开拓　railway development　02.503

铁路下矿床开采　mining under railway　02.654

铁帽　gossan　02.069

铁闪锌矿　marmatite　03.102

铁水　hot metal　05.393

铁[水]罐　iron ladle　05.394

铁水预处理　hot metal pretreatment　05.629

铁素体　ferrite　07.369

铁素体不锈钢　ferritic stainless steel　08.172

铁酸半钙　calcium diferrite　05.284

铁酸二钙　dicalcium ferrite　05.286

铁酸钙　calcium ferrite　05.285

铁燧石　taconite　03.125

铁损　iron loss　05.494

铁浴法　iron-bath process　05.448

停留时间　residence time, retention time　04.366

停炉　blow off　05.369

通风防尘　dust control by ventilation　02.764

通风机工况点　fan operating point　02.754

通风机特性曲线　fan characteristic curve　02.753

通风机效率　fan efficiency　02.751

通风压力　airflow pressure　02.698

通风阻力　ventilation resistance　02.703

通量 flux 04.288

同活度法的相互作用系数 interaction coefficient at constant activity 04.145

同浓度法的相互作用系数 interaction coefficient at constant concentration 04.144

同位素测厚仪 isotopic thickness gauge 09.568

铜蓝 covellite 03.082

铜锍 copper matte 06.289

捅风口机 tuyere puncher 06.298

筒型电选机 rotor electrostatic separator 03.328

筒型过滤机 drum filter 03.451

筒型内滤式过滤机 inside drum filter 03.450

筒状陷落 chimney caving 02.203

统计权重 statistical weight 04.213

统计热力学 statistical thermodynamics 04.002

投影复型 shadowed replica 07.305

透气塞 porous plug 05.622

透气性 permeability 08.095

透气砖 gas permeable brick, porous brick 05.140

透氢材料 hydrogen permeating material 08.254

透射电子显微镜 transmission electron microscope, TEM 07.302

透硬淬火 through hardening 07.207

凸度 crown 09.216

凸纹 ridge 09.701

涂层板 paint sheet 09.586

涂脂摇床 grease table 03.277

土壤腐蚀 soil corrosion 08.051

土岩预松 preliminary loosening of sediments 02.528

湍流 turbulent flow 04.262

湍流黏度 turbulent viscosity 04.273

团聚 agglomeration 03.048

推车机 car pusher 02.882

推床 manipulator 09.528

推钢机 pusher 09.513

推焦 coke pushing 05.019

推焦机 pushing machine 05.024

推拉酸洗线 push-pull pickling line 09.326

推土机排土 waste disposal with bulldozer 02.513

推轧穿孔 pushing piercing 09.282

退火 annealing 07.198

退火薄板 annealed sheet 09.580

退火炉 annealing furnace, annealer 09.539

*托马斯炉 Thomas converter 05.521

托台 cage keps 02.403

脱氮 denitrogenation 05.486

脱方 rhomboidity 05.778

脱方度 out-of-square 09.700

脱附 desorption 04.388

脱镉锌 cadmium-free zinc 06.336

脱硅 desiliconization 04.194, desilication 06.410

脱磷 dephosphorization 05.482

脱硫 desulfurization 05.484

脱硫剂 desulfurizer 05.500

脱锰 demanganization 04.195

脱模 ingot stripping 05.678

脱泥 desliming 03.055

*脱溶 precipitation 07.160

脱砷 dearsenization 04.196

脱湿鼓风 dehumidified blast 05.349

脱水仓 dewatering bunker 03.436

脱碳 decarburization 05.480

脱铜槽 copper liberation cell 06.307

脱锌 dezincification 08.066

脱氧 deoxidation 05.474

脱氧常数 deoxidation constant 04.180

脱氧剂 deoxidizer 05.499

脱氧平衡 deoxidation equilibrium 04.179

脱氧铜 deoxidized copper 08.201

脱药 reagent removal 03.364

W

挖掘机装载 excavator loading 02.483

挖掘系数 excavation factor 02.484

瓦垅板 corrugated steel sheet 09.574

*瓦曼浮选机 Warman flotation machine 03.427

外燃式热风炉 outside combustion stove 05.420

弯曲 bending 09.391

弯曲带 bended zone, sagging zone 02.131

弯曲辊 bending roll 05.734

弯曲试验 bending test 09.749

弯曲压力机 bending press 09.521

弯曲应力 bending stress 09.018

*万阿克鲁法 van Arkel process 06.498

万能宽边 H 型钢 universal wide flange H-beam 09.647

万能轧机 universal mill 09.439

*网裂 shrinkage crack 05.764

网目 mesh 03.030

网状聚磁介质 grid matrix 03.314

网状组织 network structure 07.356

往复筛 reciprocating screen 03.210

微动腐蚀 fretting corrosion 08.079

微观动力学 microkinetics 04.224

微合金钢 micro-alloyed steel 08.162

微合金化 microalloying 05.636

微孔筛 micronmesh sieve 03.213

微量浮选 micro flotation 03.412

微生物腐蚀 microbial corrosion 08.049

微生物冶金[学] microbial metallurgy 01.023

微碳铬铁 extra low carbon ferrochromium 05.198

微细粒浮选 subsieve flotation 03.411

微震监测 micro-seismic monitoring 02.179

韦伯数 Weber number 04.354

韦姆科浮选机 Wemco flotation machine 03.424

围压 confining pressure 02.162

围岩 wall rock, country rock 02.062

围岩加固 wall rock reinforcement 02.165

围岩蚀变 wall rock alteration 02.063

围岩位移量 displacement of wall rock 02.200

*维德曼施泰滕组织 Widmanstatten structure 07.361

*维姆科浮选机 Wemco flotation machine 03.424

*维纽尔法 Verneuil method 06.591

维氏体 wüstite 05.280

维氏硬度 Vickers hardness 08.033

维氏组织 Widmanstätten structure 07.361

伪共晶体 pseudo-eutectic 07.345

伪共析体 pseudo-eutectoid 07.349

尾矿 tailings 03.038

尾矿坝 tailings dam 03.463

尾矿场 tailings area 03.465

尾矿池 tailings pond 03.464

尾矿处理 tailings disposal 03.461

尾矿堆存 tailings impoundment 03.462

尾矿回水 tailings recycling water 03.468

尾绳 tail rope 02.855

未反应核模型 unreacted core model 04.330

*魏氏组织 Widmanstätten structure 07.361

位错 dislocation 07.057

位错缠结 dislocation tangle 07.081

位错钉扎 dislocation locking 07.080

位错割阶 dislocation jog 07.075

位错环 dislocation loop 07.072

位错交截 intersection of dislocation 07.084

位错节 dislocation node 07.068

位错卷线 dislocation helix 07.073

位错林 dislocation forest 07.069

位错扭折 dislocation kink 07.076

位错偶极子 dislocation dipole 07.070

位错攀移 climb of dislocation 07.077

位错墙 dislocation wall 07.071

位错塞积 dislocation pile-up 07.082

位错网 dislocation network 07.074

位错芯 dislocation core 07.078

位错增殖 dislocation multiplication 07.083

位移场 displacement field 09.050

位置自动控制 automatic place control, APC 09.244

卫板 guard 09.557

温拔 warm drawing 09.370

温度边界层 temperature boundary layer 04.279

温度敏感电阻合金 temperature sensitive electrical resistance alloy 08.226

温加工 warm working 07.238

温轧 warm rolling 09.167

文丘里洗涤器 Venturi scrubber 06.029

稳定的氧化锆 stabilized zirconia 04.474

稳杆器 stabilizer 02.899

稳态处理法 steady state treatment 04.250

稳压罐 steady head tank 06.084

涡量 vorticity 04.299

涡流 eddy flow 04.263

涡流检测 eddy current inspection 07.338

涡流探伤 eddy-current test 09.742

涡轮钻机 turbine drill 02.913

X

斜井　inclined shaft　02.406

斜井吊桥　hanging bridge for inclined shaft　02.554

斜井卡车器　car stopper of inclined shaft　02.822

斜井开拓　inclined shaft development system　02.540

斜井甩车道　switching track for inclined shaft　02.555

斜轧　skew rolling　09.166

斜轧穿孔　cross piercing　09.281

斜轧穿孔延伸机　cross roll piercing elongation mill, CPE　09.492

卸矿硐室　ore dumping chamber　02.453

卸载爆破　stress relief blasting　02.194

卸载钻孔　stress relief borehole　02.202

蟹爪装载机　gathering-arm loader　02.935

芯棒　mandrel　09.556

芯棒轧制　mandrel rolling　09.148

锌白　zinc white　06.337

锌白铜　nickel silver　08.212

锌钡白　lithopone　06.339

锌矾　zinc vitriol　06.334

锌汞齐电解法　zinc amalgam electrolysis process　06.330

新奥法掘进　drifting by new Austrian method　02.418

心射赤面投影　gnomonic projection　07.327

信息　information　04.605

信息效益　information profitability　04.606

型材　section steel　09.643

OK型浮选机　Outokumpu flotation machine　03.425

＊型钢　section steel　09.643

H型钢　H-shape steel　09.645

型钢轧机　section mill, structural steel mill　09.464

型钢轧制　section rolling　09.159

型焦　formcoke　05.052

OK型精选浮选机　Outokumpu H.C. flotation machine　03.426

形变　deformation　09.037

形变带　deformation band　07.243

形变孪生　deformation twinning　07.255

形变强化　working hardening　07.283

形变热处理　thermomechanical treatment　07.187

形变织构　deformation texture　07.389

O形成型机　O-press, O-shape forming machine　09.517

U形成型机　U-press, U-shape forming machine　09.518

形核　nucleation　07.146

V形偏析　V-shaped segregation　05.773

形状记忆合金　shape memory alloy　08.240

行星轧制　planetary rolling　09.144

休风　delay　05.335

休风率　delay ratio　05.361

锈斑　rust spot, rust mark　09.711

＊锈印　rust spot, rust mark　09.711

袖砖　sleeve brick　05.146

蓄热室　regenerator　05.587

序贯寻优　sequential search　04.593

絮凝　flocculation　03.047

絮凝剂　flocculant　03.362

悬浮熔炼　levitation smelting　06.550

悬料　hanging　05.363

旋错　disclination　07.058

旋风除尘器　cyclone dust collector　06.027

旋回筛　gyratory screen　03.209

旋流水析仪　cyclosizer　03.488

旋流细筛　cyclo-fine screen　03.214

旋盘式圆锥破碎机　gyradisc cone crusher　03.198

旋涡熔炼　cyclone furnace smelting　06.268

旋涡重介质旋流器　swirl heavy-medium cyclone　03.293

＊旋向　disclination　07.058

旋压　spinning　09.396

旋压机　spinning machine　09.522

旋转锻造　rotary swaging　09.340

旋转黏度计　rotational viscometer　04.503

旋转钻机　rotary drill　02.900

选别开采法　selective mining system　02.481

选矿厂　concentrator, mineral processing plant　03.001

选矿[学]　mineral dressing, ore beneficiation, mineral processing　01.008

选煤　coal preparation, coal washing　05.005

选择系数　selectivity coefficient　06.217

选择性浮选　selective flotation　03.403

选择性絮凝浮选　selective flocculation flotation
03.415

选择性氧化　selective oxidation　04.165

循环风流　recirculating air flow　02.738

循环伏安图　cyclic voltammogram　04.464

循环负荷　circulating load　03.011

循环流　circulating flow　04.294

循环式真空脱气法　Ruhstahl-Hausen vacuum
degassing process, RH　05.648

殉爆　sympathetic detonation　02.265

殉爆距离　gap distance of sympathetic detonation
02.266

Y

压扁试验　flattening test　09.738

压碴爆破　buffer blasting　02.335

压抽混合式通风　combination of forced and exhaust
ventilation　02.726

压盖沸腾钢　capped steel　05.461

压花机　embossing machine　09.514

压块矿　briquette　05.230

压力穿孔　pressure piercing　09.284

压力穿孔机　press piercing mill, PPM　09.490

压力峰值　pressure peak　09.239

压力管　pressure tube　09.627

压力焊　pressure welding　09.422

压力机成形　press forming　09.351

压滤机　press filter　03.454

压轮钻头　roller bit　02.898

压气管道　compressed air pipeline　02.972

压入式通风　forced ventilation　02.724

压缩　compression　09.348

*压缩强度　compressive strength　08.021

*压缩应力　compressive stress　09.021

压下规程　draft schedule　09.236

压下量　percent reduction　09.237

压印　coining　09.349

压制　pressing　09.350

压制性　compactibility　08.102

压铸锌合金　zinc alloy for die casting　08.214

牙科合金　dental alloy　08.260

牙轮钻机　roller drill　02.897

亚共晶白口铸铁　hypoeutectic white iron　08.154

亚共晶体　hypoeutectic　07.346

亚共析体　hypoeutectoid　07.350

亚晶界　subgrain boundary　07.099

亚晶[粒]　subgrain　07.385

亚稳平衡　metastable equilibrium　04.045

亚稳相　metastable phase　07.105

亚硝酸锂　lithium nitrite　06.526

氩氧脱碳法　argon-oxygen decarburization process,
AOD　05.663

烟道阀　chimney valve　05.409

烟道灰尘　flue dust　06.019

烟化　fuming　06.017

烟气　gas　06.018

烟气冲出高度　plume height　06.058

盐析效应　salting-out effect　06.201

盐浴炉　salt bath furnace　09.541

岩爆　rockburst　02.168

岩层移动　strata displacement　02.127

*岩溶型铝土矿　karstic bauxite　06.394

岩石波阻抗　wave impedance of rock　02.224

岩石动态弹模　rock dynamic modulus of elasticity
02.222

岩石动态强度　rock dynamic strength　02.223

岩石非连续性　rock discontinuity　02.146

岩石各向同性　rock isotropy　02.148

岩石各向异性　rock anisotropy　02.147

岩石坚固性　firmness of rock　02.217

岩石可爆性　rock blastability　02.220

岩石可钻性　rock drillability　02.218

岩石力学　rock mechanics　02.143

岩石磨蚀性　rock abrasiveness　02.219

岩石破碎　rock breaking, rock fragmentation
02.216

岩石破碎比能　specific energy for rock breaking
02.221

岩石强度尺寸效应　size effect of rock strength
02.149

岩石物理力学性质　physical-mechanical properties of
rock　02.145

岩石质量指标 rock quality designation, RQD 02.153

岩体变形 rock mass deformation 02.151

岩体次生应力 induced stress of rock mass 02.160

岩体构造应力 tectonic stress of rock mass 02.158

岩体结构 rock mass structure 02.150

岩体力学 rock mass mechanics 02.144

岩体强度 rock mass strength 02.152

岩体热应力 thermal stress of rock mass 02.159

岩体应力 stress in rock mass 02.155

岩体原始应力 in-situ original stress of rock mass 02.156

岩体指标 rock mass rating, RMR 02.154

岩体自重应力 gravity stress of rock mass 02.157

延迟断裂 delayed fracture 07.274

延迟时效 delayed aging 07.183

延缓柱 retaining column 06.231

延期电雷管 delay electric detonator 02.279

延伸辊道 extension roller table 09.555

*延伸率 elongation 08.027

延伸系数 elongation coefficient 09.270

延性 ductility 08.004

沿脉平巷 drift 02.547

衍射衬度 diffraction contrast 07.309

焰熔法 flame fusion method 06.591

阳极 anode 04.418

阳极保护 anodic protection 08.086

阳极导杆 anode rod 06.170

阳极导杆组装 rodding 06.171

阳极钝化 anode passivation 06.160

阳极极化 anodic polarization 04.438

阳极连续铸造 continuous anode casting 06.163

阳极模铸 anode mold casting 06.162

阳极泥 anode slime, anode sludge 06.164

阳极效应 anode effect 06.438

阳离子 cation 04.397

阳离子交换 cation exchange 06.225

氧传感器 oxygen sensor 04.483

氧化焙烧 oxidizing roasting 06.003

氧化带 oxidizing zone 05.345

氧化还原电极 redox electrode 04.426

氧化硫杆菌 thiobacillus thiooxidant 02.669

氧化铝 alumina 05.070

β氧化铝 β-Al$_2$O$_3$ 04.476

氧化铝-碳化硅-炭砖 Al$_2$O$_3$-SiC-C brick 05.139

氧化期 oxidation period 05.613

*氧化铅 litharge 06.383

氧化石蜡皂 oxidized paraffin wax soap 03.380

氧化铁硫杆菌 thiobacillus ferrooxidant 02.670

氧化脱磷 dephosphorization under oxidizing atmosphere 04.185

氧化渣 oxidizing slag 05.476

氧化转化温度 transition temperature of oxidation 04.166

氧煤助熔 accelerated melting by coal-oxygen burner 05.612

氧气底吹转炉 bottom-blown oxygen converter, quiet basic oxygen furnace, QBOF 05.526

氧气顶吹转炉 top-blown oxygen converter, LD converter 05.525

氧气炼钢 oxygen steelmaking 05.524

氧枪 oxygen lance 05.555

氧枪喷孔 nozzle of oxygen lance 05.556

氧燃喷嘴 oxygen-fuel burner 05.611

样本 sample 04.548

样本[平]均值 sample mean 04.550

摇包法 shaking ladle process 05.666

摇床 shaking table 03.271

摇床选矿 tabling 03.270

摇筛器 sieve shaker 03.485

摇实密度 tap density 08.100

咬入 bite 09.232

咬入角 bite angle 09.233

药方 reagent dosage 03.350

药壶爆破 sprung blasting 02.332

药剂解附 reagent desorption 03.365

冶金电化学 metallurgical electrochemistry 04.392

冶金反应工程学 metallurgical reaction engineering 01.017

冶金工程 metallurgical engineering 01.018

冶金过程 metallurgical process 04.025

*冶金过程动理学 kinetics of metallurgical processes 04.256

冶金过程动力学 kinetics of metallurgical processes 04.256

冶金过程热力学 thermodynamics of metallurgical processes 04.001
冶金过程物理化学 physical chemistry of process metallurgy 01.016
冶金焦 metallurgical coke 05.029
冶金矿产原料 metallurgical mineral raw materials 02.003
冶金热力学数据库 thermodynamic databank in metallurgy 04.007
冶金熔体 metallurgical melt 04.122
冶金物理化学研究方法 research methods in metallurgical physical chemistry 04.487
冶金[学] metallurgy 01.010
*冶炼 smelting 06.035
冶炼级氧化铝 smelter grade alumina 06.417
冶炼强度 combustion intensity 05.327
冶炼时间 duration of heat 05.489
叶蜡石 pyrophyllite 05.063
液滴 liquid droplet 04.269
液滴分离器 droplet separator 06.117
液态金属腐蚀 liquid metal corrosion 08.053
液态模锻 liquid forging 09.416
液体炸药 liquid explosive 02.241
液位指示器 liquid level indicator 06.103
液相烧结 liquid phase sintering 08.116
液相外延 liquid phase epitaxy 06.540
液相线 liquidus 04.092
液芯 liquid core 05.719
液芯加热 liquid core ingot heating 09.258
液压成形 hydraulic forming 09.378
液压穿孔 hydraulic piercing 09.283
液压压砖机 hydraulic press 05.100
液压圆锥破碎机 hydro-cone crusher 03.197
液压凿岩机 hydraulic drill 02.910
液压胀形试验 hydraulic bulging test 09.759
液压枕 flat jack 02.173
液压支架 hydraulic support 02.440
液-液溶剂萃取 liquid-liquid solvent extraction 06.174
一步离析炼铜法 one-step copper segregation process 06.284
一次固溶体 primary solid solution 07.117
一次冷却区 primary cooling zone 05.721

一次咬入 primary biting 09.234
一级反应 first order reaction 04.239
一元相图 single-component phase diagram 04.088
医用合金 medical alloy 08.259
依次放矿 successive ore drawing 02.646
*依可夫喷射浮选机 Ekopf flotation machine 03.435
移道机 track shifter 02.921
移动变电所 mobile electric substation 02.976
移动床 moving bed 04.363
移动角 displacement angle 02.135
移动坑线 shiftable ramp 02.498
*乙黄药 ethyl xanthate 03.369
乙基黄原酸盐 ethyl xanthate 03.369
2-乙基己基膦酸单2-乙基己基酯 di-2-ethylhexyl phosphonic acid mono-2-ethylhexyl ester 06.193
*乙硫氮 sodium diethyl dithiocarbamate 03.378
抑制 depression 03.344
抑制剂 depressant 03.356
易切削钢 free-machining steel 08.179
逸度 fugacity 04.135
溢洪道 spill way 03.467
溢流 overflow 03.437
溢流型球磨机 overflowball mill 03.221
溢流堰 overflow weir 06.112
*溢渣 slopping 05.551
异步轧制 asymmetrical rolling 09.133
异常值 outlier 04.546
异丁基甲基酮 isobutyl methyl ketone 06.195
异极矿 hemimorphite 03.103
异极性捕收剂 heteropolar collector 03.386
异型材 profiled bar 09.657
异型管 steel tubing in different shapes 09.629
异形钢丝 shaped wire 09.675
因瓦合金 Invar alloy 08.234
阴极 cathode 04.417
阴极剥片机 cathode stripping machine 06.169
阴极保护 cathodic protection 08.087
阴极沉积精炼 cathode deposition refining 06.577
阴极极化 cathodic polarization 04.439
阴极周期 cathode deposition period 06.165
阴离子 anion 04.398

阴离子交换　anion exchange　06.226

银基硬钎焊合金　silver base brazing alloy　08.219

银锌壳　silver-zinc crust　06.312

引锭杆　dummy bar　05.705

引伸计　extensometer　09.564

应变　strain　09.029

应变路径　strain paths　09.031

应变率　strain rate　09.030

应变率敏感性　strain-rate sensitivity　09.033

应变能　strain energy　09.032

应变片合金　resistance alloys for strain gauge　08.224

应变时效　strain aging　09.035

应变硬化率　strain hardening rate　07.241

应变硬化指数　strain-hardening index　09.034

应力　stress　09.003

应力包络线　stress envelope　02.195

应力场　stress field　09.004

应力[场]强度因子　stress field intensity factor　08.043

应力冻结法　stress frozen method　02.197

应力腐蚀　stress corrosion　08.067

应力腐蚀开裂　stress corrosion cracking　08.068

应力解除　de-stressing　02.193

应力空间　stress space　09.008

应力偏张量　deviatoric tensor of stress, deviatoric stress tensor, stress deviator　09.007

应力松弛　stress relaxation　07.259

应力梯度　stress gradient　09.009

应力－应变曲线　stress-strain curve　09.010

应力张量　stress tensor　09.006

应力状态　stress state　09.005

萤石　fluorite　03.151

荧光磁粉检测　fluorescent magnetic-particle inspection　07.334

荧光液渗透探伤　fluorescent penetrant test　07.337

硬吹　hard blow　05.536

硬铝合金　hard aluminum alloys　08.193

硬锰矿　psilomelane　03.129

硬铅　hard lead, regulus lead　06.319

硬球理论　hard sphere theory　04.218

硬水铝石　diaspore　03.117

硬锡　hard tin　06.347

硬锌　hard zinc　06.335

硬岩采矿　hard rock mining　02.007

硬质合金　cemented carbide, hard metal　08.130

硬质黏土　flint clay　05.059

永磁磁选机　permanent magnetic separator　03.303

永磁合金　permanent magnetic alloy　08.247

永久变形　permanent deformation　09.045

永久阴极电解法　permanent cathode electrolysis　06.158

永久支架　permanent support　02.430

优化法　optimization　04.587

油膏富集　grease surface concentration　03.073

油管　tubing　09.638

油井管　oil well pipe　09.637

油扩散泵　oil diffusion pump　04.519

游动芯棒拉拔　floating plug drawing　09.371

有槽轧制　rolling with grooved roll　09.135

有底柱分段崩落法　sublevel caving method with sill pillar　02.637

有毒气体　noxious gas　02.692

有机黏结剂　organic binder　05.247

有机物污极[现象]　organic burn　06.168

有机相　organic phase　06.176

有色金属冶金[学]　nonferrous metallurgy　01.020

有限元法　finite element method, FEM　09.109

有效边界层　effective boundary layer　04.281

有效炉底面积　effective hearth area　05.580

有效容积　effective volume　05.380

有效数字　significant figure　04.573

有效提升量　effective hoisting load　02.864

有效应力　effective stress　09.019

有序畴　ordering domain　07.173

有序度　degree of order　07.174

有序固溶体　ordered solid solution　07.122

有序化　ordering　07.175

有序相　ordered phase　07.109

有用矿物　valuable mineral　02.002

黝铜矿　tetrahedrite　03.083

黝锡矿　stannite　03.108

鱼雷车　torpedo car　05.395

鱼雷车铁水脱磷　torpedo dephosphorization　05.632

鱼雷车铁水脱硫　torpedo desulfurization　05.631

鱼尾板　fish plate　09.595
预备热处理　conditioning treatment　07.191
预处理　conditioning　09.316
预还原球团　pre-reduced pellet　05.303
预裂爆破　presplitting blasting　02.331
预热　preheating　07.195
预热炉　preheating furnace　09.542
预烧结　presintering　08.114
预脱氧　preliminary deoxidation　05.475
预选　preconcentration　03.053
预应力混凝土用钢丝　cold-drawn steel wire for pre-stressed concrete　09.678
原地浸出　leaching in-situ　02.667
原电池　galvanic cell, primary cell　04.443
原矿　run of mine, crude ore　03.031
原铝　primary aluminium　06.443
原镁　primary magnesium　06.462
原生矿泥　primary slime　03.040
原始数据　raw data　04.602
原位反应　reaction in situ　04.199
原位形核　in-situ nucleation　07.151
原岩应力场　in-situ stress field　02.196
原子间距　interatomic distance　07.037
原子探针　atom probe　07.313
圆钢　round steel　09.666

圆弧型滑坡　circular failure, circular landslide　02.190
圆盘式给矿机　disk feeder　03.473
圆盘造球机　balling disc　05.274
圆坯　round billet　09.226
圆筒筛　trommel　03.211
圆筒型重介质选矿机　drum heavy-medium separator　03.294
圆筒造球机　balling drum　05.273
圆型跳汰机　circular jig　03.267
圆形支架　circular support　02.432
圆锥分级机　cone classifier　03.247
圆锥分选机　cone separator　03.282
圆锥破碎机　cone crusher　03.194
远景储量　prospective reserve　02.087
约束优化　constrained optimization　04.592
越野式轧机　cross-country rolling mill　09.474
云母　mica　03.162
匀矿取料机　ore reclaimer　05.243
＊运动方程　equation of motion　04.307
运动黏度　kinematic viscosity　04.272
运输系统　haulage system　02.868
孕育处理　inoculation　07.153
孕育剂　incubater, inoculant　05.213
孕育铸铁　inoculated cast iron　08.145

Z

杂散电流　stray current　02.780
杂散电流腐蚀　stray current corrosion　08.048
载体　carrier　03.345
载体浮选　carrier flotation　03.409
再沸腾　reboil　05.579
＊再辉　recalescence　07.177
再结晶　recrystallization　06.113
再结晶织构　recrystallization texture　07.391
再生铝　secondary aluminium　06.444
再生镁　secondary magnesium　06.463
再现性　reproducibility　04.542
在线分析仪　on line analyzer　03.492
在线粒度分析仪　on line size analyzer　03.493
凿岩　rock drilling　02.215
凿岩硐室　drilling chamber　02.578

凿岩工具　drilling tool　02.226
凿岩巷道　drilling drift　02.577
凿岩机　rock drill　02.907
凿岩机消声器　silencer of rock drill　02.834
＊凿岩机消音器　silencer of rock drill　02.834
凿岩台车　drilling jumbo　02.956
凿岩支架　drill tripod　02.906
早爆　premature explosion　02.774
造船板　hull plate, ship building plate　09.597
造孔剂　pore-forming material　08.096
造铜期　copper making period　06.296
造渣材料　slag making materials　05.497
造渣期　slag forming period　05.471
皂化　saponification　06.250
皂化值　saponification number　06.251

泽格测温锥　Seger cone, pyrometric cone　04.493

增量理论　increment strain theory　09.073

增碳　recarburization　05.481

增碳操作　recarburization practice　05.543

增银分离法　inquartation　06.388

扎德拉解吸法　Zadra desorbing process　06.369

扎缝用糊　ramming paste　06.427

渣比　slag to iron ratio, slag ratio　05.357

渣场　slag disposal pit　05.434

渣沟　slag runner　05.399

渣罐　cinder ladle, slag ladle　05.400

渣化皿　scorifier　06.379

渣化试金法　scorification assay　06.376

渣碱度　basicity of slag　04.168

渣－金[属]反应　slag-metal reaction　04.039

渣口　cinder notch, slag notch　05.383

渣口水套　slag notch cooler　05.387

渣率　slag rale　06.293

渣棉　slag wool　06.255

渣乳化　slag emulsion　05.546

渣线　slag line　05.511

渣相黏结　slag bonding　05.253

渣堰　slag weir　06.056

轧槽　groove　09.204

轧辊　roll　09.552

轧辊车床　roll lathe　09.532

轧辊孔型　roll pass　09.205

轧辊磨床　roll grinder　09.531

轧辊挠度　roll deflection　09.189

轧辊压扁　roll flattening　09.203

轧后厚度　outgoing gauge　09.208

轧机　rolling mill　09.426

轧机弹性方程　elastic equation of mill　09.187

轧尖机　pointing rolling machine　09.516

轧件　rolling stock, rolling piece　09.207

轧件塑性方程　plastic equation of rolled piece
　09.188

轧制　rolling　09.117

轧制方向　rolling direction　09.121

轧制功率　rolling power　09.120

轧制公差　rolling tolerance　09.124

轧制力　rolling load　09.118

轧制力矩　rolling torque　09.119

轧制模型　rolling model　09.123

轧制弹塑性曲线　rolling elastic-plastic curve
　09.122

轧制线　rolling line　09.125

炸药抗冻性　antifreezing property of explosive
　02.273

炸药抗水性　water resistance of explosive　02.274

炸药库防雷　lightning protection of explosive maga-
　zine　02.817

炸药稳定性　stability of explosive　02.272

窄带钢　narrow strip, ribbon steel　09.609

詹姆森浮选机　Jameson flotation machine　03.434

展性　malleability　08.005

栈桥　loading bridge　02.364

张力减径　tension reducing　09.266

张力减径机　stretch-reducing mill, tension-reducing
　mill　09.495

张力矫直　tension straightening　09.296

张力卷取　tension coiling　09.290

张力控制　tension control　09.240

张力轧制　tension rolling　09.149

胀形　bulge　09.383

胀形系数　bulge coefficient　09.384

折叠　overlap, fold　09.714

折返坑线　zigzag ramp, switch back ramp　02.499

折返式井底车场　switch-back shaft station　02.409

折流挡板　baffle　06.131

折皱　pincher　09.715

珍珠岩　perlite　05.088

真空成形　vacuum forming　09.380

真空吹氧脱碳法　vacuum oxygen decarburization
　process, VOD　05.662

真空电弧炉重熔　vacuum arc remelting, VAR
　05.602

真空电弧脱气　vacuum arc degassing, VAD
　05.643

真空感应炉熔炼　vacuum induction melting, VIM
　05.603

真空钢包炉　LF-vacuum　05.641

真空规　vacuum gauge　04.514

真空过滤机　vacuum filter　03.449

真空浇铸　vacuum casting　05.649

真空精炼　vacuum refining　05.645

真空抬包 vacuum ladle 06.457

真空退火炉 vacuum annealing furnace 09.540

真空脱气 vacuum degassing 05.642

真空脱气炉 vacuum degassing furnace, VDF 05.644

真空脱水法 vacuum dehydration method 06.572

真空脱碳 vacuum decarburization 04.190

真空冶金[学] vacuum metallurgy 01.021

真空轧制 vacuum rolling 09.164

真空蒸发 vacuum evaporation 06.097

真空蒸馏 vacuum distillation 06.125

真实断裂强度 true fracture strength 08.036

真实溶液 real solution 04.128

真应力 true stress 09.013

真值 true value 04.543

针碲金银矿 sylvanite 03.111

针孔 pinhole 05.755

针镍矿 millerite 03.089

针铁矿 goethite 05.232

针铁矿法 goethite process 06.327

针状焦 needle coke 05.051

针状组织 acicular structure 07.360

振摆流槽 rocking-shaking sluice 03.287

振动波纹 oscillation mark 05.728

振动放矿 vibrating ore drawing 02.647

振动给矿机 vibrating feeder 03.474

振动磨机 vibrating mill 03.232

振动盘法 vibrating tray method 06.128

振动筛 vibrating screen 03.201

振动装载机 vibrating loader 02.940

镇静钢 killed steel 05.459

阵点 lattice point 07.013

蒸发 evaporation 06.093

蒸馏 distillation 06.123

蒸馏盘 distillation tray 06.127

蒸馏柱 distilling column 06.126

蒸汽鼓风 humidified blast 05.347

蒸汽氧精炼法 Creusot-Loire Uddelholm process, CLU 05.664

正铲挖掘机 forward excavator 02.922

正电子湮没技术 positron annihilation technique 07.316

正钒酸钠 sodium vanadate 06.483

正浮选 direct flotation 03.405

正规溶液 regular solution 04.129

正规溶液模型 regular solution model 04.132

正火 normalizing 07.203

正火钢 normalized steel 08.159

正挤压 direct extrusion 09.408

正交表 orthogonal table 04.586

正交设计 orthogonal design 04.585

正偏差轧制 overgauge rolling 09.141

正偏析 positive segregation 05.771

正态分布 normal distribution 04.554

正弦跳汰机 sinusoidal jig 03.265

正旋 forward spinning 09.397

正则系综 canonical ensemble 04.211

支承应力 abutment stress 02.161

支护 supporting 02.427

支架 support 02.428

支架凿岩机 drifter 02.917

织构 texture 07.387

直火蒸发器 direct firing evaporator 06.094

直接顶 immediate roof 02.212

直接还原 direct reduction 04.159

直接还原炼铁[法] direct reduction iron making 05.438

直接还原铁 directly reduced iron, DRI 05.439

直接炼钢法 direct steelmaking process 05.465

HYL直接炼铁[法] HYL process 05.445

直接氢氟化法 direct hydrofluorination method 06.567

直接轧制 direct rolling 09.151

直进坑线 straight forward ramp 02.500

直流电弧炉 direct current electric arc furnace 05.592

直流钢包炉 DC ladle furnace 05.640

直型结晶器 straight mold 05.709

植入合金 implant alloy 08.261

指数前因子 pre-exponential factor 04.248

纸色谱法 paper chromatography 06.243

蛭石 vermiculite 05.087

置换比 replacement ratio 05.340

置换沉淀 cementation 06.302

置换沉淀铜 cemented copper 06.303

置换反应 displacement reaction 04.029

*置换固溶体 substitutional solid solution 07.119

置换溶液 substitutional solution 04.130

置换色谱法 displacement chromatography 06.244

*置换原子 substitutional atom 07.051

置信区间 confidence interval 04.570

置信系数 confidence coefficient 04.571

制耳 earing 09.272

智能材料 intelligent material 08.263

质量衡算 mass balance 04.303

质量流率 mass flow rate 04.284

质量摩尔数 molality 04.121

质量1%溶液标准[态] 1 mass% solution standard 04.141

质量通量 mass flux 04.289

质量作用定律 law of mass action 04.156

滞弹性 anelasticity 08.008

中国金属学会 The Chinese Society for Metals 01.036

中国有色金属学会 The Nonferrous Metals Society of China 01.037

中厚板 plate, medium and heavy plate 09.600

中厚板轧机 plate mill 09.441

中脊 midrib 07.380

中间包 tundish 05.701

中间包挡墙 weir and dam in tundish 05.704

中间合金法 intermediate alloy process 06.305

中间铁合金 master alloy 05.216

中间退火 process annealing 07.200

中间相 intermediate phase 07.108

中间相成焦机理 mesophase mechanism of coke formation 05.004

中间状氧化铝 intermediate alumina 06.421

中矿 middlings 03.037

中频感应炉 medium frequency induction furnace 05.597

中碎 secondary crushing 03.179

中位值 median 04.553

中稀土 middle-weight rare earths 06.552

中小型坯 billet 09.221

中心孔腔 center bore 09.191

中心炉底出钢 centric bottom tapping, CBT 05.626

中心偏析 center segregation 05.775

中心疏松 center porosity 05.776

中心缩孔 center line shrinkage 05.751

中心原子溶液模型 central atoms model of solution 04.134

中型型材轧机 medium section mill 09.443

中性浸出 neutral leaching 06.070

中性耐火材料 neutral refractory [material] 05.130

中央式通风系统 central ventilation system 02.727

终点碳 end point carbon 05.541

种板 mother blank 06.167

重轨 heavy rail 09.663

*重合金 heavy metal 08.132

重介质分选 dense medium separation, heavy medium separation 03.065

重介质旋流器 heavy medium cyclone 03.292

重介质选矿机 heavy medium separator, dense medium separator 03.291

重金属 heavy non-ferrous metals 06.257

重晶石 barite 03.154

重力运输 gravity transportation 02.869

重量威力 weight strength 02.263

重稀土 heavy rare earths 06.553

重心规则 center-of-gravity rule 04.111

重选 gravity separation, gravity concentration 03.062

重氧化钨 heavy tungsten oxide 06.502

周边爆破 perimeter blasting 02.329

周边传动浓缩机 peripheral traction thickener 03.441

周边孔 periphery hole 02.300

周边排矿球磨机 peripheral discharge ball mill 03.222

周期来压 periodic weighting 02.207

周期式热轧管机 Pilger mill 09.480

周期轧制 periodic rolling 09.150

周转晶体法 rotating-crystal method 07.323

周转时间 cycle time 05.016

轴比 axial ratio 07.008

轴对称变形 axisymmetric deformation 09.047

轴流式通风机 axial fan 02.968

肘板 toggle 03.186

珠光体相变 pearlitic transformation 07.168

自发过程　spontaneous process　04.022

自发形核　spontaneous nucleation　07.149

自耗电极熔炼炉　consumable electrode arc melting furnace　06.546

自回火　self-tempering　07.212

自扩散　self-diffusion　07.133

自扩散系数　self diffusion coefficient　04.315

自蔓延高温合成　self-propagating high temperature synthesis, SHS　08.129

自磨机　autogenous mill　03.235

自凝炉衬　self coated lining　06.050

自然对流　natural convection　04.320

自然金　native gold　03.109

自然平衡拱　dome of natural equilibrium　02.184

自然时效　natural aging　07.180

自然通风　natural ventilation　02.714

自然铜　native copper　03.078

自然银　native silver　03.112

自燃矿床开采　mining of spontaneous combustion deposit　02.658

自热焙烧　autogenous roasting　06.009

自热焙烧熔炼　pyritic smelting　06.258

自熔性铁矿　self-fluxed iron ore　05.233

自润滑薄板　self-lubrication sheet　09.576

自身相互作用系数　self interaction coefficient　04.146

自身氧化与还原　self-oxidation and reduction　04.164

自适应控制　adaptive control　09.242

自由沉降　free settling　03.256

自由锻　hammer forging　09.337

自由基　free radical　04.252

自由空间爆破　free space blasting　02.311

自由宽展　free spread　09.230

自由面　free face　02.352

自由体积理论　free volume theory　04.221

自蒸发罐　flash tank　06.101

自蒸发罐组　flashing line　06.102

自阻烧结　resistance sinter　06.542

棕色氧化钨　tungsten dioxide　06.504

总反应　overall reaction　04.233

总摩尔量　integral molar quantity　04.050

总体　population　04.547

总体[平]均值　population mean　04.549

总压下量　total reduction　09.238

总延伸　total elongation　09.235

纵裂　longitudinal crack　05.760

纵向试验　longitudinal test　09.735

纵轧　longitudinal rolling　09.127

阻车器　car safety dog　02.883

阻化剂灭火法　fire extinguishing with resistant agent　02.810

阻塞破碎　choked crushing　03.176

组合式结晶器　composite mold　05.711

组合台阶开采　composite-bench mining　02.478

钻架　drill rig　02.905

钻井抽水　borehole dewatering　02.800

钻井法掘井　boring shaft sinking　02.376

钻孔布置图　borehole pattern　02.100

钻孔倾斜仪　borehole inclinometer　02.177

钻孔伸长仪　borehole extensometer　02.178

钻孔应变计　borehole strainmeter　02.171

钻孔应力计　borehole stressmeter　02.170

钻粒钻机　chilled-shot drill　02.904

钻探管　drill pipe　09.639

钻头　bit　02.227

最大安全电流　maximum safety current　02.283

最大泡压法　maximum bubble pressure method　04.508

最大允许夹石厚度　maximum allowable thickness of barren rock　02.061

最低工业品位　minimum economic ore grade　02.059

最低还原温度　minimum temperature of reduction　04.167

最低可采厚度　minimum workable thickness　02.060

最近邻　nearest neighbour　07.026

最速上升法　steepest ascent method　04.595

最速下降法　steepest descent method　04.596

最小残差法　minimum residual method　04.598

最小抵抗线　minimum burden　02.351

最小二乘法　method of least squares　04.537

*最小发火电流　minimum firing current　02.284

最小吉布斯能原理　principle of minimum Gibbs energy　04.153